中华民族共同体建设的实践与探讨

——中国人类学民族学研究会第十二届联席会议论文集

中国人类学民族学研究会
青海民族大学民族学与社会学学院　主编

吉林大学出版社
·长春·

图书在版编目（CIP）数据

中华民族共同体建设的实践与探讨：中国人类学民族学研究会第十二届联席会议论文集 / 中国人类学民族学研究会，青海民族大学民族学与社会学学院主编. 一长春：吉林大学出版社，2024.7. -- ISBN 978-7-5768-3451-2

Ⅰ. Q98-53；K28-53

中国国家版本馆CIP数据核字第2024AD0029号

书　　名：中华民族共同体建设的实践与探讨
　　　　　——中国人类学民族学研究会第十二届联席会议论文集
　　　　　ZHONGHUA MINZU GONGTONGTI JIANSHE DE SHIJIAN YU TANTAO
　　　　　——ZHONGGUO RENLEIXUE MINZUXUE YANJIUHUI DI-SHI'ER JIE LIANXI HUIYI LUNWEN JI

作　　者：	中国人类学民族学研究会　青海民族大学民族学与社会学学院
策划编辑：	米路晗
责任编辑：	张　驰
责任校对：	孙　琳
装帧设计：	刘　瑜
出版发行：	吉林大学出版社
社　　址：	长春市人民大街4059号
邮政编码：	130021
发行电话：	0431-89580036/58
网　　址：	http://www.jlup.com.cn
电子邮箱：	jldxcbs@sina.com
印　　刷：	武汉鑫佳捷印务有限公司
开　　本：	787mm×1092mm　1/16
印　　张：	19.5
字　　数：	310千字
版　　次：	2024年7月　第1版
印　　次：	2025年1月　第1次
书　　号：	ISBN 978-7-5768-3451-2
定　　价：	98.00元

版权所有　翻印必究

编委会

主　　任：张　某　马成俊
副 主 任：孙国明　张　科
执行主编：杨虎得　贾　伟
编　　委：张　某　马成俊　孙国明　杨虎得
　　　　　张　科　邰银枝　贾　伟

目　录

铸牢中华民族共同体意识研究的现状、特征与展望
……………………………………… 艾比布拉·图尔荪，张雨慧 / 1
论民族地区铸牢中华民族共同体意识的法治保障………… 郭　庆 / 21
中华民族共同体理念的经、纬、面论略……………………… 马英杰 / 33
中国特色创新铸牢中华民族共同体意识……………………… 纳日碧力戈 / 57
"互联网+民族院校铸牢中华民族共同体意识"课程建设的思考
………………………………………………………………… 王红梅 / 73
铸牢中华民族共同体意识视域下传承和发展民族地区历史文化遗产的三重逻辑
………………………………………………………………… 张　雪 / 87
新时代小学铸牢中华民族共同体意识的实践研究…………… 陈　艳 / 106
高校有形有感有效铸牢中华民族共同体意识研究…………… 郭　远 / 122
高师院校铸牢中华民族共同体意识的现状及策略…………… 王　兰 / 148
民族文化遗产：民族交往交流交融的历史记忆
　　——以泉州回族文化遗产为个案的刍论………………… 王　平 / 168
民族互嵌村落的生成与发展研究个案………………………… 李少鹏 / 177
各民族如何实现全方位嵌入的思考…………………………… 汪　月 / 200

新疆喀什脱贫攻坚与乡村振兴有效衔接及现代乡村产业体系构建路径探析
.... 郭景福，夏米斯亚·艾尼瓦尔 / 221
新古典结构-功能视角下全球重要农业文化遗产助力乡村振兴发展的
机遇挑战与启示——基于敖汉旱作农业文化遗产的研究......... 张盛楠 / 236
"生计选择面"的生成与生态移民可持续发展.................. 完德吉 / 249
西南土司的中华文化认同表达及实践逻辑.............. 李 然，严 冬 / 266
民族事务治理研究评述.. 吴 钧 / 284

铸牢中华民族共同体意识研究的现状、特征与展望

艾比布拉·图尔荪，张雨慧

（1. 陕西师范大学，陕西 西安710062；2. 太原科技大学，山西 太原03024）

摘 要：近年来，各界学者积极投入到"铸牢中华民族共同体意识"的研究中来，并取得丰富成果，2020—2022年[①]，中国知网（CNKI）共有文献4976篇，选取其中300余篇文章进行分析，首先，当前研究呈"五多"现状，即内涵的多重解读、形成机制的多样研究、价值意蕴多层阐述、关联要素的多维探讨、路径的多元探究；其次，研究具有"五多"特征，即成果数量呈现井喷式增长、研究内容中宏观研究较多、研究主体中高校教师居多、研究维度呈现多

基金项目：本文系陕西师范大学中央高校基本科研业务费专项资助金项目（Supported by the Fundamental Research Funds For the Central Universities，项目编号：2020TS003）

作者简介：艾比布拉·图尔荪，陕西师范大学中国西部边疆研究院博士研究生，太原科技大学马克思主义学院教师，主要从事铸牢中华民族共同体意识与丝路文献研究。张雨慧，太原科技大学人文社科学院硕士，主要从事铸牢中华民族共同体意识研究。

① 针对"铸牢中华民族共同体意识"的研究成果，现有学者对1986—2020年间中国知网相关文献进行整合（如贾伟、郭远：《中华民族共同体意识研究的知识图谱：实践进路和未来向度》）；有学者对2014—2020年间的相关文献进行分析（如张红、吴月刚：《铸牢中华民族共同体意识研究的现状、特点与展望——基于2014—2020年中国知网的文献分析》）；有学者对2017—2020年间的相关文献进行梳理（如王希辉、王文涛：《中华民族共同体意识研究现状与趋势》），起始时间各有不同，以2020年作为截止时间居多。随着第五次中央民族工作会议的召开，相关文章数量呈井喷式增长，因此有必要将近三年的文献进行整理分析，故此本文我们选定2020年1月1日至2022年10月16日（即党的二十大召开）这一时段作为研究范围。

学科化趋势、研究方向从理论研究向理论与实践并重过渡；最后，展望未来，建议从五个方面着手，即加强实质创新性研究、形成地域覆盖性研究、避免单一重复性研究、融合数据准确性研究、促进学科交叉性研究。

关键词：中华民族共同体意识；回顾；展望

"铸牢中华民族共同体意识"的形成与发展是我国民族工作的历史内涵与政治意蕴的积淀，从梁启超先生"中华民族"一词的提出，孙中山先生"五族共和"的构想，抗日战争时期的"抗日民族统一战线"的建立，费孝通先生你中有我、我中有你的"中华民族多元一体格局"理论的形成，到2014年习近平总书记在第二次中央新疆工作座谈会上提出"牢固树立中华民族共同体意识"，第四次中央民族工作会议提出"积极培养中华民族共同体意识"，党的十九大将"铸牢中华民族共同体意识"写入党章，随着第五次中央民族工作会议的召开，其时代价值和现实意义更加凸显。

学界对此热点议题的关注日益增加，各省民族事务委员会多次召开系列主题研讨会，中央民族大学、中南民族大学、青海民族大学、西南民族大学等民族类院校在铸牢中华民族共同体意识研究基地建设中取得显著成果，各类期刊报纸推出"铸牢中华民族共同体意识"专题板块，不同领域学者在各个平台的支持下均取得了丰富的研究成果。当前，学界对于铸牢中华民族共同体意识的研究范围聚焦在2014至2020年，已形成宏观视角下的整体分析与全局把控，但2021年8月第五次中央民族工作会议作为重要时间节点，其前后文章的主旨与侧重点各有不同，理应对这一变化作出分析，由此可见，聚焦于2020至2022年，作出阶段性和针对性总结与分析具有一定意义，党的二十大召开后，铸牢中华民族共同体意识研究将奔赴新的时代征程，对

2020—2022年的铸牢中华民族共同体意识作出阶段性具体梳理，在一定程度上可以为后续研究提供趋势模型。

因此，本文以中国知网（CNKI）为检索平台，检索时间范围为2020年1月1日至2022年10月16日（中国共产党第二十次代表大会召开前夕），将"中华民族共同体意识"作为主题词进行检索，共获得4686篇研究成果，其中包括学术期刊3853篇，报纸文章478篇，研究生学位论文306篇，会议文章49篇。本文从学术期刊和报纸中选择了300余篇代表性文章作为样本进行研究，分别从"铸牢中华民族共同体意识"研究的现状、特点及展望进行分析。

一、铸牢中华民族共同体意识研究的现状

（一）内涵的多重解读

各专家学者对中华民族共同体意识从不同视角进行解读，其含义也由单一化走向多元化，多维度视角下的中华民族共同体意识的解读在层次性和丰富性上不断拓展，学者分别从历史的视角、时代的视角，以及概念本身构成剖析的角度进行了解读。

从历史的视角来看，中华民族历经数千年发展演化，中华民族共同体意识的三重意涵也渐次生成，即在历史基因浸润下塑造的历史含义、民族国家框架下构造的时代含义，以及在统一战线视域下缔造的政治含义[①]，中华民族共同体意识是各民族在历史实践中形成并发展的、理性和感性相统一的社会意识，包含政治认同、文化认同、身份认同三重内涵。[②]

[①] 张淑娟.论中华民族共同体意识的三重意涵[J].学术界，2020（01）：78-86.
[②] 董慧，王晓珍.中华民族共同体意识的基本内涵、现实挑战及铸牢路径[J].中南民族大学学报（人文社会科学版），2021，41（04）：21-30.

从时代的视角来看，中华民族共同体意识是国家治理体系和治理能力现代化背景下"国家统一、民族团结"理论的凝练和升华，是多元理念复合而成的"人们观念中的国家"，其实质是"民族精神共同体"[①]，中华民族共同体是各民族在漫长历史长河中，不断在文化上兼收并蓄，经济上相互依存，情感上相互亲近，在生活经验、价值体系、历史记忆等方面具有一致性的精神共同体。[②]

从构成剖析的角度来看，以概念构成为切入点，"中华民族""共同体"和"意识"三部分共同构成中华民族共同体意识，可从这三个名词的具体认识中综合把握其概念，中华民族共同体意识的内涵特质是"共同性"[③]；从纵向结构层级及关系着手，铸牢中华民族共同体意识可划分为基于自识性的族群意识、基于社会比较的他族意识以及基于共同性的中华民族意识[④]；在借助关系实在论的新视角下理解中华民族共同体，则强调了国家、国民与民族三重意涵。[⑤]

（二）形成机制的多样研究

中华民族共同体意识的发展络脉与形成机制，是理论扩展的重要基础，从历史经度着手，通过研究由"夷夏之辨"逐步过渡到"华夷一体"的历

---

① 马俊毅.中华民族共同体意识的现代性内涵[J].中南民族大学学报（人文社会科学版），2020,40（05）：15-21.

② 徐黎丽，韩静茹.论中华民族共同体的现代含义[J].思想战线，2021（01）：52-60.

③ 丹珠昂奔.中华民族共同体意识的概念构成、内涵特质及铸牢举措[J].民族学刊，2021,12（01）：1-9,83.

④ 祖力亚提·司马义，蒋文静.中华民族共同体意识的结构层级及其关系[J].中南民族大学学报（人文社会科学版），2021（01）：19-28.

⑤ 吴映雪，赵超.国家、国民与民族：中华民族共同体的三重意涵——基于关系实在论视角的分析[J],中南民族大学学报（人文社会科学版），2021,41（06）：26-34.

史演化，追溯中华民族共同体意识形成的思想基础①，以中华民族发展的纵向脉络来分析其历史基础②，诸如先秦时期③、北魏时期④、辽宋时期⑤、元朝⑥、明清时期等⑦；从现实发展着手，该理念的形成和发展经历了三个阶段，即从"牢固树立"和"积极培养"到"铸牢"，再到将其作为"主线"⑧；从整合视角进行分析，跨越历史与现实的隔膜，即从历史上民族的形成、近代以来"中华民族"一词的产生、新时代中华民族共同体意识的提出进行系统阐述⑨，其核心趋势是政治形态、文化形态、社会空间形态等均趋于内聚与统一。⑩

---

① 段超, 高元武. 从"夷夏之辨"到"华夷"一体：中华民族共同体意识形成的思想史考察[J]. 中南民族大学学报（人文社会科学版），2020,40(05)：1-8.

② 李静. 铸牢中华民族共同体意识的历史与现实基础[J]. 西北民族大学学报（哲学社会科学版），2021(01)：14-20.

③ 宋清员. 先秦时期中华民族共同体的进阶逻辑——兼及中华民族共同体意识的建构[J]. 广西民族研究，2022(01)：130-138.

④ 彭丰文. 北魏的历史记忆整合与国家认同建构——铸牢中华民族共同体意识的历史经验探究[J]. 西南民族大学学报（人文社会科学版），2021,42(06)：8-15.

⑤ 袁琮蕊, 于涌泉. 论辽宋时期中华民族共同体的建构[J]. 西北民族大学学报（哲学社会科学版），2021(06)：69-77.

⑥ 王文光, 马宜果. 元朝的大一统实践与中华民族共同体意识[J]. 贵州社会科学，2021(10)：70-75.

⑦ 武沐, 赵洁. 铸牢少数民族地区中华民族共同体意识的历史经验探究——以明清洮州地区为例[J]. 2022,33(01)：132-138.

⑧ 何星亮. "铸牢中华民族共同体意识"理念的形成与创新[J]. 中央民族大学学报（哲学社会科学版），2021(04)：5-12.

⑨ 王炎龙, 江澜. 中华民族共同体意识产生、发展和完善的基本逻辑——从媒体话语叙事到文化价值认同的新透视[J]. 民族学刊，2021,12(01)：49-56,89.

⑩ 青觉. 中华民族共同体意识的内生性基础研究[J]. 中央民族大学学报（哲学社会科学版），2020,47(05)：27-34.

（三）价值意蕴的多层阐述

在宏观国家层面上，中华民族共同体意识被赋予了新的时代内涵，其价值意蕴也逐渐被深入挖掘。在宏观理论研究中，铸牢中华民族共同体意识是实现中华民族伟大复兴的精神动能，是推动中华民族共同体与人类命运共同体建设、维护国家统一和民族团结的重要助力[1]，是现代国家构建的内核，是当代中国繁荣发展的支撑，是国家凝聚力的精神纽带[2]，铸牢中华民族共同体意识充分体现了56个民族对美好生活的向往和追求，也反映了人民对美好生活的需要[3]；在中观社会层面上，铸牢中华民族共同体意识在城市民族互嵌式社区建设[4]、乡村振兴[5]、西部大开发[6]、民族地区基层治理现代化[7]等方面发挥着巨大作用；在微观具体实践中，以铸牢中华民族共同体意识为主导的研究视域，推动了西藏居民壁画[8]、藏族弓箭文化[9]、云南民族同源神

---

[1] 秦玉莹，郝亚明.中华民族共同体意识：研究概貌与未来展望[J].北方民族大学学报，2021（01）：19-28.

[2] 宋才发.中华民族共同体意识是国家凝聚力的精神纽带[J].社会科学家，2021（05）：14-20.

[3] 石硕.铸牢中华民族共同体意识是人民美好生活的需要[J].中央民族大学学报（哲学社会科学版），2020，47（06）：5-12.

[4] 李修远.城市民族互嵌式社区建设中的集体认同——对铸牢中华民族共同体意识的多元视角思考[J].西北民族大学学报（哲学社会科学版），2020（03）：53-59.

[5] 杨超杰，郭丹凤.乡村全面振兴背景下西藏铸牢中华民族共同体意识的有效路径探究[J].西藏研究，2022，192（01）：17-24.

[6] 郑长德.西部大开发以来民族地区的经济发展：基于"铸牢中华民族共同体意识"的分析[J].民族学刊，2021，12（07）：9-22.

[7] 蒋慧，孙有略.铸牢中华民族共同体意识与民族地区基层治理现代化[J].湖北大学学报（哲学社会科学版），2022，49（01）：1-11，180.

[8] 刘洋.铸牢中华民族共同体意识的重要文化资源——以西藏民居壁画中的中华文化意象为例[J].西藏研究，2022（01）：25-32.

[9] 杨建军，彭婷.藏族弓箭文化符号铸牢中华民族共同体意识研究[J].北京体育大学学报，2022（03）：47-57.

话[①]等民族优秀文化的发展和传承。

（四）关联要素的多维探讨

铸牢中华民族共同体意识不是单一存在的概念，而是与"三交""四个共同""五个认同""人类命运共同体"等理念多元共生的。

新时代各民族交往交流交融与中华民族共同体的构建是密不可分、紧密契合的[②]，马克思主义理论则是二者凝聚和发展的思想基础[③]，应不断加强各民族在政治、经济、文化等方面的紧密联系，推动各民族在文化上兼收并蓄，经济上相互依存，情感上相互亲近，构筑中华民族共有精神家园。[④]

"四个共同"是中华民族共同体意识教育的核心[⑤]，与国家的前途未来和社会的和谐稳定密切相关，内含丰富的价值意蕴，要基于"我们的辽阔疆域是各民族共同开拓的，悠久历史是各民族共同书写的，灿烂文化是各民族共同创造的，伟大民族精神是各民族共同培育的"，不断增进共同性，尊重和包容差异性，才能引导各族人民牢固树立休戚与共、荣辱与共、生死与共、命运与共的共同体理念。[⑥]

"五个认同"是铸牢中华民族共同体意识的要求，继承着追求团结统

[①] 孙浩然.铸牢中华民族共同体意识视域下云南民族同源神话研究[J].吉首大学学报（社会科学版），2022，43（02）：125-131.

[②] 刘利.新时代各民族交往交流交融与中华民族共同体构建研究[J].满族研究，2020（01）：1-8.

[③] 高永久，赵志远.论民族交往交流交融与铸牢中华民族共同体意识的思想基础[J]思想战线，2021（01）：61-70.

[④] 李锐.加强各民族交往交流交融 铸牢中华民族共同体意识[J].内蒙古统战理论研究，2021（06）：14-18.

[⑤] 周智生，李庚伦.以"四个共同"为核心：全面推进中华民族共同体意识教育[J].西南民族大学学报（人文社会科学版），2021，42（07）：1-8.

[⑥] 许烨."四个共同"视域下铸牢中华民族共同体意识的价值意蕴[J].四川省社会主义学院学报.2021（03）：40-45.

一的中华民族内生动力①，中华民族共同体意识这一在历史上形成的各民族对于国家前途和民族命运的自觉意识，其核心内容与"五个认同"不谋而合②，从当前现状来看，为推动相关研究的进一步发展，最先要解决的是对构成中华民族共同体意识的"五个认同"的形成作出深刻解读。③

"铸牢中华民族共同体"和"推动构建人类命运共同体"是中国特色社会主义进入新时代的两项重大任务，两者具有息息相关、良性互动、相得益彰的内在联系④，"两个共同体理念"对于统筹国内国际"两个大局"具有重要意义，彰显了马克思主义民族理论的基本理论观点。⑤

（五）实践路径的多元探究

铸牢中华民族共同体意识最终要落脚在实践之中，学界分别从教育层面、情感认同层面、文化认同层面、国家认同层面、国家建构视域、综融取向角度、群体范围角度等方面作出多元探究。

从教育层面出发，有学者分析了习近平总书记关于民族团结、教育脱贫、多元一体以及教育公平四个方面的重要论述，阐述民族教育在政治、经济、文化和社会四个方面的逻辑塑造⑥，在民族地区推广和普及国家通用语言

---

① 严庆.政治认同视角中铸牢中华民族共同体意识的思考[J].北方民族大学学报（哲学社会科学版），2020(01)：14-21.

② 陈瑛,郎维伟.中华民族共同体意识与"五个认同"关系再探析[J].北方民族大学学报（哲学社会科学版），2020(01)：22-28.

③ 孙懿."五个认同"与中华民族共同体意识[J].烟台大学学报（哲学社会科学版），2020,33(02)：66-72.

④ 金刚,子央.以铸牢中华民族共同体推动构建人类命运共同体[J].中南民族大学学报（人文社会科学版），2020,40(03)：16-21.

⑤ 张三南."两个共同体理念"与马克思主义民族理论中国化[J].学术界，2020(01)：65-77.

⑥ 陈云达,赵九霞.民族教育中塑造中华民族共同体意识的四重逻辑——学习习近平总书记关于民族教育重要论述研究[J].新疆大学学报（哲学·人文社会科学版），2021,49(02)：66-71.

文字是铸牢中华民族共同体意识的经济基础、社会基础、文化心理基础之夯实。①从学校教育的角度进行路径探究的文献很多，学校要推动面向全体学生的民族团结进步教育体系构建②，遵循学前及小学教育、初中教育、高中及中专教育和大学教育四个阶段的教育特征和学生认知发展规律③；民族院校在课程建设目标方面聚焦铸牢中华民族共同体意识，积极营造良好的授课环境，充分发挥思政育人功能④，确保中华民族共同体意识培育取得实效，民族院校必须构建有力高效的组织协调体系、协同育人的教育教学体系、考责问效的督导评估体系、整合优化的资源投入体系、常态长效的规范制度体系。⑤

从情感认同层面出发，一种政治信仰系统之所以能够对社会生活产生影响，其前提是引发国民认同、激发国民感情、形成国民风尚、最终形成支配性行为⑥，因而在现实层面必须通过多种途径激发强化各族人民对中华民族共同体的情感共鸣，形成真实且具有普遍性和凝聚力的心理认知⑦。在"民

---

① 常安.论国家通用语言文字在民族地区的推广和普及——从权利保障到国家建设[J].西南民族大学学报（人文社会科学版），2021（01）：1-10.

② 万明钢.铸牢中华民族共同体意识与新时代学校民族团结进步教育的使命[J].西北师大学报（社会科学版），2020（05）：05.

③ 蒋文静，祖力亚提·司马义.学校铸牢中华民族共同体意识的逻辑层次及实践路径[J].民族教育研究，2022，31（01）：13-21.

④ 吴月刚，张红.铸牢中华民族共同体意识背景下民族院校思政课程建设研究[J].民族教育研究，2020，31（04）：41-47.

⑤ 杨胜才.民族院校铸牢中华民族共同体意识的价值意蕴、方法路径与保障体系[J].中南民族大学学报（人文社会科学版），2020，40（05）：9-14.

⑥ 王云芳.中华民族共同体意识的社会建构：从自然生成到情感互惠[J].中央民族大学学报（哲学社会科学版），2020，47（01）：43-52.

⑦ 刘吉昌，曾醒.情感认同是铸牢中华民族共同体意识的核心要素[J].中南民族大学学报（人文社会科学版），2020，40（06）：11-16.

族心理距离"理论视角下,可以通过缩短各民族之间的心理距离来推动情感认同与情感共鸣。①

从文化认同层面出发,中华民族共同体意识的形成是以中华文化认同为核心,逐步拓展民族认同,最终形成中华民族共有精神家园,蕴含统一多民族国家的属性特征及多元一体文化观。②社会主义核心价值观对铸牢中华民族共同体意识具有引领作用,文化自信、爱国主义等理念则与之具有深刻的内在关联。③

从国家认同层面出发,寓"大国"之义于"家户"之中,是新时代增强民族凝聚力和认同感的应有之义。④加强边境地区精神文化供给、筑牢边民国家认同根基、拉近边民与国家情感距离,是推动国家认同意识再造和中华民族共同体意识培育的重要途径。⑤

从国家建构视域出发,有学者认为要坚持中国共产党的集中统一领导,充分发挥党的制度优势⑥,坚定四个自信,走中国特色解决民族问题的正确

---

① 陈立鹏,薛璐璐.民族心理距离视域下铸牢中华民族共同体意识的路径研究[J].中央民族大学学报(哲学社会科学版),2020,47(06):34-40.

② 方堃,明珠.多民族文化共生与铸牢中华民族共同体意识[J].河南师范大学学报(哲学社会科学版),2020,47(05):9-15.

③ 郝时远.文化自信、文化认同与铸牢中华民族共同体意识[J].中南民族大学学报(人文社会科学版),2020(06):1-10.

④ 青觉.从政治凝聚到心灵认同:新时代各民族共有精神家园建设——基于国家的分析视角[J].西北师大学报(社会科学版),2021(01):31-38.

⑤ 袁明旭,邹荣.中华民族共同体意识培育与边民国家认同意识再造[J].云南师范大学学报(哲学社会科学版),2020,52(05):13-21.

⑥ 李资源,向驰.中国共产党对铸牢中华民族共同体意识的核心作用[J].中南民族大学学报(人文社会科学版),2021(01):1-9.

道路，从而形成超越族际差异的共同体认同①；有学者提出，宪法确立的单一制国家结构形式和民族区域自治制度是铸牢中华民族共同体意识的法治保障，要将现代国家建构与中华民族共同体建构相结合②，应通过提高民族政策法治化水平，实现地方民族团结立法向"铸牢中华民族共同体意识"立法的转变③，不断丰富和强化政治合法性，以有效的政治制度设计夯实共同体的主客观基础，有力地支撑中华民族伟大复兴的光辉事业。④

从综融取向角度出发，在三维层面，有学者强调了中华民族共同体建设的三个维度，即在要素层面发掘中华民族的共同性，在纽带联结层面发掘中华民族的互嵌性，在功能依存层面发掘中华民族的共生性⑤，还有学者提出从语言文化、政治制度、历史传统三个角度着手⑥；在四维层面，有学者提出从"五个认同"的理论路径、民族大团结建设的实践路径、中国特色解决民族问题的现实路径、中国特色社会主义现代化的关键路径，即从"四个路径"进行分析⑦；在五维层面，有学者认为以"五通"铸牢中华民族共同体

---

① 王宗礼.国家建构视域下铸牢中华民族共同体意识研究[J].西北师大学报（社会科学版），2020，57（05）：13-20.

② 宋婧，张立辉.铸牢中华民族共同体意识的法治保障研究[J].贵州民族研究，2020，41（08）：17-23.

③ 叶强.铸牢中华民族共同体意识的地方立法路径及完善[J].中南民族大学学报（人文社会科学版），2020，40（05）：22-27.

④ 王维平，朱安军.以政治认同持续推进中华民族共同体建构[J].西北师大学报（社会科学版），2020，（03）：29-36.

⑤ 郝亚明.中华民族共同体建设的三个维度[J].西北民族研究，2021（01）：12-21.

⑥ 纳日碧力戈，左振廷.三维铸牢中华民族共同体意识[J].中央民族大学学报（哲学社会科学版），2020，47（01）：5-11.

⑦ 宋才发.铸牢中华民族共同体意识的四维体系构建及路径选择[J].党政研究，2021（03）：59-69.

意识——心通、情通、语通、文通、政通，其中心通是根本[①]，还有学者提出党的领导、依法治理民族事务、各民族交往交流交融、各民族共同繁荣发展、各民族共有精神家园五大基础路径。[②]

从群体范围角度出发，在铸牢中华民族共同体意识的双重路径中，民族团结路径主要是针对特定群体，而国民意识培育则主要是针对无差别的全体国民。[③]中华民族共同体意识本质上是一种群体认同意识，以共同内群体认同模型和相互群际差异模型为基础进行内外群体划分，从而使实践路径更具有针对性。[④]还有学者从边境地区[⑤]、边境牧区[⑥]、多民族地区[⑦]、新疆地区[⑧]、西藏地区[⑨]、归侨群体[⑩]、城市少数民族流动人口[⑪]等群体范围入手进行了分析。

[①] 纳日碧力戈,陶染春."五通"铸牢中华民族共同体意识[J].西北民族研究,2020(01):5-18.

[②] 郝亚明.论中华民族命运共同体建设的五大基础路径[J].西南民族大学学报(人文社会科学版),2020,41(05):1-6.

[③] 周平.铸牢中华民族共同体意识的双重进路[J].学术界,2020(08):5-16.

[④] 郝亚明.社会认同视域下的中华民族共同体意识探析[J].西北民族研究,2020(01):19-26.

[⑤] 罗惠翾.边境地区铸牢中华民族共同体意识的几个关键问题[J].西北民族研究,2020(02):29-34.

[⑥] 高永久.铸牢边境牧区各族民众中华民族共同体意识——理论意涵、外部影响与整体布局[J].西北师大学报(社会科学版),2020(01):39-45.

[⑦] 陈纪.多民族地区铸牢中华民族共同体意识的实践路径——基于W县居民国家认同现状的调查研究[J].西北民族研究,2020(04):22-32.

[⑧] 青觉,吴鹏.文化润疆:新时代新疆地区铸牢中华民族共同体意识的理念、话语与实践逻辑[J].中国边疆史地研究,2021,31(01):1-12,213.

[⑨] 方晓玲,周娟,宋博瀚.在西藏如何铸牢中华民族共同体意识:指导原则与路径[J].西藏研究,2020(03):1-7.

[⑩] 张姗.铸牢中华民族共同体意识视角下归侨群体的"五个认同"研究——以广西侨港镇为例[J].民族学刊,2021,12(08):9-18.

[⑪] 陈路路,安俭.铸牢少数民族流动人口中华民族共同体意识——基于城市少数民族流动人口的视角探析[J].贵州民族研究,2020,41(09):8-15.

二、铸牢中华民族共同体意识研究的特征

（一）成果数量：呈现井喷式增长

从2020—2022年的"中华民族共同体意识"研究数量统计结果来看，2020年期刊文章数量为810篇，2021年期刊文章数量为1519篇，几乎增加一倍，本次统计时间截止日期为2022年10月16日，此时期刊文章数量已与2021年持平，可见各界学者利用本专业优势，致力于构建中华民族共同体意识理论体系（图1）。尤其在2021年第五次中央民族工作会议召开后，四个"必然要求"展现了中华民族共同体意识对作为新时代党的民族工作纲领所发挥的重要作用，各界学者纷纷对政策话语和会议精神进行解读，由此可见研究成果数量与政策颁布和会议召开之间关系紧密。在中国共产党第二十次全国代表大会召开后，铸牢中华民族共同体意识进一步体现其价值意蕴和逻辑遵循，相关文章发表数量持稳定增长状态。

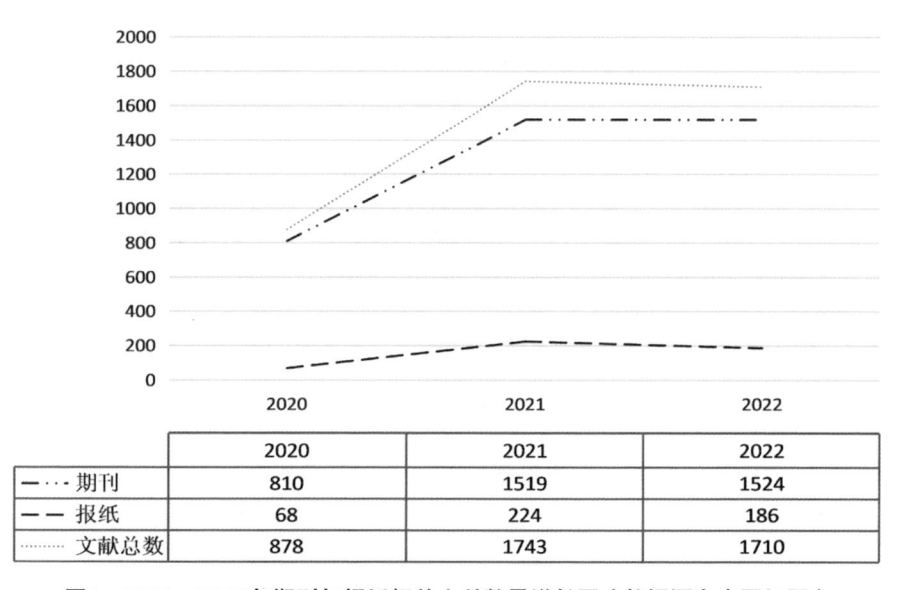

	2020	2021	2022
期刊	810	1519	1524
报纸	68	224	186
文献总数	878	1743	1710

图1　2020—2022年期刊与报纸相关文献数量增长图（数据源自中国知网）

相继建立中华民族共同体意识研究基地的中央民族大学、中南民族大学、西南民族大学、青海民族大学等民族类院校成为主要研究阵营，民族类院校的学报中关于中华民族共同体意识的文章数量持续增长。其中，以中南民族大学和西南民族大学最为典型，由图2可见，《中南民族大学学报》2021年关于中华民族共同体意识文章数量比2020年增长近4倍之多，在民族类院校学报中增长最快，《西南民族大学学报》中文章数量仅居其次，呈现稳定增长态势。

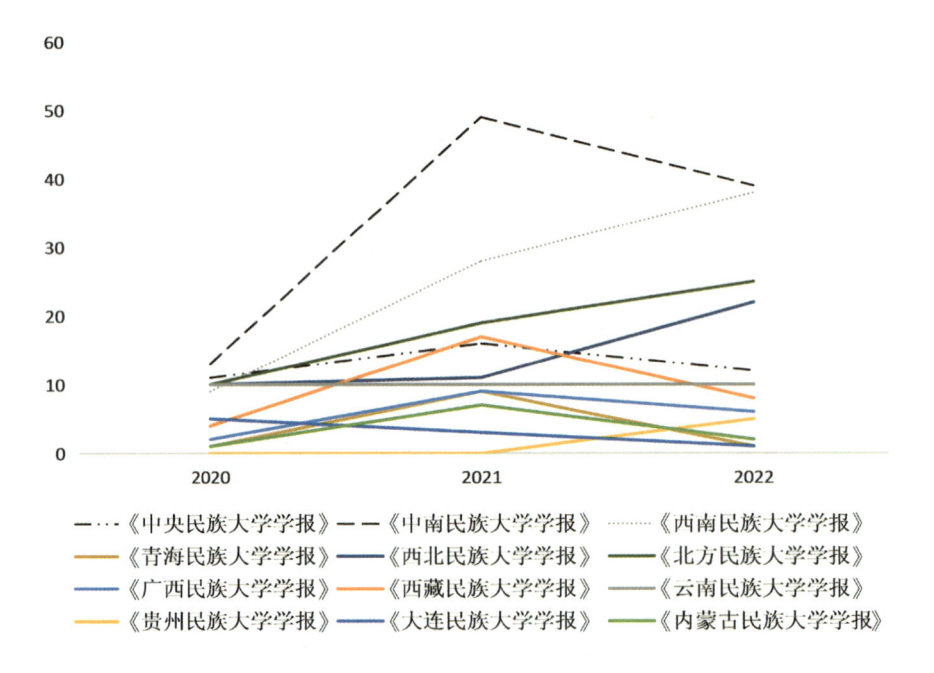

图2 2020—2022年部分民族类院校学报相关文献数量增长图（数据源自中国知网）

在期刊中，以"铸牢中华民族共同体意识"为主题的文章明显增加，其中《广西民族研究》《贵州民族研究》《黑龙江民族研究》《民族学刊》等期刊中的相关文章数量较多（图3），这也意味着各界学者将更多注意力投向中华民族共同体意识。在各专业的共同努力下，新视角、新领域、新方向、新方法层出不穷，相关研究也日益增加。如今，铸牢中华民族共同体意识已成为热点讨论话题，随着中国共产党第二十次全国代表大会的召开，对该议题的研究迎来了新的历史节点。

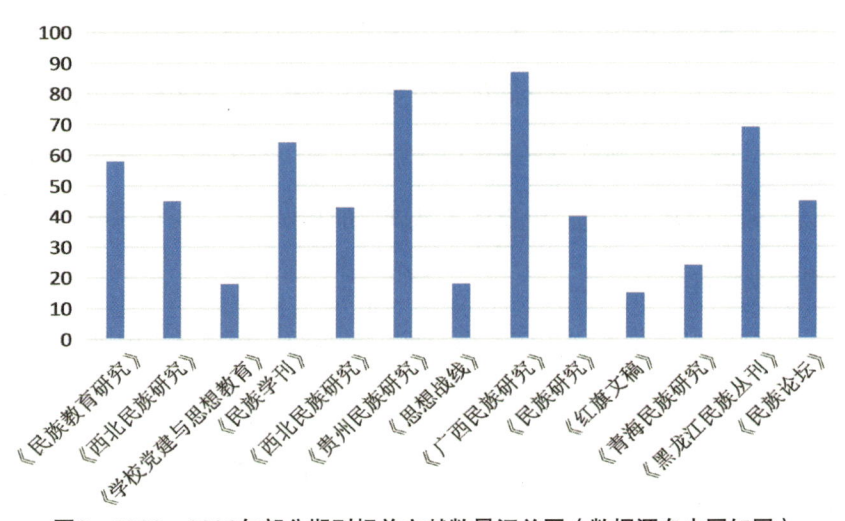

图3　2020—2022年部分期刊相关文献数量汇总图（数据源自中国知网）

（二）研究方向：从理论研究向理论与实践并重过渡

铸牢中华民族共同体意识的相关内涵解读呈现多元化态势，随之产生的路径探析也不断增加，从2020—2022年以"中华民族共同体意识"为主题检索到的文章来看，总体呈现从理论研究转向理论与实践并重的特征，学者们的研究内容由关注中华民族共同体意识"是什么"和"为什么"的定义、形成与价值，逐渐转向"怎么做"的路径探析中来，分别从教育层面、情感认同层面、文化认同层面、国家认同层面进行分析。同时，有学者从综融取向的角度出发，融合多种维度，力图探析出一条全面科学的铸牢中华民族共同体意识之路，还有学者从群体分层的角度出发，依据不同群体的特点属性与环境背景，提出针对性地铸牢中华民族共同体意识。

（三）研究内容：宏观研究较多

自2014年提出铸牢中华民族共同体意识，各界学者分别在其含义、形成、价值、关联要素、路径五个方面的纵向与横向交叉研究中不断取得新成果，相关文章数量持续增长，为铸牢中华民族共同体意识的路径探析打下坚实基础。近年来，中华民族共同体意识的含义、形成、价值在历史视角与现实视角的融合下，得到进一步的深层次解读，这三个方面是"铸牢中华民族共同体意识"的基本研究，没有此类基础性的扎根研究，深层研究和路径研究也就无从谈起。

但在研究过程中发现，研究内容由宏观理论的探讨转向宏观实践的探讨，缺乏微观实践层面的具体探析，大多数学者从文化认同、国家认同、高校教育、社区教育、培育公民意识等宏观领域出发，然而，铸牢中华民族共同体意识终将与人民对美好生活的向往相契合，与人民的生产生活相结合，与中华民族源远流长的历史相吻合，与中华优秀传统文化和民族文化相耦合。从微观视角出发的研究相对较少，诸如铸牢中华民族共同体意识视角下对西藏居民壁画、藏族弓箭文化、云南民族同源神话进行的分析，此类微观研究有待进一步拓展，对某个地区、学校、单位社区等进行的个案研究有待进一步深入。

（四）研究维度：多学科化趋势

随着研究场域不断扩展，心理学、文献学、考古学、艺术学等领域逐渐向这一重要议题靠拢，铸牢中华民族共同体意识研究不再是民族学单一学科的"主秀场"，而成为各学科百花齐放、百家争鸣的"大熔炉"。相关文章不仅遍布于民族类院校学报和民族类杂志，还在其他学科杂志中纷纷涌现，部分期刊设置"铸牢中华民族共同体意识"专栏，各院校学术会议邀请来自不同领域的专家做客，可见铸牢中华民族共同体意识的研究已经呈现多学科化的综融研究模式。

在研究过程中发现，针对铸牢中华民族共同体意识的研究在学科类型上不断丰富，但是，单一学科的单一视角研究仍占据主体，学科交叉的综融取向视角研究尚显不足。诸如心理学视角下针对情感认同和心理认同的研究，历史学视角下各历史时期呈现的民族融合现象与阶段性民族心理特征，人类学视角下的族际、族群研究等，在铸牢中华民族共同体场域下是具有黏合性和关联性的，但立足于多学科之间的贯通性与交叉性所进行的综合分析相对来说数量较少。

表1　2020—2022年关于铸牢中华民族共同体意识的学科及研究视角汇总表

学科	研究视角
民族学	各民族交往交流交融、同源异流、异源同流、分化、异化、同化
历史学	中华民族共同体意识在各历史时期的特点
社会学	群体分层、互嵌式社区、实践场域
人类学	图腾象征、先民、族群
心理学	情感认同、心理认同
文献学	古籍研究
考古学	历史遗存研究
政治学	国家建构、人类命运共同体
法学	法理依据、民族政策
艺术学	文学作品、戏剧影视、新媒体

（数据源自中国知网）

（五）研究主体：高校教师居多

从研究主体上来看，高校教师的研究成果较多，2020—2022年，中央民族大学的青觉老师发表了11篇文章、严庆老师发表了15篇文章、金炳镐老师发表了6篇文章，南开大学的郝亚明老师发表了18篇文章，延边大学的赵刚老师发表了7篇文章，中南民族大学的雷振扬发表了5篇文章，中国矿业大学的张淑娟老师发表了7篇文章，华中科技大学的董慧老师发表了4篇文章，兰州大学的徐黎丽老师发表了6篇文章，还有其他院校多位专家学者纷纷从自身研究方向出发为相关研究注入活力。通过对各学者的研究背景和专研领域的调查发现，大多数学者为民族学领域的专家，以铸牢中华民族共同体意识研究基地为平台，能够充分掌握学科最新动向，同时可与各领域学者形成合力，共同致力于铸牢中华民族共同体意识的多维度研究。由此可见，民族学学科在该研究领域具有一定的带头作用，高校教师在相关研究中积极承担研究任务，为历史新境遇下铸牢中华民族共同体意识的研究作出巨大贡献。

三、铸牢中华民族共同体意识研究的展望

（一）挖掘研究深度，加强实质创新性研究

在过去几年时间中，铸牢中华民族共同体意识与新议题不断融合，诸如文化润疆、人类命运共同体、"一带一路"、乡村振兴等时代背景，也成为铸牢中华民族共同体意识研究的新机遇。在此基础上，中华民族共同体的概念不断延伸，维度不断扩展，路径不断丰富。尤其是自第五次中央民族工作会议召开以来，铸牢中华民族共同体意识研究取得创新性发展，逐渐进入主流研究领域。随着新媒体技术及互联网平台的发展，以及国家新政策的颁布、新会议的召开、新理念的提出，铸牢中华民族共同体意识在与中华民族伟大复兴同轨、与人类命运共同体接轨的同时，有待进一步开展实质性创新研究。

（二）拓宽研究广度，形成地域覆盖性研究

在2020—2022年的研究中，研究者将目光重点放在民族地区的铸牢中华民族共同体意识研究上，民族地区因地域和历史原因具有浓厚的民族色彩和

鲜明个性的文化，因而各界学者着重民族地区互嵌式社区建设、乡村振兴、文化产业发展、基础设施建设等方面的研究。但随着各民族广泛交往交流交融，大量少数民族流动人口进入中东部地区，中东部地区也向民族地区输出各类人才，因此在逐步实现民族大融合的征途中，针对铸牢中华民族共同体意识的研究应向中东部地区、城市地区进行全覆盖，从而推动相关研究在各地区不断跟进。

（三）拓展研究维度，避免单一重复性研究

在以往的研究中，在一定程度上存在重复研究的现象，针对铸牢中华民族共同体意识在历史长轴中由"五族共和"到"民族统一战线"，再到"中华民族多元一体格局"，最后到"中华民族共同体"的整体性叙述较多，但针对如元朝、明朝、清朝等专题研究尚显不足。针对思政课程、社区治理、意识培育的宏观论断较多，但针对某一学校、社区、单位的个性案例研究较少。展望未来，铸牢中华民族共同体意识的研究视野应不断拓展、研究领域不断丰富，提升研究成果的专题性和深入性。

（四）增加研究方法，融合数据准确性研究

目前研究范式较为单一，随着铸牢中华民族共同体意识研究逐步深入，在提升其丰富性、广泛性、多样性的基础上，理应强调其科学性。因此，除文献分析、田野调查、个案研究等常见的人类学与民族学研究方法之外，可利用统计软件、互联网技术与大数据来进行分析，运用SPSS、SAS等应用提高铸牢中华民族共同体意识研究的科学性与准确性，使实践工作更为深入，路径对策更具可操作性。

（五）打破学科壁垒，促进学科交叉性研究

根据当前研究现状，各学科领域已纷纷向铸牢中华民族共同体意识研究抛出"橄榄枝",将本学科研究视角与铸牢中华民族共同体意识相结合,即线形双向联通,但铸牢中华民族共同体意识需要多学科共同介入才能取得重大突破,即形成网状多元联结。只有各学科充分发挥自身优势,打破学科壁垒,共同协作创新,形成交叉性、跨学科研究,才能搭建起铸牢中华民族共同体意识研究的综合体系。

四、结语

铸牢中华民族共同体意识是习近平总书记站在全局和战略高度作出的重大原创性论断,是指导新时代民族工作的根本遵循。中华民族共同体的形成和发展经历了五千年的历史积淀,而中华民族共同体意识的铸牢将继续践行,当下,相关研究已呈现百花齐放、百家争鸣的良好局面,如何推动研究走向新的时代征程尤为重要。围绕"中华民族共同体意识"的丰富研究成果是探寻前进道路的重要突破口,通过对当前研究现状、特点、趋势进行梳理和分析,从而逐步明确未来研究的方向与愿景,同时只有将铸牢中华民族共同体意识研究反馈于国家、社会、人民的实践领域,才能真正实现各民族休戚与共、荣辱与共、生死与共、命运与共,促进56个民族像石榴籽一样牢牢抱在一起。

本文在写作过程和修改过程中得到了中央民族大学苏发祥教授和陕西师范大学王欣教授的宝贵修改建议,谨致谢忱。

论民族地区铸牢中华民族共同体意识的法治保障

郭　庆

摘　要：中华民族共同体意识是统一多民族国家的多元一体文化观，铸牢中华民族共同体意识是实现民族复兴的内在要求，民族协调发展是铸牢中华民族共同体意识的必由之路。文章从民族事务治理法治化的角度对民族地区铸牢中华民族共同体意识的法治保障进行探索，对民族地区当前法治化所面临的问题进行分析，并提供应对之策，导引从科学立法、规范执法、公正司法、深入普法四个维度构建民族地区铸牢中华民族共同体意识的实现路径，最终为民族地区铸牢中华民族共同体意识的法治建设提供保障基础。

关键词：铸牢中华民族共同体意识；民族地区；多元一体；法治化

一、铸牢中华民族共同体意识的内涵

费孝通先生于1988年在香港中文大学演讲时首次提出中华民族多元一体格局理论，从民族学理论角度深刻阐释中国统一多民族国家的国情。该理论运用"多元一体"揭示中华民族的历史发展进程，指出中华民族是"由许许多多分散孤立存在的民族单位，经过接触、混杂、联结和融合而形成了各具个性的多元统一体"[①]。由此可见，中华民族多元一体格局理论和铸牢

作者简介：郭庆，男，湖北巴东人，西南民族大学中华民族共同体研究院博士。

① 费孝通：《中华民族多元一体格局》，中央民族大学出版社1989年版，第1页。

中华民族共同体意识一脉相通。"铸牢中华民族共同体意识"是中国共产党民族理论政策在新时代创新发展的重要标志，具有深厚的理论基础、制度基础、文化基础和实践基础，开辟了新时代我国民族工作的新境界，为实现中华民族伟大复兴的中国梦凝心聚力，汇聚起时代力量。

中国共产党在成立之初，就以实现中华民族的独立与复兴为己任。党在1922年第二次全国代表大会中把"推翻国际帝国主义的压迫，达到中华民族完全独立"作为自己的奋斗目标[①]，从此便踏上了为实现中华民族独立与复兴的征程。在抗日战争时期，面对日军的侵略行为，中国共产党发表《为抗日救国告全体同胞书》，提出"中国民族就是我们全体同胞"的口号，呼吁"中国境内一切被压迫民族（蒙、回、韩、藏、苗、瑶、黎、番等）""为民族生存而战……大中华民族抗日救国大团结万岁"[②]。同时，少数民族同胞也作出回应，响应党的号召，认同中华民族，呼吁各民族团结抗日救国。1938年6月，《康藏民众代表慰劳前线将士书》中写道："中华民国是包括固有之二十八省、蒙古、西藏而成之整个国土，中华民族是由我汉满蒙回藏及其他各个民族而成之整个大国族，日本帝国主义者肆意武力侵略，其目的实欲亡我整个国家"[③]。自全面抗战开始，中国各民族便开始联合，形成了一个紧密的民族共同体。毛泽东同志根据中国革命的性质提出了"两步走"战略，一是取得新民主主义革命的胜利，争取民族独立；二是进行社会主义革命，逐步过渡到社会主义社会，建立平等团结的民族关系。

---

① 中共中央文献研究室、中央档案馆：《建党以来重要文献选编》（1921—1949）（第一册），中央文献出版社2011年版，第33页。

② 中央统战部、中央档案馆：《中共中央抗日民族统一战线文件选编》（中），档案出版社1985年版，第25页。

③ 《康藏民众代表慰劳前线将士书》，载《新华日报》1938年7月12日。

民族团结的实现离不开各民族的国家认同和中华民族认同，由此，各民族地区与内陆地区的交流活动随即展开。1949年，毛泽东同志作出了关于大量吸收和培养少数民族干部的指示。中央曾多次以访问团、工作队的形式赴民族地区进行考察，宣传党的政策，支援地方基础设施建设。同时，民族地区也先后组织人员到内陆地区进行学习交流，感受新中国的巨大变化，厚植了各民族的中华民族共同体意识。改革开放时期，确立了以经济建设为中心的发展理念，为了满足民族工作的新需要，党中央提出了各民族"共同团结奋斗、共同繁荣发展"的目标。其目的在于汇聚各民族的力量和智慧，缩小各民族发展的差距，为建立中华民族共同体打下坚实的物质基础。

为了使少数民族同胞能更好融入其他城市的生活，1993年我国发布了《城市民族工作条例》，将少数民族语言、文字、宗教信仰、风俗习惯等以政府法规的形式确定了下来，保障了少数民族同胞的权利。2003年，政府启动了"中国民族民间文化保护工程"，开始了各民族的"非遗"保护工作，把苗族古歌、满族说部、畲族民歌、藏戏等少数民族非遗项目汇集了起来，保护了各民族的传统文化。而且，得益于"十一五""十二五"规划的实施，中国开展了沿边开放、西部大开发等战略，使得民族地区的经济发展更上一层楼，中华民族共同体意识的物质基础更加坚实。党的十八大以来，2014年5月，习近平总书记在第二次中央新疆工作座谈会上提出"要牢固树立中华民族共同体意识"[①]。中华民族共同体意识是对中华民族共同体的认同，一方面是对各民族共有精神家园的认同，体现在文化上的、客观上的、自觉的认同，另一方面是对国家制度、社会建设的认同，体现在政治上

---

① 《第二次中央新疆工作座谈会要点解读》，载《新华时政》2014年5月31日。

的、主观上的认同。党的十九大报告提出："铸牢中华民族共同体意识，加强各民族交往交流交融，促进各民族像石榴籽一样紧紧抱在一起，共同团结奋斗、共同繁荣发展。"①并写入《中国共产党章程》之中。党的十九届四中全会指出，必须坚持各民族一律平等，铸牢中华民族共同体意识，实现共同团结奋斗、共同繁荣发展，同时这也是我国国家制度和国家治理体系的一项显著优势。②这些都为民族工作创新发展提供了行动指南和基本遵循。各地以培育和践行社会主义核心价值观为切入点，将中国特色社会主义的"五个认同"作为铸牢中华民族共同体意识的精神纽带，促使团结统一的大一统价值理念转化为中华各民族共同的心理自觉。

"民族是人们在历史上形成的一个有共同语言、共同地域、共同经济生活以及表现于共同文化上的共同心理素质的稳定的共同体"③。依此观点，结合中国国情，历史上各民族共同创造了璀璨的民族文化，中华民族共同体意识则是对各民族文化的文化认同，是各民族情感联结的纽带，是各民族共有的精神家园。中华民族共同体意识源自中华民族千年的社会历史经验和当下的民族事业发展实际，它不仅可凝聚强大的力量，而且还是促进民族地区发展的精神动力。

在新时代，我们党始终把"为中国人民谋幸福，为中华民族谋复兴"当作自己的初心使命，将"铸牢中华民族共同体意识"作为新时代民族工作的主线。习近平总书记在2014年中央民族工作会议上提出了"用法律来保障

---

① 习近平：《决胜全面建成小康社会 夺取新时代中国特色社会主义伟大胜利——在中国共产党第十九次全国代表大会上的报告》，人民出版社2017年版，第40页。

② 《中共中央关于坚持和完善中国特色社会主义制度 推进国家治理体系和治理能力现代化若干重大问题的决定》，载《人民日报》2019年11月6日。

③ 《斯大林全集》（第二卷），人民出版1953年版，第294页。

民族团结"的思想，铸牢中华民族共同体意识就是维护民族团结的表现。然而，在党的领导下，民族地区在法治方面应如何铸牢中华民族共同体意识，不仅需要深入探索民族地区的法治现状，还要有应对良策，从而为民族地区铸牢中华民族共同体意识提供法治保障。

二、民族地区铸牢中华民族共同体意识的法治困境

2017年10月，党的十九大正式将"铸牢中华民族共同体意识"写入党章；2018年3月进行宪法修订时，"中华民族"一词首次写入宪法。法治实践业已证明如何用法治建设保障"铸牢中华民族共同体意识"，俨然成为一个新的课题。目前，我国民族法治建设呈现出地区性差异，民族地区法治建设落后于其他地区。法治建设是民族地区铸牢中华民族共同体意识的制度保障，良好的法治文化有助于推进民族地区治理现代化的顺利推进。在民族地区，仍然存在经济发展基础薄弱、社会保障不健全、教育发展相对滞后、民族习俗惯性大、民族宗教问题复杂等诸多现实问题，进而又衍生出的许多法治问题。

首先，立法保障工作有待完善。健全的立法是法治"大厦"建设的牢固根基，立法保障就好比"源头活水"。今天，我国虽形成了以宪法、法律、民族区域自治法、行政法规和部门规章为核心内容的民族地区治理的规范体系。但应当注意到，在少数民族群众就业问题、乡土文化保护问题、行政法治问题、民族习惯法与国家法问题等方面均存在巨大的立法需求和立法空间。其次，行政执法监督有待加强。在我国民族地区行政执法的过程中，执法粗暴、选择性执法、执法随意、执法不懂法的现象仍有发生，致使执法结果与违法行为不一致、执法标准不统一、执法法律适用不当等情况出现，因

此，执法行为需要予以监督。再次，普法宣传工作不足。普法工作面临的难题是，在实践层面如何做到法律规范内化于心、外化于行。我国民族地区特有的社会生态意味着其普法宣传工作机制与其他地区有所差异。总体上有两个方面的问题限制了普法工作的进展。一是民族地区的学生接受教育的程度普遍偏低，交流能力、专业能力有限，法律知识学习能力相对较差。二是民族地区法律队伍中缺乏具备双语沟通能力的专业人才，阻碍了普法工作的实际效果，限制了普法工作者与民族地区群众的良好互动。因此，需要在普法宣传上下功夫。

总之，以上问题若不及时解决，不仅会导致民族地区治理现代化成本的增加，而且还可能不利于民族地区铸牢中华民族共同体意识工作的开展。

三、民族地区铸牢中华民族共同体意识的法治保障路径

铸牢中华民族共同体意识的法治保障，主要包括立法、执法、司法、守法这四条路径，并具有其自身的独特性和不可替代性。以法律法规的形式对民族地区铸牢中华民族共同体意识所涉及的民族利益关系进行价值选择与价值提升，对于促进民族地区民族事务治理法治化、现代化具有重要作用。铸牢中华民族共同体意识是一个系统的工程，法治保障是重要路径之一。[①]

（一）科学立法是民族地区铸牢中华民族共同体意识的法治基础

立法工作是推进民族地区法治建设的首要环节[②]，法律体系的完备是实

[①] 倪国良、张伟军：《中华民族共同体的法治建构：基础、路径与价值》，载《广西民族研究》2018年第5期，第18—35页。

[②] 王呈琛：《民族地区马克思法治思想及其当代价值研究》，载《贵州民族研究》2019年第2期，第12—15页。

现法治保障的基础条件。缺乏体现社会公平和维护正义的法律体系必将引起社会的混乱。法律体系完善与否直接影响着全面依法治国的实现步伐。建立健全民族地区治理的法律规范体系，首先应当坚决维护宪法和国家法律在民族地区的权威，这是法治建设的核心要求。《中华人民共和国宪法》（简称"宪法"）象征着国家统一和民族团结，因此民族地区治理必须维护宪法至高无上的地位。同时，其他各项基本法律在维护各族群众权益、化解社会矛盾、平衡权利义务关系中的作用只能加强，不可削弱。

其次，充分利用区域自治的特点，在民族地区治理中的有效发挥其特殊功能与效用。民族区域自治制度作为民族地区治理的特殊制度设计，其目的在于发挥区域自治的效用，缩小其与其他地区发展的差距，从而维护国家统一、地区稳定与民族团结。再次，维护以《中华人民共和国宪法》为基础，以《中华人民共和国刑法》《中华人民共和国民法》《中华人民共和国行政法》等为主干的基本法律体系前提下，依据民族实际情况的需要加快立法的步伐，紧跟时代发展需要，保障民族地区少数民族群众的合法权益，体现民族地区立法的特色，以治理民族地区区域性问题为导向，建立健全民族地区功能性法律法规体系。尤其应加大涉及民族地区的国家安全、少数民族就业、乡土文化保护、行政法治、民族习惯、民族歧视等重点领域的立法力度，确保民族地区治理有法可依，为铸牢中华民族共同体意识打下制度基础。

（二）规范执法是民族地区铸牢中华民族共同体意识的根本保障

在现实社会生活中，要严格规范执法[①]。执法水平的高低直接影响着法治实践的效果，也决定了依法治国的进程，在很多行政执法的场合中，都会

[①] 毛公宁、董武：《习近平关于民族法治的重要论述及其意义初探》，载《广西民族研究》2019年第1期，第16—21页。

运用到行政执法权。倘若执法权被滥用，将会影响民族地区法治建设的进程，进而影响民族地区铸牢中华民族共同体意识的步伐。因此，在具体执法过程中，执法人员的执法行为需要加以规范。现就民族地区的执法情况提出以下建议。

其一，加强对行政执法权的监督。在对行政执法加强监督时，首先，要加强权力机关的监督。因为权力机关在整个监督体系中居于主导地位。权力机关可以通过一系列的行政行为对执法权进行监督。不仅如此，权力机关还可以通过法律手段撤销不合法的执法行为，防止执法权的滥用，使执法权在合法的范围内行使。在依法治国的进程下，需要探索更加有力的方式对行政执法权的行使进行监督。其次，加强司法监督的功能。司法监督可以保障公民的权利避免因行政执法权的滥用而受到侵害，这是公民权利保护的最后屏障。由此，要尽快完善司法体系对行政执法权滥用的监督机制。构建起司法审查的制度，对行政执法权滥用的行为进行纠正与撤销。需要强调的是，司法机关对行政执法权的监督是有限制的。司法机关需要尊重行政机关作出的决定。只有在公民的个人权益受到损害时，又能举证行政执法权确实滥用的情况下，司法机关方可行使监督权，提起司法审查。这样规定的目的在于防止司法权的滥用。最后，加强行政执法的内部监督。一是通过上级对下级行政机关行使行政执法权的监督，二是通过相关法律对行政机关行政执法权滥用行为进行监督，以便及时纠正不合理的执法行为。当前，我国民族地区的行政监察功能还未完全发挥，监察队伍仍在建设中，另外应配以完善的监察立法体系，让监督机关对执法权的监督有效发挥作用。

其二，提高执法队伍的执法素养。执法队伍的素养高低影响着行政执法权的行使水平。就我国民族地区执法队伍的现状来看，执法队伍的素养参差不齐。应从以下几个方面进行建设。首先，提高执法队伍的职业道德水平。行政执法人员职业道德水平的高低直接影响着政府公信力的体现，关系到执法权的合理使用，与人民群众的利益密切相关。应提高行政执法人员的职业道德素质，让其成为社会职业道德的楷模。行政执法人员应以高尚的道德标准执法，做到执法规范，坚决抵制影响公平执法的不利因素。其次，提高执法队伍行政执法能力。受教育水平的影响，大多民族地区执法队伍的人员的文化水平不高，接受过法律专业教育的人员相对较少。部分执法人员行政执法权时曲解法律条文时有发生，理解上的偏差也会导致执法行为出现错误的现象。多渠道的业务培训可以提高执法队伍的执法能力与水准。通过在培训中使执法队伍的法律知识得以强化，从而确保行政执法人员在执法的过程中准确理解法律条文，使行政执法科学合理。通过培训不仅可以提高行政执法人员的法治观念，还可以帮助行政执法人员增强责任意识。使执法者始终秉承着"对人民负责、对法律负责"的理念，把规范执法贯彻到执法的每个细节之中。事实上，大量行政执法权滥用现象出现其根本在于执法者责任意识不足。由此，强化执法者的法律责任意识，也是避免行政执法权滥用的重要途径。当然，责任教育只是避免执法权滥用的一个方面，还需要加强立法，落实行政执法责任，一旦出现执法权滥用的情况，需要在有法可依的情况下追究相关执法人员的责任，对于执法中严重违反相关法律规范的人，需要严厉惩处，真正做到能够切实落实责任追究制度。

（三）公正司法是民族地区铸牢中华民族共同体意识的重要环节

运用司法手段妥善处理民族内部的关系问题是铸牢中华民族共同体意识的重要一环，司法公正能促进各民族建立团结互助和谐的民族关系。民族地区司法公正的实现离不开少数民族群众的认同，司法的权威源于司法公正，传统观点认为司法公正的体现就是司法审判的实体和程序合法，这只是一种片面的认识，忽略了司法系统之外社会民众对司法公正的普遍认识。少数民族群众的认同对建立司法公正的意义重大。

就司法实践而言，首先，民族地区的司法机关在行使司法权的过程中必须树立"司法公正""司法为民"的司法理念。以公正廉洁的工作风格和热情饱满的态度积极为民族地区群众解决现实生活中的难题。一方面，民族地区的基层法院对处理少数民族群众生活中所产生的利益矛盾纠纷需要具备高度的敏感性；另一方面，民族地区司法机关需要和相关法律宣传部门联合起来，把具体的司法活动充分地展现在少数民族群众的生活之中，让民族地区的群众在生活中感受司法的力量，体验到司法的公正性。其次，少数民族群众聚居的环境有些比较封闭、法治观念不强、民族风俗特点鲜明，在这种环境中，人民陪审员制度可以发挥其特有优势。人民陪审员制度是少数民族群众与司法机关进行良性互动的桥梁，是增进少数民族群众与法治文化认同的"润滑剂"。这不仅可以从制度上使法治观念强的少数民族群众以人民陪审员的身份参加司法活动，还可以提高人民陪审员队伍的整体素质，从而实现扩大法治文化认同的民族性、广泛性的目的。由此，民族地区群众对司法公正便有了更深的认识，少数民族群众对司法公正的认同得到了体现，同时也更加有利于其铸牢中华民族共同体意识。

（四）深化普法是民族地区铸牢中华民族共同体意识的有效途径

普法的关键在于通过有效的方式使少数民族群众学习法律，感知法律，从而养成崇尚法治、遵守法律的习惯，使法律在群众内心深处生根发芽，让法律规范其日常的行为。第一，根据民族地区特殊的民族文化习惯和宗教信仰，在民族地区普法需要采取少数民族群众喜闻乐见的方式进行。在普法的主体上可选用民族干部来普及相关法律知识，民族干部不仅通晓民族地方的语言，而且了解民族文化，能够将法律知识嵌入文化之中，拉近与少数民族群众的距离，使少数民族群众愿意学习法律。第二，在民族地区开展形式多样的法律知识教育活动。例如，法律知识进课堂，可以把民族地区青少年作为普法宣传的重点对象。定期开展以"法律知识讲解""法治思维培育""法治建设实践"等为基本内容的基础法律培训课程。第三，在民族地区积极培育法治文化认同的中坚力量。广泛吸纳懂法的公民参与到普法的队伍中来，这样既能实现普法的目的，又能提供法律咨询服务，为少数民族群众排忧解难。第四，科学充分地利用现代科技手段建立民族地区普法平台，通过电视、互联网等多种方式进行普法宣传，同时，积极进行民族文化长廊、民族党建长廊、村级书屋建设。多手段、多领域地做好民族地区的普法宣传工作，使法治意识在民族地区深入人心。

四、结语

习近平总书记在2014年召开的中央民族工作会议上强调要用法律来保障民族团结，证明了依法治理民族事务的重要性。在新时代，以民族区域自治法为主干的民族法律法规体系，为铸牢中华民族共同体意识提供了法治保障，这是各民族团结一致建设社会主义的重要保证。因此，需要不断推进民族地区法律法规体系的建设，立法上，坚持和完善民族区域自治法，提高立法质量，完善民族法律法规体系建设；执法上做到规范执法，加强对执法的监督；司法上做到公正司法，司法为民；普法上，制定实施好民族法治宣传教育规划，推动各族群众自觉守法、善于用法，树立对法治的信仰，增强法律意识。从而，促进民族团结，平等、团结、互助、和谐的社会主义民族关系不断发展，使中华民族共同体意识不断增强。

参考文献

[1] 李赟, 金炳镐. 新时代促进我国民族团结进步事业基本途径的探索[J]. 中国边疆史地研究, 2019, 29（3）：1–11.

[2] 王延中, 章昌平. 新时代民族工作与民族交往交流交融[J]. 中央民族大学学报（哲学社会科学版）, 2019, 46（5）：15–27.

[3] 李小红, 吴大华. 习近平民族法治重要论述及时代价值探析[J]. 贵州民族研究, 2019, 40（3）：21–26.

[4] 雷振扬, 兰良平. 铸牢中华民族共同体意识：研究现状与深化拓展[J]. 中南民族大学学报（人文社会科学版）, 2020, 40（4）：24–31.

[5] 王作全. 我国民族地区推进社会治理现代化法治保障研究[J]. 西藏大学学报（社会科学版）, 2020, 35（1）：158–165.

[6] 李占荣. 中华民族的法治意义[J]. 民族研究, 2019（6）：1–15, 139.

[7] 龚志祥. 新中国民族政策法治化进程70年[J]. 中南民族大学学报（人文社会科学版）, 2020, 40（1）：15–19.

[8] 李小红, 祁湘. 新时代背景下民族工作法治化发展的法理学思考[J]. 贵州民族研究, 2020, 41（3）：2–8.

[9] 吕朝辉, 李敬. 边疆少数民族法治文化认同：问题呈现与生成之道——以云南省为例[J]. 吉首大学学报（社会科学版）, 2017（1）：16–22.

中华民族共同体理念的经、纬、面论略

马英杰

（西北民族大学 中华民族共同体学院，甘肃 兰州 730030）

摘　要：铸牢中华民族共同体意识是新时代民族工作的主线，是党关于加强和改进民族工作重要思想的有机组成。"大一统"观、马克思主义民族理论中国化是理解中华民族共同体理念的经与纬。中华民族共同体理念秉承"大一统"观的内敛性、吸纳力，无论是在"中华民族"语义的探索发展方面，还是在各民族文化纳入中华文化体系方面，都体现了中国共产党对"大一统"观影响下中国社会治理运行机制的娴熟应用；中华民族共同体理念延阔了马克思主义民族理论的中国化实践，无论是在从革命战争年代到社会主义现代化建设时期具体运用马克思主义民族平等理论探寻救国之路，还是在新中国以政策指引走出中国特色的解决民族问题的正确道路、实施民族区域自治制度方面都体现了中国共产党执政理念的一脉相承又与时俱进；中华各民族在交往交流交融中形成共同体，马克思交往理论能够有效解释人类社会关系，以促进了解、理解中国各民族人民基于历史与现实的交往事实，是连接中华民族共同体理念的经与纬，进而构成思想纵横的交汇面，形成理念张力。从理论体系的

基金项目：本文为国家社科一般项目"中华民族共同体视域下甘宁青民族团结进步创建及路径优化研究"（编号：21BMZ066）。

作者简介：马英杰，男，博士，西北民族大学副教授。主要从事马克思主义民族理论与政策研究。

经、纬、面来理解中华民族共同体理念，有助于深化对"党加强和改进民族工作重要思想"的认识，全面推进民族团结进步事业。

关键词：中华民族共同体理念；大一统；马克思主义民族理论中国化；交往

习近平总书记在2021年中央民族工作会议指出："中华民族大家庭、中华民族共同体、铸牢中华民族共同体意识等理念，既一脉相承又与时俱进贯彻党的民族理论和民族政策，积累了把握民族问题、做好民族工作的宝贵经验，形成了党关于加强和改进民族工作的重要思想。"[①]

建设中华民族共同体是党和国家领导人基于中国历史积淀和现实实践的深刻总结提出的国家政治理念。中华民族共同体理念是党关于加强和改进民族工作重要思想的有机组成部分，是全面、准确把握新时代民族工作历史方位，统筹谋划和推进民族工作的创新发展，是"促进各民族紧跟时代步伐，共同团结奋斗、共同繁荣发展"的重要指引。"当今世界正经历百年未有之大变局"[②]，中国共产党带领各族人民建成小康社会，致力于社会主义现代化建设，实现中华民族伟大复兴，就需要透彻理解战略全局，深刻认识中华民族共同体理念的实践意义，铸牢中华民族共同体意识，凝心聚气，同向发力。自从习近平总书记在2014年第二次中央新疆工作座谈会上将中华民族共

---

① 《习近平在中央民族工作会议上强调 以铸牢中华民族共同体意识为主线 推动新时代党的民族工作高质量发展》，载《民族大家庭》2021年第5期，第4-6页。

② 从中国共产党第十九次代表大会以后，习近平在接见回国参加2017年度驻外使节工作会议全体使节时发表讲话（2017年12月28日）开始，到总书记在中国共产党与世界政党领导人峰会上发表主旨讲话（2021年7月6日）这段时间，总共近四十次讲话中提到"百年未有之大变局"。参见《百年未有之大变局，总书记这些重要论述振聋发聩》，求是网：http://www.qstheory.cn/zhuanqu/2021-08-27/c_1127801606.htm，2021-08-27。

同体意识与国家意识、公民意识一并作为民族事务工作的重要方针提出①后，尤其是2017年党的十九大报告出现"铸牢中华民族共同体意识"，学术界关于中华民族共同体的相关研究如雨后春笋般出现。截至2022年，有关此问题的学术综述也已达十几篇。②其中绝大多数为中华民族共同体，中华民族共同体意识的内涵、意义、历史渊源以及铸牢中华民族共同体意识路径、策略等研究，实质上属于中华民族共同体本体研究，但对中华民族共同体理念的研究相对较少。何星亮对"铸牢中华民族共同体意识"理念形成与创新重大意义的探讨是此方面研究的直接成果③；青觉、吴鹏④，孙国军⑤、刘俐俐⑥等人的研究间接涉及了对中华民族共同体理念的讨论。此外，张学敏、柴然和周

---

① 《习近平在第二次中央新疆工作座谈会上发表重要讲话》，新华网：http://www.xinhuanet.com/photo/2014-05/29/c_126564529.htm，2019年2月25日。

② 2022年，仅以此为主题的各类述评文章就有近十篇，如张天浩：《铸牢中华民族共同体意识研究综述》，载《西藏研究》2022年第3期；卫云梦、徐绍华：《铸牢中华民族共同体意识研究综述——基于CiteSpace软件的文献计量与可视化分析》，载《昆明理工大学学报》（社会科学版）2022年第3期；赵静、魏荣：《中华民族共同体意识研究热点与前沿动态——基于CNKI数据库的知识图谱分析》，载《北方民族大学学报》2022年第2期；等等。

③ 参见何星亮：《"铸牢中华民族共同体意识"理念的形成与创新》，载《中央民族大学学报》（哲学社会科学版）2021年第4期。

④ 参见青觉、吴鹏：《文化润疆：新时代新疆地区铸牢中华民族共同体意识的理念、话语与实践逻辑》，载《中国边疆史地研究》2021年第1期。

⑤ 参见孙国军：《铸牢中华民族共同体意识政治理念的确立及其在内蒙古的实践》，载《赤峰学院学报》（哲学社会科学版）2021年第6期。

⑥ 参见刘俐俐：《中华民族共同体的理念导向与民族文学功能》，载《民族文学研究》2020年第5期。

杰[①]，马小婷和王瑜[②]从教育的角度探讨了"共同体理念"与"铸牢中华民族共同体意识的理念"。

笔者在充分借鉴上述研究成果的基础上，讨论中华民族共同体理念的经、纬、面，彰显中国共产党对马克思交往理论所呈现规律的把握（详见图1：中华民族共同体理念经、纬、面，以下简称"经纬图"），这对于深刻认识铸牢中华民族共同体意识这个"纲"，做好民族工作，推动"党关于加强和改进民族工作的重要思想"的认识深化与实践转化具有重大意义。

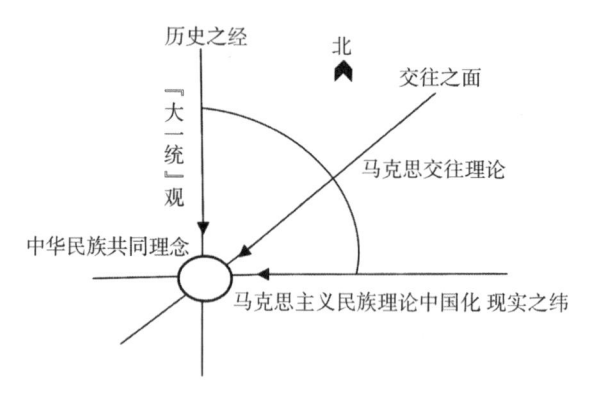

图1：中华民族共同体理念经、伟、面

一、经：中华民族共同体理念秉承"大一统"观的内敛性、吸纳力

尊重国家传统历史文化就要尊重历史规律，中华民族共同体理念体现了中国共产党对中国传统政治"大一统"观的秉承，这是理解中华民族共同体理念的"历史经线"。"大一统"即"推崇一统"，始见于《春秋·公羊

[①] 参见张学敏、柴然、周杰：《中华民族特色教育的理论审视与实践观照——基于共同体理念的讨论》，载《民族教育研究》2022年第4期。

[②] 参见马小婷、王瑜：《学校铸牢中华民族共同体意识的理念与路径探析》，载《民族高等教育研究》2022年第3期。

传》。[1]近年来，我国学界关于"大一统"的讨论较多，比如杨念群[2]、余英时[3]、何星亮[4]等人都有深入的分析，马晓丽、胡慧琳还对新中国成立以来的"大一统"研究做了详尽述评。[5]马卫东先生专门梳理了"大一统"中的"大"和"统"的相关研究，认为"大"字应作"重"字讲[6]。而"统"字则有何休的"统者"[7]、许慎的"纪也"[8]及段玉裁的"别之是为纪；众丝皆得其首，是为统"[9]的理解。中国有"注经""解经"传统，有关"大一统"的注解何其多，全部耙梳厘析，需专门研究。不过可以肯定的是，经过长期政治文化延衍，"大一统"的基本内涵传承了周朝时期"天命观"中

---

[1] 《公羊传》在战国时期在孔子后学中口耳相传，至汉景帝时始著于竹帛。《春秋公羊传注疏》中，徐彦引戴宏序曰："子夏传与公羊高，高传与其子平，平传与其子地，地传与其子敢，敢传与其子寿。至汉景帝时，寿乃与齐人胡毋子都著于竹帛。"参见《春秋公羊传注疏·序》，阮元校刻：《十三经注疏》，上海古籍出版社1997年版，第2189页。

[2] 杨念群：《"大一统"：诠释"何谓中国"的一个新途径》（《南方文物》，2016年第1期）；《论"大一统"观的近代形态》（《中国人民大学学报》，2018年第1期）、《清朝统治的合法性、"大一统"与全球化以及政治能力》（《中华读书报》2011年9月21日第13版）、《章学诚的"经世"观与清初"大一统"意识形态的建构》（《社会学研究》，2008年第5期）、《重估"大一统"历史观与清代政治史研究的突破》（《清史研究》，2010年第2期）、《作为话语的"夷"字与"大一统"历史观》（《读书》2020年第1期）、《我看"大一统"历史观》（《读书》，2009年第4期）。

[3] 余英时：《历史人物与文化危机》（东大图书公司1995年版）中，有"中国史上政治分合的基本动力"一节。

[4] 何星亮：《"大一统"理念与中国少数民族》，载《云南社会科学》2011年第5期。

[5] 马晓丽、胡慧琳：《新中国成立以来"大一统"思想研究述评》，载《烟台大学学报》（哲学社会科学版）2020年1期。

[6] 马卫东：《大一统源于西周封建说》，载《文史哲》2013年第4期。

[7] 何休注，徐彦疏：《春秋公羊传注疏》，阮元校刻：《十三经注疏》，上海古籍出版社1977年版，第2196页。

[8] 今天也有人将"统，纪也"，解释为"统为丝的头绪。引以称系统，统领"。而将"纪，丝别也"，解释为"使丝缕互相区别不致混杂的界绳，引亦称丝的头绪"。参见李恩江、贾玉民：《文白对照〈说文解字〉译述（全本）》，中原农民出版社2000年版，第1208页。

[9] 段玉裁：《说文解字注》，浙江古籍出版社1998年版，第645页。

"天子系天下诸侯于一统，以达天下大治"的传统。为此，"六合同风，九州共贯"成为中国历代帝王的政治理想，并逐渐成为影响中华政治文明的重要理念。在两三千年的岁月中，对于促进中国国家统一、中华民族形成、中华文化繁荣等起过巨大的作用。[1]

将"大一统"观理解为中华民族共同体理念形成的"纵深经线"，需要从"入主"中原王朝对各民族的吸纳与周边少数民族政权主动融入的辩证互动上来看。中华传统政治文化促使各民族政权"争治"中国、认同一体的心理形成，体现在"大一统"对于各民族群体的吸纳力上。在"大一统"观念的形成中，"五方之民"共天下的实践极具哲学内敛性。"五方之民"是在"中原与四夷"关系的长期博弈中形成的建设性概念，具有吸纳、接纳的隐喻。中国古代民族史中，华夷五方格局的形成经历了春秋、战国的长期碰撞融合，中原代表华夏，四夷代表周边。而文献中明确以华夏居中，东夷、西戎、南蛮、北狄配位四方的记述，大概出现于战国。《管子·小匡》和《礼记·王制》中有关于五方之民及其习性、语言、衣服、器用等不同的记载。《管子》是战国时对齐桓公霸业的追叙性概括，所指五方之民，已经从方位上将华夏与东夷、南蛮、西戎、北狄放在同一个平面上讨论，而《礼记》已经将"中国""夷狄"之论由原来的二元对立转向了"多元一体"，使得"五方之民"观念成为"华夷一统"[2]的基本理论，其后"五方之民""华夷一统"则自发上升为封建帝制时代有作为政治家的至高追求，

---

[1] 马卫东：《大一统源于西周封建说》，载《文史哲》2013年第4期。

[2] "华夷一统观"是中华文明封建时代包容文化差异的天下观。"华夷一统"不仅为王朝治权的收放有度、刚柔相济提供了族类心理包容基础，也为王朝国家中心与边缘的权力张弛和整合提供了政治认同基础。在古代交通、通信等技术条件落后的条件下，对中央王朝有效治理辽阔疆域至关重要。参见何星亮：《"大一统"理念与中国少数民族》，载《云南社会科学》2011年第5期。

体现于中国历代王朝的政治实践中。

从中国历史传统中看,"大一统"的政治追求是中国历代王朝"逐鹿中原"的基本特性。无论是北方民族政权,还是南方民族政权,"大一统"规制下的天下观,使得他们总要把"入主中原"当成君临天下的合法性来源。从一个侧面反映了"大一统"政治观吸纳各民族,各民族又积极融入中华民族共同体的过程。习近平总书记指出,"无论哪个民族入主中原,都以统一天下为己任,都以中华文化的正统自居。分立如南北朝,都自诩中华正统;对峙如宋辽夏金,都被称为'桃花石'"[①]。从匈奴后裔刘渊(字元海)到鲜卑后裔石勒、苻坚,从辽、金、西夏以及后来对"大一统"作出重大贡献的元、清等朝代,都体现了这种积极融入的特征。回溯中国几千年的发展史,"思想和文化上的'大一统'始终存在于历史上各种类型的王朝之中,这是中华文明之所以数千年而绵延不断的重要原因之一"[②]。理论付诸实践,需要适应文化土壤才能发挥其应有的效力,而文化土壤则有其产生的独特地理人文和历史积淀。

中华民族共同体理念的形成就是对传统"大一统"观的深刻认识,及对中国社会治理理论运行机制的娴熟运用。谨从两点进行分析。其一,从中国共产党民族理论下"中华民族"概念的语义发展脉络[③]就能管窥一斑。中国共产党从二大开始使用"中国民族"一词,自觉与民国时期的"中华民族"语义相区别。1931年后,为了团结抗日,中国共产党开始探索使用马克思主

[①] 习近平:《在全国民族团结进步表彰大会上的讲话》,载《人民日报》,2019年9月28日第2版。

[②] 何星亮:《"大一统"理念与中国少数民族》,载《云南社会科学》2011年第5期。

[③] 参见马英杰:《中国共产党民族理论语境下"中华民族"语义脉络》,载《湖北民族大学学报》(哲学社会科学版)2021年第3期。

义民族观下的"中华民族"概念，1937年日本全面侵华后，中国共产党在《抗日救国十大纲领》中用"中华民族"动员国内一切少数民族联合抗日；1938年10月召开的中共六届六中全会上已经出现"中华各民族"用来指代"中华民族"。1943年蒋介石发表《中国之命运》之后，时任毛泽东秘书的陈伯达在《评〈中国之命运〉》[①]中对"中华民族"作出了解释，其后毛泽东在给董必武的信件中指出，要公开陈伯达的著作，向社会各界澄清中国共产党的民族政策。其目的非常明显，就是彰显国共两党在对待国内各民族群体的政治主张上有着本质的不同，体现了中国共产党对中华传统政治文化的深刻认识，对"大一统"观的延承。新中国成立以来，党中央、国务院的重要文献都曾用"中国民族""中国各民族""中国各族人民"和"中华民族"等词推动实质意义上的"中华民族共同体"建设，其与现行《中华人民共和国宪法》中"中国各族人民"具有相同含义。中国共产党具有的中华民族共同体思维方式，就是基于对中国传统"大一统"观影响下凝聚各族人民向心力这一规律的把握，并带领中国人民取得了一次又一次的胜利。从这个概念变化可以看出，中国共产党之所以能将民国时期的"中华民族"发展成独立的语义叙事，其根本原因就是将马克思主义原理与中国实际相结合，注重中国文化的和合性。从"中国各族人民"到"中华民族"的语义变化，体现了马克思主义民族理论实践推进中华民族共同体建设的历史过程，为中华民族共同体理念形成与发展提供了思想养料。

[①] 引用陈伯达评蒋介石《中国之命运》的话说："把中国国内各民族做那种解释（蒋中正引"文王孙子，本支百世"、"婚姻的系属"以论证汉族与其他民族之间的宗支关系），则全部中国历史都变成一堆不可了解的糊涂账。"见陈伯达：评《中国之命运》（摘录）（1943年），中共中央统战部：《民族问题文献汇编（1921.7—1949.9）》，中共中央党校出版社1991年版，第945页。

其二，中国共产党将各民族文化纳入中华文化体系中，彰显了"大一统"有容乃大的特性。我国历史的朝代更迭总是在"大一统"观念影响下展开的，形成了"多元一体"的文化传统，而多样的文化常常以温和的形式发酵，浸润于社会意识形态中，促使文化凝合与族群秩序间达到动态平衡状态，融聚着中华民族共同体意识。[1]中华文化孕育而成的"大一统"观念对中国政治文化产生了深远影响，在各民族政治传统中根深蒂固，深刻影响着中国各民族建立的政权政治生态。秦制推行的"车同轨、书同文、行同伦"在各朝代演变为"以夏变夷""夏夷互变"的文化观，不断熔铸各民族共有精神追求。新中国成立以来，中国共产党以民族平等观看待各民族文化，出现了前所未有的各民族文化丰富发展中华文明的现象。党的十八大以后，从很多文化建设举措中都可以看到中华民族共同体理念对"大一统"观的秉承。比如习近平总书记在2014年中央民族工作会议上指出，"各民族共同开发了祖国的锦绣河山、广袤疆域，共同创造了悠久的中国历史、灿烂的中华文化"[2]，接着提出了"中华文化是各民族文化的集大成""筑牢共有精神家园"等重大论断，解决了各民族文化的认同问题；习近平总书记在2019年全国民族团结进步表彰大会上指出"中华文化之所以如此精彩纷呈、博大精深，就在于它兼收并蓄的包容特性"，并提出"我们灿烂的文化是各民族共同创造的"[3]，丰富了中华民族共同体理念的内涵；在2021年中央民族工作会议指出，"要正确把握中华文化和各民族文化的关系，各民族优秀传统文

---

[1] 参见马英杰：《铸牢中华民族共同体意识：作为民族团结的少数民族文化发展》，载《云南民族大学学报（哲学社会科学版）》2018年第5期。

[2] 《中央民族工作会议暨国务院第六次全国民族团结进步表彰大会在北京举行》，《人民日报》2014年9月30日，第A01版。

[3] 《习近平在全国民族团结进步表彰大会上的讲话》，载《人民日报》2019年9月28日第2版。

化都是中华文化的组成部分，中华文化是主干，各民族文化是枝叶，根深干壮才能枝繁叶茂"①，明晰了共同体文化与个体文化的关系。这些表述进一步表明了文化与民族的逻辑过程，体现了中华民族大团结的内容和价值取向，呈现了"大一统"的历史惯性与时代要求，彰显了中国共产党的治理理念，秉持了"大一统"的空间观、政治观和民族观。

二、纬：中华民族共同体理念延拓马克思主义民族理论中国化实践

马克思曾在载于《国际述评》（1850年《新莱茵报·政治经济评论》第2期）的文章中就中国革命斗争及其前景作了这样的评价："虽然中国的社会主义跟欧洲的社会主义象中国哲学跟黑格尔哲学一样具有共同之点，但是，有一点仍然是令人欣慰的，即世界上最古老最巩固的帝国8年来在英国资产者的大批印花布的影响之下已经处于社会变革的前夕，而这次变革必将给这个国家的文明带来极其重要的结果。如果我们欧洲的反动分子不久的将来会逃奔亚洲，最后到达万里长城，到达最反动最保守的堡垒的大门，那末他们说不定就会看见这样的字样：RÉPUBLIQUE CHINOISE LIBERTÉ, EGALITÉ, FRATERNITÉ〔中华共和国自由，平等，博爱〕1950年1月31日于伦敦。"②马克思这段话写于中英第二次鸦片战争前夕，欧洲殖民主义全球肆虐，中国仁人志士找寻救亡图存之路开始萌芽。这段话体现了马克思对中国社会的深刻洞察及其对中国革命前景的期待，"对立统一规律"揭示了

---

① 《习近平在中央民族工作会议上强调 以铸牢中华民族共同体意识为主线 推动新时代党的民族工作高质量发展》，载《民族大家庭》2021年第5期。

② 《马克思恩格斯全集》（第七卷），人民出版社1959年，第265页。

事物发展的动力和源泉,马克思看到了英国资产者对中国持续八年的市场掠夺,这必将催生中国人的觉醒,为马克思主义与中国实际相结合埋下伏笔。

"橘生淮南则为橘,生于淮北则为枳",是中国传统文化中对事物随环境而发生变化的简朴认识。中华民族共同体理念的形成既根植于中国文化传统,又来源于对马克思主义民族理论中国化实践规律的认识。2019年全国民族团结进步表彰大会上提出了"马克思主义民族理论中国化"[①],即在马克思主义理论中国化体系里单独提出了马克思主义民族理论中国化,其在理论与现实上的意义不言而喻,这构成了理解中华民族共同体理念的横延"纬线"。可以从以下两方面进行分析。

其一,中国特色解决民族问题正确道路的探索与形成。党的二十大报告指出,"只有把马克思主义基本原理同中国具体实际相结合……,才能正确回答时代和实践提出的重大问题"[②]。中国共产党自成立以后,特别是红军长征时期,伴随着马克思主义中国化的过程就开始了马克思主义民族理论中国化的探索,寻找符合中国实际解决民族问题的道路。新中国成立后,依照《中华人民政治协商会议共同纲领》的共识,民族政策实践全面开启。1992年第一次中央民族工作会议在马克思主义民族理论中国化进程中具有里程碑意义,宣告中国民族理论与政策方针不是苏联模式。事实上,中国共产党对中国特色解决民族问题正确道路的探索可追溯至革命早期。1927年,上海爆发了"四·一二"反革命政变,国共合作破裂,中国共产党就开始探索马克思主义与中国实际相结合的问题。毛泽东提出的农村包围城市的主张,

---

① 《习近平在全国民族团结进步表彰大会上的讲话》,载《人民日报》2019年9月28日第2版。

② 习近平:《高举中国特色社会主义伟大旗帜 为全面建设社会主义现代化国家而团结奋斗——在中国共产党第二十次全国代表大会上的报告》(2022年10月16日),人民出版社2022年版,第17页。

就体现了与苏联革命道路的巨大差异。1931年，震惊中外的"九一八"事变爆发后，中国共产党就开始发起并领导抗日民族统一战线。随着红军长征中不断接触少数民族群众，中国共产党的政策表述上也越来越多地涉及了尊重少数民族权利和具体某一少数民族风俗习惯的规定，体现了其高度凝聚各民族的政治自觉性，比如《中共四川省接受国际十三次全会提纲与五中全会决议的决定》（1934年6月）、《中共中央驻北方代表给内蒙党委员会的信》（1934年7月）、《中国工农红军政治部关于苗瑶民族中工作原则的指示》（1934年11月）、《总政治部关于创立川黔边新根据地工作的训令》（1934年12月）等。这些政策的探索和调整，顺应了民心，凝聚了人心，充分彰显了马克思主义民族理论与中国政治文化的结合。1937年卢沟桥事变后，为响应中国各民族抗日呼声，更好地团结抗日，中国共产党不再使用"民族自决"一词，这也意味着中国共产党不走苏联加盟共和国的道路。

1945年重庆谈判失败，国共合作再次破裂，随着第三次国内革命战争的深入，中国共产党在苏联与南京国民政府处理民族问题成败中获取经验教训，不断探索契合中国实际解决民族问题的道路。1948年，在第三次国内革命战争接近尾声时，中国共产党提出召开政治协商会议。1949年，新政治协商会议[①]包括了各地区、各界民主人士、各民族在内的634名代表，会议通过的《中国人民政治协商会议共同纲领》就民族政策的总原则作了规定。1953年，中央人民政府委员会第22次会议通过的《中华人民共和国全国人民代表大会和地方各级人民代表大会选举法》，还特别对少数民族代表的选举办法作了规定。1954年，出席第一届全国人大第一次会议的少数民族代表有178

---

① 以区别1946年1月10日至31日在重庆召开的政治协商会议。1949年9月17日，新政治协商会议改称为"中国人民政治协商会议"。

人（包括了约30个民族），占代表总数的14.52%。至此，中国人民政治协商会议行使全国人民代表大会的职权结束，各民族参政议政的方式也从中国人民政治协商会议扩展到了全国人民代表大会。这一过程也是中国解决民族问题道路的探索、形成、坚持和完善的过程。

党的十八大报告中将各民族"和睦相处、和衷共济、和谐发展"确立为新型的民族关系，奠定了社会主义国家以民族发展解决民族问题的基本思路。从某种角度上说，中国共产党诞生、发展的一百年，也是中国共产党对各民族共创中华文明历史及规律把握、推动的一百年，其不仅深谙大一统观的文化基因，也推动形成了中华民族共同体理念，丰富中国特色解决民族问题正确道路，践行中国共产党的初心使命。党的二十大报告指出，"以铸牢中华民族共同体意识为主线，坚定不移走中国特色解决民族问题的正确道路"[①]。按照马克思主义哲学认为，新事物之所以有生命力是因为其合乎历史发展的方向，具有远大的前途。一种理论在一个地方能适应本土环境，生根发展，充分表明了其所具有的文明性和价值性。中国共产党明确而坚定的马克思主义民族观不但是对国际共产主义运动史上忽视民族规律错误的矫正，也是在新的时代背景下对于马克思主义的创造性发展。当今世界，经典马克思主义时代的阶级状况和国际环境都发生了天翻地覆的变化。在应对这种变化中，中国特色解决民族问题的正确道路无疑体现了马克思主义理论和实践辩证运动的生命力。从某种角度看，中华民族共同体理念无疑延拓了中国特色解决民族问题的正确道路的内涵和维度。

其二，民族区域自治制度的确立和实践。中国共产党早在红军长征时期

[①] 习近平：《高举中国特色社会主义伟大旗帜 为全面建设社会主义现代化国家而团结奋斗——在中国共产党第二十次全国代表大会上的报告》（2022年10月16日），人民出版社2022年版，第39页。

就开始摸索建立少数民族政权组织，建设中华民族共同体。1934年在黔东南建立了土家、苗、汉族等联合的黔东特区，1935年在四川凉山建立了彝汉人民联合政权（冕宁县革命委员会）；毛尔盖会议后，建立了绥靖回民苏维埃政府、绥崇地区格勒得沙共和国中央革命政府、川边藏区中华苏维埃中央博巴自治政府等。1936年，红军到达宁夏建立了中国历史上第一个少数民族县级自治政府——陕甘宁省豫海县回民自治政府。这对于动员少数民族积极抗日，凝合中华各民族力量团结抗日产生了深远意义。毛泽东在《论新阶段》（1938年10月）中提出"民族平等建立联合政府"的主张，为确立民族区域自治制度打下了思想基础。1947年，中国历史上第一个省级自治政府——内蒙古自治区政府成立，真正意义上实现了民族平等，有效巩固了边疆，成为中国共产党运用马克思主义解决国内民族问题的成功实践。从此，民族区域自治制度已成为巩固中华民族共同体的重要形式。新中国成立前夕，有临时宪法意义的《中国人民政治协商会议共同纲领》的序言中就把"各少数民族"与"各民主党派""各人民团体"等并列，总纲中还规定"中华人民共和国境内各民族，均有平等的权利和义务"，其第六章专门设立为"民族政策"，明确规定："各少数民族聚居的地区，实行民族区域自治"[①]。接着，载入"五四宪法"，此后，无论"八二宪法"还是现行宪法，其序言、总纲、法条中都有统一多民族国家以及民族区域自治的相关表述。1955年成立新疆维吾尔自治区，1958年成立宁夏回族自治区，1958年成立广西僮族自治区（1965年改名为广西壮族自治区），1965年成立西藏自治区。截至目前，共计5个自治区，30个自治州，120个自治县（旗）。另外有五个城市民

---

① 《中国人民政治协商会议共同纲领》，人民出版社1952年版，第17页。

族区和一千多个民族乡镇，其中绝大多数都分布在红军长征路线及其周边。从马克思主义原理看，从对"民族自决"扬弃到实行"民族区域自治"是唯物辩证法的"否定之否定"的必然要求，同时我国民族区域自治制度的探索发展也经历了"实践—理论—再实践"的过程。

  道路决定制度。制度对于现代国家而言，具有历史和现实意义，一个公民对国家制度的认同是政治认同、国家认同的重要体现。党的二十大报告指出，要"坚持和完善民族区域自治制度，加强和改进党的民族工作，全面推进民族团结进步事业。"[①]中国民族区域自治制度是在党的统一领导下，在少数民族聚居地区设立政府自治机关，通过少数民族"自主地管理本民族、本地区的内部事务"，赋予少数民族当家作主、承担维护祖国统一责任。开启中华民族共同体建设，是中国特色解决民族问题正确道路的制度保障，现由我国四大政治制度[②]之一发展为基本政治制度[③]。

  基于以上两方面看，中华民族共同体理念与中国特色解决民族问题正确道路、民族区域自治制度的初心使命一脉相承又与时俱进，也与改革开放

[①] 习近平：《高举中国特色社会主义伟大旗帜 为全面建设社会主义现代化国家而团结奋斗——在中国共产党第二十次全国代表大会上的报告》（2022年10月16日），人民出版社2022年版，第39—40页。

[②] 2011年7月1日，时任中共中央总书记的胡锦涛同志在《在庆祝中国共产党成立90周年大会上的讲话》中把基层群众自治制度与中国共产党领导的多党合作和政治协商制度、民族区域自治制度一起表述为我国的基本政治制度，人民代表大会制度是根本政治制度。

[③] 党的十九届四中全会提出了中国特色社会主义根本制度、基本制度、重要制度的概念，并将此写入党的二十大报告中（参见习近平：《高举中国特色社会主义伟大旗帜 为全面建设社会主义现代化国家而团结奋斗——在中国共产党第二十次全国代表大会上的报告》（2022年10月16日），人民出版社2022年版，第37页）。普遍认为中国共产党领导的多党合作和政治协商制度和民族区域自治制度属于基本制度（参见肖贵清、车宗凯：《中国特色社会主义根本制度、基本制度、重要制度理析》，《政治学研究》2021年第6期）。

的发展经济特区、以先富带动后富来促进不同地区经济社会的平等发展有着异曲同工之妙。党的十八大以来，以习近平同志为核心的党中央，面对国内外形势的变化，系统分析了民族问题的基本规律和呈现的阶段性特征，阐述了民族工作领域内干部、群众关心关注的一系列理论和实践问题，形成了中华民族共同体理念，其接续时代使命，丰富了马克思主义民族理论中国化实践。近年来，以铸牢中华民族共同体意识为主线的民族工作，成为"历史交汇期"全面建成小康社会、实现各民族繁荣发展的保障，也是民族团结进步教育的基本指向。

中国共产党百年来的民族工作实践探索，从整体上把握了马克思主义民族理论的要旨：在马克思那里，民族解放运动具有超民族性，是解构狭隘民族主义的利剑。那么，以马克思主义民族平等观看待中国各民族的历史发展规律，就能找到各民族生存发展的共性，形成各民族休戚与共、荣辱与共、生死与共、命运与共的大团结，体现了各民族向心凝结。这使得中国共产党民族理论实现了马克思主义民族理论与中国传统政治文化的同频共振，由此推动了中国共产党百年来的中华民族共同体建设实践，并检验和发展了马克思主义，在理论上丰富和创新马克思主义。同时，在这个过程中，稳步推动马克思主义中国化理论，创造性发展出中国特色解决民族问题的正确道路，形成了"习近平关于加强和改进民族工作的重要思想"[1]，其思想内涵就是"各民族不分人口多少、历史长短、发展程度高低，一律平等"[2]，这都与中华民族共同体理念相一致。

---

[1] 《习近平在中央民族工作会议上强调 以铸牢中华民族共同体意识为主线 推动新时代党的民族工作高质量发展》，载《民族大家庭》2021年第5期。

[2] 《民族工作文献选编》（二〇〇三——二〇〇九），中央文献出版社2010年版，第92页。

三、面：马克思交往理论连接中华民族共同体理念经与纬

马克思主义是中国共产党的指导理论，是制定方针、政策的指南。中华民族共同理念是对马克思主义交往理论的深刻把握，也是对人类交往交流缔结共同体趋势的深刻洞见。马克思交往理论的普遍性既体现于中国历史上各民族交往交流，又贯穿于中国共产党民族理论与政策的百年实践过程，将中华民族共同体理念的"经"与"纬"连接起来，构成思想纵横交汇面，形成理念张力，为新时代有效推进民族工作提供理论拓力。

在马克思主义唯物史观中，交往与生产是一对紧密联系的实践范畴。马克思以"交往行为"来阐明人与人、团体与团体、民族与民族、国家与国家的物质交往和精神交往关系，以生产来标明人在交往中构成生产关系的意义。"生产力与交往形式的关系就是交往形式与个人的行动或活动的关系。（这种活动的基本形式当然是物质活动，它决定一切其他的活动，如脑力活动、政治活动、宗教活动等。当然，物质生活的这样或那样的组织，每次都依赖于已经发达的需求，而这些需求的产生，也像它们的满足一样，本身是一个历史过程。"①马克思认为物质生产活动不是孤立行为，而在客观上是人与人交往基础上结成的关系，人与人的生产交往形成了生产关系。本质上人是一切社会关系的总和，在马克思那里，人的交往也正是人生存的一部分，是人成为人的一个必要环节。马克思认为，"个人对一定关系和一定活动方式的依赖恰恰是由物质生产和物质交往决定的。"②"大一统"观是中华各民族以生计模式互补为动源的交往外显，它以政治一统来实现物质交换

---

① 《马克思恩格斯全集》（第3卷），人民出版社1960年版，第80页。
② 《马克思恩格斯全集》（第3卷），人民出版社1960年版，第460—461页。

的最大化。而马克思主义民族理论中国化实践推动了各民族共同团结奋斗，共同繁荣发展也正是基于对各民族交往交流的深邃洞见。这为马克思交往理论连接"大一统"的"历史之经"与马克思主义民族理论中国化实践的"现实之纬"间找到了极好的平衡点。

马克思在《德意志意识形态》一著中说，"他们相互间不是作为纯粹的我，而是作为处在生产力和需要的一定发展阶段上的个人而发生交往的，同时这种交往又决定着生产和需要，所以正是个人相互间的这种私人的个人的关系、他们作为个人的相互关系，创立了——而且每天都在重新创立着——现存的关系"[1]。在人类社会行为中，交往绝不仅仅是个体层面上的人与人的交往，而是由个体导入的群体与群体之间的交往，于是在以商贸为主要中介的不同民族之间，就会形成层次多样、深度不同的社会交往交流，在长期的彼此沟通、互动与融通中，形成多形态共同体，进而以深化社会分工，整合社会合力的方式，将具体的个体关系转换为抽象的群体关系。马克思以"他们"的表述实现个体与群体的转换，"他们是以他们曾是的样子而互相交往的，他们是如他们曾是的样子而'从自己'出发的"[2]。于是马克思得出这样的结论："一个人的发展取决于和他直接或间接进行交往的其他一切人的发展"[3]。当物质生产活动范围扩大，个体与个体、民族与民族、国家与国家之间的社会交往与互动也随之有了更丰富的内涵。同样，对于一个民族的发展壮大，也与其他民族的交往有着重大关联，马克思说："各民族之间的相互关系取决于每个民族的生产力、分工和内部交往的发展程度。这

---

[1] 《马克思恩格斯全集》（第3卷），人民出版社1960年版，第515页。
[2] 《马克思恩格斯全集》（第3卷），人民出版社1960年版，第514页。
[3] 《马克思恩格斯全集》（第3卷），人民出版社1960年版，第515页。

个原理是公认的。然而不仅一个民族与其他民族的关系，而且一个民族本身的整个内部结构都取决于它的生产以及内部和外部的交往的发展程度。"①无论是中华各民族在"大一统"观下的吸纳与融入所体现的交往特征，还是在马克思主义民族理论中国化实践以及中华民族共同体理念的价值导向，都呈现了对各民族交往行为的引导与促进，都彰显着马克思交往理论的基本规律。

民族间交往交流是社会交往理论的一个重要组成部分。马克思主义唯物史观认为交往是人类特有的存在方式和活动方式，生产活动是人类区别于动物的根本标志，是人类和人类社会存在和发展的基础；交往属于人与人之间的社会关系，其变革力量通过生产、交换、消费行为带动下的文化多样性推动民族实体的协同发展。学者代洪宝对于中华民族共同体交往生成有着系统的论述②，他认为历史上"中华民族正是在多元民族交往中，发展为人口繁多、多元一体的民族实体，铸就了中华民族共同体意识。因此，以马克思的交往理论为思想坐标，聚焦各民族交往的历史变化，有助于我们透过各民族交往的多元镜像，从更广阔的理论视角探究中华民族共同体和中华民族共同体意识的'交往性'生成"③。在中国历史长河中，各民族在交往交流中，群体心理、意识和思维不断碰撞，最终生发了中华民族共同体意识。秦汉、隋唐王朝时期的强盛，其重要原因之一就是华夏族与周边民族融为一体，这说明各民族的融入不断为中华民族的发展带来了活力，也是费孝通先生认为

---

① 《马克思恩格斯全集》（第三卷），人民出版社1960年版，第24页。
② 代洪宝：《马克思交往理论视域下中华民族共同体意识探析》，《江苏大学学报》（社会科学版）2020年第3期。
③ 代洪宝：《马克思交往理论视域下中华民族共同体意识探析》，《江苏大学学报》（社会科学版）2020年第3期。

中华民族像滚雪球一样越滚越大的原因。这也说明，民族交往、交流乃至交心融合是古代中国各民族共有的自觉行为。

群居是人的社会属性，马克思交往理论通过界定人是一切社会关系的总和来建构人的社会属性。而不同群体交往交流交融是以人的"交往行为"作为前提的，在马克思人化自然的世界里，正是人通过交往，打破了人"本我"的个体单元，有了与他者交流的动机，语言、符号也随之产生。马克思交往理论具有历史唯物主义理论的思想意蕴，认为社会是人们之间通过交往活动结成的"类存在"，即社会共同体，只有生产力发展到一定的程度时，人的交往异化消除，人的自由、全面发展才有可能。社会历史不是单一的线性发展过程，而是民族内部、民族之间、国家之间往来互动的复杂历史过程。交往表征着社会关系的生成与发展，表现为不同主体间的物质交往和精神交往等。族群之间的交流交往是人类特有的存在方式和活动方式。关于社会存在决定下的社会意识，马克思说："思想、观念、意识的生产最初是直接与人们的物质活动，与人们的物质交往，与现实生活的语言交织在一起的。观念、思维、人们的精神交往在这里还是人们物质关系的直接产物。表现在某一民族的政治、法律、道德、宗教、形而上学等的语言中的精神生产也是这样。"[①]于是，由人的交往建立的社会织网便形成了结构性的人的社会"共同体"，当生产力推动生产关系发展时，在特定的社会存在中的社会意识就随之形成，且在社会存在的决定下形成大致边界的社会意识，即特定的"共同体意识"。

以马克思社会交往理论来看中华民族共同体建设，就会发现，党的十八

---

① 《马克思恩格斯全集》（第三卷），人民出版社1960年版，第29页。

大以来逐渐形成的民族工作理念的经纬背后，贯穿着对各民族交往融合历史规律的把握。无论是在"天下观"的演进、"大一统"的实践，还是"夏夷"关系的转换、五方之民格局的形成，以及对"周礼""儒家"和"理学"的尊崇，乃至秦汉至明清的帝王理想中，都可以洞察到民族交往在其中发挥的作用。即便这种交往通常会以残酷的战争展开，马克思也认为，"战争本身还是一种经常的交往形式"[1]。而强力推动下的人类社会交往为文明所不容，所以呼吁和平交往成为人类共有的精神追求。和平的民族交往才符合自然法则，是推动文明发展的交往形式。在这种状态下，各民族间展开了互市[2]、和亲[3]、会盟[4]、朝贡[5]等多样式、多形态的民族交往活动，促进了各民族生产模式、文艺、文学等的互动、互鉴、互融。尽管这种交往也会因国力的强弱发生变化，但在大多数情况下，当国力强盛时，互市、朝贡较多，当国力较弱时，和亲、会盟较多。比如在匈奴人建立游牧政权和平的时期，"通关市，饶给之，匈奴自单于以下皆亲汉，往来长城下"[6]。这都表

---

[1] 《马克思恩格斯全集》（第三卷），人民出版社1960年版，第26页。

[2] "互市"是具有普遍性的民族经济往来形态。这方面的研究可见魏明孔：《西北民族贸易研究——以茶马互市为中心》，中国藏学出版社2003年版。

[3] 崔明德先生是我国学界研究和亲文化的大家，相关内容可见其代表作《中国古代和亲通史》（人民出版社出版，2007年再版）。

[4] "会盟"是中国政治历史上各民族间特有的交往形式。高瑞先生《桑叶寺碑文考释》《敦煌古藏文吐蕃法制初探》《甥舅会盟碑新探》以及《长庆会盟碑与蕃唐关系的演变》《唐蕃古藏文文献诠释》等学术著作在学界颇有影响。

[5] 相关研究有李云泉：《万邦来朝：朝贡制度史论》，付百臣：《中朝历代朝贡制度研究》等。另外，美国费正清在其《中国沿海的贸易与外交》《中国：传统与变革》《美国与中国》等著作中，对中国的朝贡制度也进行了比较细致的研究、论述。

[6] 《史记·匈奴列传第五十》//李史峰主编：《史记》，上海辞书出版社2006年版，第694页。

明交往交流是各民族共通的促进社群发展的方式，在这个从自在到自觉的交往过程形成了中华民族共同体。

在近代，中国帝制王朝遭遇西方民族国家的入侵，使两种观念产生碰撞，中华民族被迫融入世界历史，客观上促进了中华民族共同体意识从自在到自觉的历史蜕变。新中国成立以后，特别是改革开放以来，中华各民族以经贸往来、文化交流的方式主动融入全球化的大洪流中，中华民族大家庭成员中任何一个成员都以"中国人"身份出现在世界舞台上，展示着中华民族的精神气质与奋发有为的劲力。同样，随着信息、交通的便捷化，各民族之间出现了前所未有的大交往、大交流，且突破了传统的生存空间，向互联网为中介的虚拟世界拓展。中国共产党百年的民族理论与实践的探索，特别是改革开放以来，从"实现共同富裕""三个离不开""两个共同"，到"铸牢中华民族共同体意识，实现中华民族伟大复兴"，都表明党的民族理论发展的脉络就是承接了"大一统"观。党的十八大以来，党中央审时度势，将中华民族共同体意识与国家意识、公民意识置于同等地位，具有深远的战略意义，彰显了对民族群体交往趋势的预判，体现了对马克思交往理论的娴熟把握，这都是中华民族共同体理念的应有内涵。

四、小结

"大一统"中国既是古代各族人民认同的主要目标，也是近代以来中华民族伟大复兴征程有序推进的前提。在"大一统"观念影响下，中华民族从"五方之民"到"五族共和"，再到《中华人民共和国宪法》规定的统一多民族国家，其思想文化背后有着深刻的"大一统"观念的印迹，也丰富着中华文明内涵，更是马克思主义民族理论中国化生长的土壤。中国历史上不同民族展开的多种形式的交往，打开了各民族交往交融的物质通道（各种道路和驿站），也打开了各民族交流交融的精神通道（文化上的相互学习，彼此借鉴），促进了中华民族的"多元一体"，凝聚了"心意相通"的中华民族共同体意识。①

中华民族共同体理念是中国共产党百年来形成的关于加强和改进民族工作重要思想的核心要素，是全面学习、深刻理解民族工作重要思想不可或缺的组成部分，这个社会治理观念的形成，根植于对中国历史文化的深刻认知，把握了人类社会群体交往发展的规律和趋势，立足中国社会发展的历史使命和责任担当，其将对中国社会实践产生深远影响。从某种意义上说，中国共产党革命建设的百年历程也是不断将中华各民族从近代"一盘散沙"的局面，凝成一个"休戚与共、荣辱与共、生死与共、命运与共"②的共同体的过程，也是马克思主义与中国实际相结合，形成马克思主义民族理论中国化的过程。新中国成立后，尤其改革开放以后，从东南沿海开放城市设立、落实少数民族扶持政策到当下的"一个民族都不能少"③理念绵延贯通，这促使各级民族区域自治地方都在教育、经济、文化上取得了飞速发展。由此可见，无论革命战争年代的"社会动员"，还是和平时期的国家建设，中国共产党的主张都能最大限度地调动国内各群体参与其中，推动社会发展进步。

中华民族共同体理念秉持了中华传统政治的"大一统"观，延承了马

---

① 代洪宝：《马克思交往理论视域下中华民族共同体意识探析》，《江苏大学学报》（社会科学版），2020年第3期。
② 《习近平在中央民族工作会议上强调 以铸牢中华民族共同体意识为主线 推动新时代党的民族工作高质量发展》，载《民族大家庭》2021年第5期。
③ 即"全面建成小康社会，一个民族都不能少"、"全面建设社会主义现代化国家，一个民族都不能少"、"实现中华民族伟大复兴，一个民族都不能少"。

克思主义民族理论中国化的实践特性，尊重传统历史文化，擎起当代使命责任。在中国历史长河中，各民族在交往交流中，群体心理、意识和思维不断碰撞，最终形成群体意识。因此，马克思交往理论具有历史唯物主义理论的思想意蕴，其关于共同体的指向与中华民族共同体的中国文化累积相契合。此两条思想经纬线也正是中华民族共同体理念暗合马克思主义交往理论的基本规律、人群互动趋势、各民族人民的和合性大于分别性的共有群体心理，构成了理解党加强和改进民族工作重要思想的维度空间。

中国特色创新铸牢中华民族共同体意识

纳日碧力戈

（内蒙古师范大学/西南民族大学）

摘　要：中华民族共同体的形成与发展，经历了从自在到自觉、从自觉到自信和自强的过程，"四个共同"把我国各族人民凝聚在一起：共同开拓辽阔疆域、共同书写悠久历史、共同创造灿烂文化、共同培育伟大精神。[①]各族人民在这样的开拓、书写、创造和培育的过程中，将凝聚向心的巨大潜能，不断创新转化成为真真切切的现实，又不断憧憬前程远大的未来，发现新的壮美，探索新的可能；他们决不放弃"尚未"的希望，充满对美好生活的期待，扬帆远航，迎来一个又一个新时代。中华民族凝聚力来源于各族人民同心协力的伟大实践，来源于交往交流交融的变革创新，来源于彼此认同和共同认同，来源于祖先留下的生存智慧，来源于地天通、万象生的守正创新思想。

关键词：中国特色；创新；铸牢；中华民族共同体意识

一、中华民族共同体：从自在、自觉到自立、自强、自信

中国人民从站起来到富起来、强起来，不仅经历了一个经济社会、科技

---

① 习近平：《在全国民族团结进步表彰大会上的讲话》（2019年9月27日），《人民日报》2019年9月28日第2版。

教育等各方面的现代化过程，也经历了一个痛定思痛的反思过程。其中一个核心问题是："建设什么样的现代化？"

"日本式的、新加坡式的和欧美式的，当然不行。我们要建设的是与五千年文明古国相称的具有中国特色的现代化。"①

中国有"超百万年的文化根系"，有"上万年的文明起步"，"由早期古国在四千年前发展为方国，在两千年前汇入了多元一统的中华帝国"。②

从考古文物到神话传说、从语言文化到乡土知识、从工艺美术到音乐舞蹈、从地理环境到人口迁移，现在生活在这片中华大地上的各族人民的祖先全方位交往交流交融，以维特根斯坦式"家族相似"③的方式，形成紧密联系的自在共同体。从昭君出塞、文成入藏、赵武灵王胡服骑射、北魏孝文帝汉化改革，"洛阳家家学胡乐"到"万里羌人尽汉歌"，从野利仁荣创西夏文、塔塔统阿制回鹘式蒙古字到羌笛、琵琶、胡琴、羯鼓，各族人民世代交往交流交融、互借、互鉴、互惠，在日用而不觉、润物于无声中发展出共同团结奋进的内在逻辑。

时至近代，列强侵华，各族人民奋起反抗，共御外侮，中华民族自觉

---

① 苏秉琦：《满天星斗：苏秉琦论远古中国》，赵汀阳、王星选编，中信出版集团2016年版，第24页。

② 苏秉琦：《满天星斗：苏秉琦论远古中国》，赵汀阳、王星选编，中信出版集团2016年版，第84—88页。

③ "我想不出比'家族相似'（family resemblances）更好的说法来表达这些相似性的特征；因为家庭成员之间各种各样的相似性：如身材、相貌、眼睛的颜色、步态、秉性，等等，等等，也以同样的方式重叠和交叉。——我要说：'各种游戏'形成了家族。

"例如，各种不同的数字以同样的方式形成了家族。我们为什么要称某种东西为'数'？唔，也许是因为它与好些我们一向称为数的东西有一种——直接的——关系；而我们可以说这给了它同其它我们也称为数字的东西一种间接的关系。我们把数的概念延伸，就像纺线时我们把纤维拧在一起。线的韧度并不在于某根纤维是否贯穿其全长，而在于许多纤维的重叠交织。"（路德维希·维特根斯坦：《哲学研究》，汤潮、范光棣译，生活·读书·新知三联书店1992年版，第46页）

意识大觉醒，邓世昌沉海、裕谦殉国，我国各族人民休戚与共、荣辱与共、生死与共、命运与共。辛亥革命推翻了帝制，为走向共和奠定了基础；国内革命战争和抗日战争时期，中国共产党领导各族人民团结一致、浴血奋战，建立新中国，走上了平等团结进步、共同繁荣发展的光明大道，从此独立自主、自力更生，中华民族从自觉走向自立。改革开放为中华民族建设社会主义现代化强国翻开崭新一页；党的十八大是我国各族人民和各项事业进入新时代的标志。改革开放和新时代发展，让中华民族从站起来、富起来到强起来，从自立走向自强、自信。

2022年10月16日，习近平总书记代表第十九届中央委员会向中国共产党第二十次全国代表大会作报告，并指出：

"大会的主题是：高举中国特色社会主义伟大旗帜，全面贯彻新时代中国特色社会主义思想，弘扬伟大建党精神，自信自强、守正创新，踔厉奋发、勇毅前行，为全面建设社会主义现代化国家、全面推进中华民族伟大复兴而团结奋斗。"[1]

二、铸牢中华民族共同体意识的共同基础

习近平总书记在2014年提出："我们伟大的祖国是五十六个民族共同开发的，中华民族的未来也要靠五十六个民族共同来开创。"[2] 2019年，习近平总书记在全国民族团结进步表彰大会上发表重要讲话，指出，"我们辽阔的疆域是各民族共同开拓的"；"我们悠久的历史是各民族共同书写的"；

---

[1] 习近平：《高举中国特色社会主义伟大旗帜 为全面建设社会主义现代化国家而团结奋斗——在中国共产党第二十次全国代表大会上的报告》（2022年10月16日），人民出版社2022年版，第1页。

[2] 习近平：《2014年5月28日在第二次中央新疆工作座谈会上的讲话》，人民日报2014年5月30日，第1版。

"我们灿烂的文化是各民族共同创造的";"我们伟大的精神是各民族共同培育的"。①

党的十八大以来,我国全方位进入新时代,铸牢中华民族共同体意识成为党的民族研究、民族事务和民族工作的主旋律。2019年,习近平总书记在庆祝中华人民共和国成立70周年的讲话中,首次提出铸牢中华民族共同体意识是新时代党的民族工作的主线。2021年中央民族工作会议上习近平总书记提出"四个与共",铸牢中华民族共同体意识就要引导各族人民牢固树立休戚与共、荣辱与共、生死与共、命运与共的共同体理念。

"四个共同"为中华民族共同体奠定了历史根基;"四个与共"为中华民族共同体提供了强大的凝聚力和生命力。"四个共同"和"四个与共"全面、完整地表述了贯穿于中华民族形成、发展和巩固过程中的一统性、整体性和共同性;"四个共同"和"四个与共"互为条件:没有"四个共同"的具身经历就没有"四个与共"的凝聚力,没有"四个与共"的凝聚力,"四个共同"就缺少了"天下归心"。"四个共同"和"四个与共"是一个前后连贯的表述程式,是中国特色话语体系的组成部分,是对中华民族一统性、整体性和共同性的高度概括。

习近平总书记关于"四个共同"和"四个与共"的论断,是关于中华民族共同性的原创性表述,整个论断进一步明确回答了中华民族为什么是共同体、其共同性具体体现在哪里,从而丰富了对于铸牢中华民族共同体意识这一新时代民族理论、民族事务和民族工作主线的内涵表述,也创新提升了各族人民共同缔造统一的多民族国家这个基本国情的价值意义,指引我们全

---

① 《习近平在全国民族团结进步表彰大会上发表重要讲话强调　坚持共同团结奋斗共同繁荣发展　各民族共建美好家园共创美好未来》,人民日报2019年9月28日,第1版。

面、准确、完整地铸牢中华民族共同体意识，以中华民族伟大复兴为历史方位，以全面建设社会主义现代化国家为重要任务。

我国各族人民世代生活在这片辽阔、神奇的土地上，共同开拓疆土，共同书写历史，共同创造文化，共同培育文明，共同拥有伟大创造精神、伟大的奋斗精神、伟大团结精神、伟大梦想精神。各族人民共同组成的中华民族是一个有容乃大的共同体，是一个兼和相济的共同体，是一个向往美好的共同体。

高质量做好民族理论研究、处理好民族事务、做好民族工作，既需要"志在富民""科技兴国"，也需要"文艺兴国""美好生活""人的全面发展"，尤其需要在精神层面追求、发展、巩固、完善中华民族的一统性、整体性和共同性。

中华民族是各族人民的共建、共有的交融实体和精神家园，其共同性和共有性引领了丰富性和特殊性，这个共同体内的任何民族既不能把别的民族排除在中华民族之外，也不能将自己排除在中华民族之外，更不能将自己等同于中华民族。中华民族是56个民族共同组成的实体，荣辱与共、生死相依、互惠互利、互相守望。根据社会主流认同的费孝通先生的表述，中华民族是由自在到自觉的实体性共同体。中华民族实体不是遣词造句说出来的，更不是一厢情愿想象出来的，而是各族人民在共同团结奋斗中打造出来的，有内在动力驱动，有内在逻辑的指向，也有历史归宿的安排。中华民族共同体意识具有马克思主义民族理论中国化的思想基础，强力推动着各族人民共同团结奋斗、共同繁荣发展的创造性实践，不断加深了各族人民交往交流交融的情感归依。我国各族人民在新时代守正创新，高质量铸牢中华民族共同体意识，为建设美好生活，为实现美好梦想，为早日实现中华民族伟大复兴共同团结奋斗。

中国共产党坚持和坚守马克思主义民族平等进步、共同繁荣发展的原则不动摇，坚决与历史上不平等的民族关系划清界限，各族人民肩并肩、手拉手共同建设团结互助和谐的社会主义民族关系，打牢共有、共享的经济基础，构筑共有、共享的精神家园，向往大同愿景。

"中华民族共同体是56个民族共同组成的大家庭，大家庭的共同利益靠各族人民共同维护，大家庭的美好梦想靠各族人民共同实现，大家庭的安全稳定靠各族人民共同保障。中华民族大家庭也是一个命运共同体，各民族在历史上形成了一荣俱荣、一损俱损的关系，各族人民只有把自己的命运同中华民族共同体的命运紧紧连接在一起，才能实现和拥有美好的前景和无限的希望。"[1]

要全面、准确、完整理解"四个共同""四个与共"对于铸牢中华民族共同体意识的意义，就要辩证地把握各民族共同性和差异性之间的关系，把握好一与多的辩证关系，学习古人"负阴而抱阳，冲气以为和"的智慧，由一生二、二生三、三生万物。张岱年先生提出的"大化三极"说有利于我们更加深刻地领会这种一与多之间的辩证关系："物莫不两，两莫不一""阴阳对立而统一""惟日新而后能经常得其平衡，惟日新而后能经常保其富有"[2]。创造性带来"日新"，带来活力；但创造不等于无序地标新立异，更不是任意发挥、杂乱无章，而是要"兼赅众异而得其平衡"，把握好"兼

---

[1] 纳日碧力戈：《以"四个共同""四个与共"为出发点 铸牢中华民族共同体意识》，中国社会科学网（2022年6月13日），http://www.cssn.cn/mzx/llzc/202206/t20220613_5412357.shtml，2022年11月13日登录。

[2] 《张岱年全集》第三卷，河北人民出版社1996年版，第220页。

和相济"的庖丁之韵。要准确把握好中华民族共同体意识和各民族意识、中华文化和各民族文化之间的关系，准确把握共同性与差异性之间的辩证关系和平衡点，坚决反对大汉族主义和地方民族主义，把中华民族共同体意识、中华民族共同体安全和中华民族共同体利益作为政治、经济、社会、文化、生态全面发展以及智慧建设的支点和重点，各民族利益要服从于和服务于这个支点和重点，进而从这个支点出发，围绕这个重点，实现和保障各民族的具体利益。

中国化时代化的马克思主义民族理论，尤其强调民族平等团结进步、共同繁荣发展。各个民族都对中华民族的疆土开拓、历史书写、文化创造、文明培育作出应有贡献，这样的表述既坚守了马克思主义的人人平等的普遍理念，也照顾到具体实际，保持了中国特色。我国各族人民为中华民族共同体的打造和建设都作出了贡献，我们要为此自豪，保持自信、自强，以主人翁的姿态"骄傲地、有尊严地生活着"，珍惜和爱护中华民族大家庭，维护统一，反对分裂，保障安全。

中华文化是各民族文化的集大成。各民族优秀传统文化是中华优秀传统文化不可分割的组成部分，各民族文化为中华文化提供了活水源头，各民族文化的创造性转化和创新性发展也为整体中华文化提供了日日新的活力和强大的生命力。中华文化和各民族文化的关系是主干与枝叶的关系，是江河与大海的关系，根深干壮才能枝繁叶茂，百川汇聚才能奔流终入海。

三、以中国特色建设共有精神家园

中华民族精神以爱国主义为核心；中华民族时代精神以改革创新为核心。爱国主义精神和改革创新时代精神，是实现中华民族伟大复兴的中国梦的强大精神动力，是中华民族共有精神家园的基础。习近平总书记在党的二十大报告中强调，马克思主义普遍真理要同中国具体实际相结合、同中华优秀传统文化相结合。爱国、奋斗、创新、团结、追梦，这些都是优秀传统必须"守正"的核心部分，不可放弃，必须坚守，还要在新时代发扬光大。这些必须"守正"的中华优秀传统文化的核心部分，不仅仅是哪个、哪些民族要坚守、要发扬光大的，而是中华民族、各族人民都要共同坚守、共同发扬光大的。各民族脱贫攻坚奔小康一个也不能少，构筑、守望、铸牢中华民族共有精神家园一个也不能少。

各族人民携手进入新时代，要共同弘扬以爱国主义为核心的民族精神和以改革创新为核心的时代精神，共同践行社会主义核心价值观，融汇、打造、重塑各民族共有共享的中华文化符号和形象，使各民族在中华民族共有精神家园里人心归聚、精神相依，共同创造马克思主义中国化时代化的人类文明新形态。社会主义核心价值观是当代中国精神的集中体现，是我国各族人民共同价值的精华萃取。中国共产党领导各族人民实现了第一个百年奋斗目标，全面建成小康社会，站在实现第二个百年奋斗目标的新起点上，各族人民要在中国共产党的领导下，为实现中华民族伟大复兴、全面建成社会主义现代化强国继续团结奋斗，共同构筑中华民族共有精神家园、铸牢中华民族共同体意识。"文化是民族的血脉，是人民的精神家园"[①]；中华文化认同是民族团结之根、民族和睦之魂。中华文化是各民族文化的集大成，中华文化是主干，各民族文化是枝叶，根深干壮是枝繁叶茂的有力保障。我国各族人民要高举爱国主义旗帜，把中华民族共同体意识放在最突出位置，中华

---

① 《中国共产党第十八次全国代表大会文件汇编》，人民出版社2012年版，第28页。

民族共同体意识要统领各民族意识，维护祖国统一，加强民族团结。

我国各族人民在长期的生产生活中共同培育了以爱国主义为核心的中华民族精神：伟大创造精神、伟大奋斗精神、伟大团结精神、伟大梦想精神。

人民是历史的创造者。在悠久的中国历史上，勤劳勇敢的各族人民，脚踏实地、勇于创造，从器物到文字、从制度到文化、从艺术到医学、从科技到思想，都为人类文明作出突出贡献。

"中华优秀传统文化源远流长、博大精深，是中华文明的智慧结晶，其中蕴含的天下为公、民为邦本、为政以德、革故鼎新、任人唯贤、天人合一、自强不息、厚德载物、讲信修睦、亲仁善邻等，是中国人民在长期生产生活中积累的宇宙观、天下观、社会观、道德观的重要体现，同科学社会主义主张具有高度契合性。"[1]

中国共产党从一开始就把马克思主义基本原理与中国具体实际相结合，开创了农村包围城市的革命道路，创造性地继承和发展马克思主义，创立了毛泽东思想，取得了新民主主义革命的胜利，建立了新中国；新中国成立后，中国共产党领导全国各族人民，发扬中华民族的伟大创造精神，探索建设中国特色社会主义的道路，独立自主、自力更生、艰苦奋斗，把一个贫穷落后的农业国家初步建设成为一个具有比较完整的工业体系和国民经济体系的国家。

我国各族人民的民族气质、思维方式、价值观念、生活习惯等各有特点，但差异中有共同、多样中有重叠，这些共同和重叠的精神特质能够世代相传，其中包括"精于工艺，善于创造"的精神：

---

[1] 习近平：《高举中国特色社会主义伟大旗帜　为全面建设社会主义现代化国家而团结奋斗——在中国共产党第二十次全国代表大会上的报告》（2022年10月16日），人民出版社2022年版，第18页。

"这一特点可以上溯到北京猿人那里。他（她）们采集劣质的石材（例如脉石英），却打造出小型石器。这一传统在其后数十万年中一直传承。如良渚玉器的细雕工艺、丝绸、漆器、瓷器、"四大发明"以及流传至今的数百种民间手工艺，总体的精巧水平在世界上似无与伦比。中国农业亦以精耕细作闻名于世，直到今天还以占世界百分之七的耕地养活了占世界百分之二十二的人口。这一传统与勤劳、朴实、自强不息的美德融为一体，几乎可称为是创造中华文明的基因之一。"①

中华民族在历史长河中不断创造发明，其背后的强大推动力来自革故鼎新、日日新的伟大创造精神；古老中国的历史长河滚滚向前流淌，各族人民自强不息的伟大奋斗精神也是强大的推动力。中华民族历尽艰辛、多有磨难，各族人民以坚忍不拔的奋斗精神，不屈不挠、团结奋斗、战胜困难、克服险阻，一直走到今天。在充满挑战、百年未有之大变局的新时代，我们更需要继承和发扬祖先们坚忍不拔、自强不息的伟大奋斗精神。习近平总书记指出："我们的国家，我们的民族，从积贫积弱一步一步走到今天的发展繁荣，靠的就是一代又一代人的顽强拼搏，靠的就是中华民族自强不息的奋斗精神。"②

在近代中国，救亡图强的先行者们前仆后继，砥砺前行；中国共产党带领全国各族人民，真正做到站起来、富起来、强起来，走上共同繁荣发展的希望之路，不屈不挠、顽强拼搏的奋斗精神继续激励着我国各族人民，团结奋斗，向社会主义现代化强国迈进。新时代是奋斗的时代、全面迎接和应对各种挑战的时代，也是高质量圆满完成第二个百年奋斗目标的关键时代。当

---

① 苏秉琦：《满天星斗：苏秉琦论远古中国》，赵汀阳、王星选编，中信出版集团2016年版，第24页。

② 《习近平谈治国理政》第一卷，外文出版社2018年版，第52页。

然，奋斗就要践行、就要真抓实干，而不是空谈、不是说说而已；"中华民族伟大复兴，绝不是轻轻松松、敲锣打鼓就能实现的"[①]，而是要"一个汗珠子摔八瓣"干出来的。我国各族人民要在党中央的正确引领下，勇于担当，有所作为，携手并进，共同奋斗，"坚定历史自信，增强历史主动，谱写新时代中国特色社会主义更加绚丽的华章"[②]。

中华民族的形成和发展离不开中华民族凝聚力，离不开各族人民休戚与共、荣辱与共、生死与共、命运与共的伟大团结精神。中华民族凝聚力的形成不是一日之功，"四个与共"的理念也不是突然而生，而是源自古老的传承。例如墨家有"兼相爱，交相利"之说，孔子有"和为贵""君子和而不同，小人同而不和"之论，史伯有"夫和实生物，同则不继"之见，中华民族优秀传统文化中的讲信修睦、亲仁善邻传统道德观，尤其是其中的和合精神，非常有利于各族人民团结互助、共渡难关、互利共赢，毫无疑问是中华民族伟大团结精神的"老家底"。

"国家的统一，人民的团结，国内各民族的团结，这是我们的事业必定要胜利的基本保证。正确认识和处理民族关系，最根本的是要坚持民族平等，加强民族团结，推动民族互助，促进民族和谐。我们要坚持各民族共同团结奋斗、共同繁荣发展的主题，深入开展民族团结宣传教育，牢固树立汉族离不开少数民族、少数民族离不开汉族、各少数民族之间也相互离不开的

[①] 习近平：《决胜全面建成小康社会 夺取新时代中国特色社会主义伟大胜利——在中国共产党第十九次全国代表大会上的报告》（2017年10月18日），人民出版社2017年版，第15页。

[②] 习近平：《高举中国特色社会主义伟大旗帜 为全面建设社会主义现代化国家而团结奋斗——在中国共产党第二十次全国代表大会上的报告》（2022年10月16日），人民出版社2022年版，第1—2页。

思想观念，打牢民族团结的思想基础。"①

从"全国民族团结进步模范个人"都贵玛、"全国十大社会公益之星"阿尼帕大妈收养了汉族、回族、维吾尔族、哈萨克族的10名孤儿到"全国先进工作者""时代楷模"钟扬，他们都体现和践行了中华民族的伟大团结精神。

多民族平等团结进步、共同繁荣发展，这是我们的基本国情，也是建设社会主义现代化的一大有利因素。习近平总书记指出："多民族的大一统，各民族多元一体，是老祖宗留给我们的一笔重要财富，也是我们国家的一个重要优势。"②"中华民族一家亲，同心共筑中国梦。"全国各族人民大团结是实现中华民族伟大复兴的基本条件，是建设新时代社会主义国家的有力保障。

为了实现中华民族伟大复兴，包括港澳台同胞在内的全体中华儿女要"顺应历史大势、共担民族大义"，牢牢掌握民族命运，"共创中华民族伟大复兴的美好未来"。习近平总书记在庆祝中国共产党成立100周年大会上强调："新的征程上，我们必须坚持大团结大联合，坚持一致性和多样性统一，加强思想政治引领，广泛凝聚共识，广聚天下英才，努力寻求最大公约数、画出最大同心圆，形成海内外全体中华儿女心往一处想、劲往一处使的生动局面，汇聚起实现民族复兴的磅礴力量！"③

我国各族人民共同培育形成了心怀梦想、不懈追求的伟大梦想精神，其中包含了中华民族优秀传统文化中的宇宙观和天下观。中华民族数千年

---

① 汪晓东、李翔、王洲：《共享民族复兴的伟大荣光——习近平总书记关于民族团结进步重要论述综述》，《人民日报》2021年8月25日。
② 《习近平谈治国理政》第二卷，外文出版社2017年版，第299页。
③ 习近平：《在庆祝中国共产党成立100周年大会上的讲话》，人民出版社2021年版，第18–19页。

追梦,以天下为公的广阔情怀,造福人类,造福天下,如盘古开天、女娲补天、伏羲画卦、神农尝草、夸父逐日、精卫填海、愚公移山、格萨尔、江格尔、玛纳斯等等,这些古代神话、史诗等口头传统和古史文献,无不体现了中华民族的伟大梦想精神。

《礼记》提出"大同社会"和"小康社会"的社会理想,孟子提倡"老吾老以及人之老,幼吾幼以及人之幼"的社会理念,康有为提出要建构"人人相亲,人人平等,天下为公"的理想社会,孙中山提出"振兴中华"的口号,这些同样也体现了追求社会和谐、天下大同的中华民族梦想精神。

中华民族伟大梦想精神的真正成功的践行者是中国共产党,她团结带领全国各族人民共同奋斗,把贫穷落后的旧中国改变成为繁荣富强的新中国,实现了中华民族"站起来""富起来""强起来"的三次飞跃,实现了脱贫奔小康的第一个百年奋斗目标,正在为实现第二个百年奋斗目标做好全局性谋划和整体性推进工作。

实现中华民族伟大复兴是中华民族的最大梦想,具有强大的感召力和凝聚力,把国家、民族、个人的梦想融汇成共同的梦想。在中国共产党的正确领导下,在伟大梦想精神的鼓舞下,我国各族人民平等团结进步、共同繁荣发展,为全面建设社会主义现代化国家、实现中华民族伟大复兴共同奋斗。

"团结就是力量,团结才能胜利。全面建设社会主义现代化国家,必须充分发挥亿万人民的创造伟力。全党要坚持全心全意为人民服务的根本宗旨,树牢群众观点,贯彻群众路线,尊重人民首创精神,坚持一切为了人民、一切依靠人民,从群众中来、到群众中去,始终保持同人民群众的血肉联系,始终接受人民批评和监督,始终同人民同呼吸、共命运、心连心,不断巩固全国各族人民大团结,加强海内外中华儿女大团结,形成同心共圆中国梦的强大合力。"①

四、为创新实现"尚未"的希望而共同团结奋斗

从辩证的立场看问题，中国式现代化有普遍性，也有特殊性。以中国式现代化全面推进中华民族伟大复兴，"为人类实现现代化提供了新的选择"；中华民族伟大复兴的中国梦可以丰富和发展人类文明新形态，因此实现中华民族伟大复兴的中国梦也应该纳入人类梦、世界梦，成为人类梦、世界梦的组成部分。布洛赫是20世纪初西方马克思主义的代表人物之一，他终其一生深入研究古希腊理性哲学、希伯来宗教信仰精神、德国古典哲学、现代西方哲学和马克思主义哲学。②他强调社会历史的主体性，是主体的行进过程，"蕴含主体新奇、变革、超越和希望之流"③。布洛赫根据亚里士多德的物质概念，"把物质标志为一种'动态存在'（Das Dynmeion）"，"物质母胎"属于"质的自然"，且无处不在、无穷无尽；物质不会处于静态唯物论状态，而是"在思辨的、过程的、动态的唯物论中向前形成其映像"④。物质、自然和历史"日日新"，向新事物敞开，现实的动态存在通向未来现实的动态形态，置身于"时间之流"。"否"表示"现在还不在那里"（das Nichit-Da）；"否"不等于"无"，而是"意味着关于某物的匮乏或空虚状态"，"意味着对某物的冲动"，意味着"对这种匮乏状态的逃

---

① 习近平：《高举中国特色社会主义伟大旗帜　为全面建设社会主义现代化国家而团结奋斗——在中国共产党第二十次全国代表大会上的报告》（2022年10月16日），人民出版社2022年版，第70页。
② 陆玉胜：《革命乌托邦的终结——西方马克思主义研究》，山东人民出版社2015年版，第48页。
③ 陆玉胜：《革命乌托邦的终结——西方马克思主义研究》，山东人民出版社2015年版，第49页。
④ ［德］恩斯特·布洛赫：《希望的原理》第一卷，梦海译，上海译文出版社2012年版，第13页。

避和克服"。①在生物界,"否"指"尚未",指"尚未的存在论"②。同样道理,为了培育好、构筑好中华民族共有精神家园,就需要深刻领会物质、自然和历史永远向新事物敞开的"日新"特性,对"尚未"充满希望,向往人类和世界的共有精神家园。物质存在内部孕育着"尚未","世界是永久的试验台","尚未被意识到的"和"尚未形成的"指向"趋势—潜能—乌托邦"。"尚未"是指向未来的能量,让物质、自然和历史的现象及表征总是处于更新状态,总是处于动态过程。布洛赫关于"物质—质料"总是处于"日新""尚未"过程的观点涉及了"人在世界中"的状态,指向能量由内向外释放与生成的动态过程,"亦即中国古人所说的'生生之谓易'"③。世界和事物蕴藏着"尚未完成"的内在驱动力④,中华民族共有精神家园也蕴藏着这样一种"尚未"的内在势能,万众一心、凝魂聚力,充分体现了物质、自然和历史现象与表征的"尚未"性质。"牢记空谈误国、实干兴邦",把美好生活的追求、民族复兴的渴望置于"尚未"势能发挥作用的过程中,把人的主体性、主动性、创造性和"全面实现"扎根于物感物觉的实践中、日用而不觉的平凡生活中,满怀宏伟希望和远大理想,为创新实现"尚未"的中华民族伟大复兴而共同团结奋斗,创造人类文明新形态,为建造美美与共的未来世界作贡献。

---

① 金寿铁:《希望的视域与意义——恩斯特·布洛赫哲学导论》,商务印书馆2016年版,第151页。
② 金寿铁:《希望的视域与意义——恩斯特·布洛赫哲学导论》,商务印书馆2016年版,第151页。
③ 陆玉胜:《革命乌托邦的终结——西方马克思主义研究》,山东人民出版社2015年版,第52页。
④ 陆玉胜:《革命乌托邦的终结——西方马克思主义研究》,山东人民出版社2015年版,第52页。

五、结语

中国从未进入过"发达的资本主义",中华民族也难以和从部落、部族、民族的西学进化序列一一对应,只能通过马克思主义理论同中国具体实际相结合、同中华优秀传统文化相结合,通过文明对话、文明互鉴,走中国化时代化的创新之路。正如马克思所预测的那样,中国各族人民能够绕过"卡夫丁峡谷",避免资本主义"羊吃人"的苦难,直接进入社会主义阶段。

"中国式现代化的本质要求是:坚持中国共产党领导,坚持中国特色社会主义,实现高质量发展,发展全过程人民民主,丰富人民精神世界,实现全体人民共同富裕,促进人与自然和谐共生,推动构建人类命运共同体,创造人类文明新形态。"[①]

无疑,中华民族的前途充满挑战,中国各族人民需要以更大的勇气、更高的质量团结奋斗,披荆斩棘,战胜各种困难,以强大的凝聚力、创造力和生命力,铸牢中华民族共同体意识,构筑共有精神家园,建设富强、民主、文明、和谐、自由、平等、公正、法治、爱国、敬业、诚信、友善的美好新生活。

[①] 习近平:《高举中国特色社会主义伟大旗帜　为全面建设社会主义现代化国家而奋斗——在中国共产党第二十次全国代表大会上的报告》(2022年10月16日),人民出版社2022年版,第23-24页。

"互联网+民族院校铸牢中华民族共同体意识"课程建设的思考

王红梅

(辽宁民族师范高等专科学校,辽宁 阜新 123000)

摘 要: 铸牢中华民族共同体意识课程是民族院校贯彻落实立德树人根本任务的重要组成,是民族院校贯彻落实习近平总书记以铸牢中华民族共同体意识为理论精髓的关于加强和改进民族工作的重要思想的主要载体。新时代民族院校要充分认识到互联网对作为网络"原住民"的"00后"大学生的深刻影响,依据各民族大学生的成长成才规律和思想政治教育工作规律,充分利用互联网新媒体技术助力铸牢中华民族共同体意识课程的改革与创新,开创民族院校民族团结教育的新路径,提升民族院校民族团结进步创建工作的实效性。

关键词: 互联网+;民族院校;铸牢;中华民族共同体意识;课程

在2021年8月召开的第五次中央民族工作会议上,习近平总书记在总结

基金项目: 2019年度辽宁省社会科学规划基金课题(高校思政专项)"民族院校铸牢中华民族共同体意识的途径与机制研究"(项目编号:L19BSZ043)。

作者简介: 王红梅,1971出生,女,蒙古族,辽宁省阜新市人,副教授,研究方向为高校思想政治教育及民族理论与民族政策。

中国共产党百年民族工作历史经验的基础上，形成和确立了以铸牢中华民族共同体意识为理论精髓的关于加强和改进民族工作的重要思想，标志着新时代党的民族理论已经走向新的历史阶段。民族院校要发挥铸牢中华民族共同体意识课程的主阵地、主渠道作用，把新时代党的民族理论转化为各民族大学生铸牢中华民族共同体意识的实际行动。在2019年9月召开的第七次全国民族团结进步表彰大会上，习近平总书记强调："让互联网成为构筑各民族共有精神家园、铸牢中华民族共同体意识的最大增量。"[1]当今信息时代的浪潮下，民族院校顺势而为，思考如何利用互联网新媒体技术助力铸牢中华民族共同体意识课程建设，改革与创新铸牢中华民族共同体意识教育教学的新思路、新方法和新途径，让民族团结之花深深扎根于各民族大学生的心中，为我国第二个百年奋斗目标和中华民族伟大复兴的中国梦的实现贡献力量。

一、"互联网+民族院校铸牢中华民族共同体意识"课程建设的必要性

（一）新时代民族院校铸牢中华民族共同体意识教育是应对新形势与新挑战的必然要求

高歌猛进的信息时代，几乎所有人都离不开网络，2022年2月25日，中国互联网络信息中心（CNNIC）在京发布的第49次《中国互联网络发展状况统计报告》显示，"截至2021年12月，我国网民规模达10.32亿，较2020年12月增长4296万，互联网普及率达73.0%。人均上网时长保持增长。截至2021年12月，我国网民人均每周上网时长达到28.5个小时，较2020年12月提升2.3个小时，互联网深度融入人民日常生活。"[2]现代人已与网络"水乳交

融"，互联网成为人们的思维方式、行为方式、生活方式和学习方式。在日常生活当中，也能明显感受到作为受众的我们接收信息的习惯，正在从阅读文字逐渐过渡到倾向于浏览网络图片和视频。信息传播在当今时代显得更加精简和直白，如何快速吸引眼球成了当今时代各种网络媒体避不开的问题。正如习近平总书记于2019年1月25日中共中央政治局在人民日报社就全媒体时代和媒体融合发展举行的第十二次集体学习中，发表讲话时指出的："新闻客户端和各类社交媒体成为很多干部群众特别是年轻人的第一信息源，而且每个人都可能成为信息源。有人说，以前是'人找信息'，现在是'信息找人'。所以，推动媒体融合发展、建设全媒体就成为我们面临的一项紧迫课题。"[3]手机、电脑如同水和空气，成为大学生的"必需品"，作为互联网"原住民"的"00后"大学生看待世界和进行学习的方式更具有显著的网络烙印。"人人是网民"的"天下大势"，也为民族院校的民族团结进步创建工作带来了新挑战，要及时转变思想观念，用理解和包容的心态，认真研究我们的教育对象"00后"大学生的实际需求和愿景，认真研究如何利用互联网思维和互联网技术达到民族团结和思想政治教育成效的最大化。

（二）新时代民族院校铸牢中华民族共同体意识教育是贯彻落实立德树人根本任务的必然要求

习近平总书记在2021年8月召开的中央民族工作会议上指出："要构建铸牢中华民族共同体意识宣传教育常态化机制，纳入干部教育、党员教育、国民教育体系，搞好社会宣传教育。"[4]民族团结进步教育是民族院校自建校以来德育工作的重要组成部分，有着厚重的历史沿革、光荣传统和理论积累。铸牢中华民族共同体意识，是新时代深化民族团结进步教育的根本方向、目标和遵循，是民族院校贯彻落实立德树人根本任务的重要组成。自

2014年习近平总书记提出"中华民族共同体意识"以来，民族院校持续开展形式多样的铸牢中华民族共同体意识教育，有力地推动了民族团结进步创建工作。2019年10月，中共中央办公厅、国务院办公厅印发的《关于全面深入持久开展民族团结进步创建工作铸牢中华民族共同体意识的意见》（以下简称《意见》）中提出："改进民族团结进步宣传载体和方式，充分运用新技术、新媒体打造实体化的宣传载体。拓展民族团结进步宣传教育网络空间，推进'互联网+民族团结'行动，打造网上文化交流共享平台，把互联网空间建成促进民族团结进步、铸牢中华民族共同体意识的新平台。"[5]探求互联网新媒体技术与铸牢中华民族共同体意识教育相融合成为民族院校的民族团结进步教育新的方向和着力点。

（三）新时代民族院校铸牢中华民族共同体意识课程改革与创新的必然要求

民族院校自建校以来，"民族理论与民族政策"课程就成为其思想政治理论必修课，是民族院校学生接受党和国家民族理论与政策教育的主渠道，在民族院校思想政治教育体系和国家民族团结教育体系中占有十分重要的地位。自2019年中办国办印发《意见》之后，各民族院校陆续用"铸牢中华民族共同体意识"课程替代了"民族理论与民族政策"课程，当然有一点需要明确的是"铸牢中华民族共同体意识"课程也保留了原来"民族理论与民族政策"课程中的马克思主义民族理论、党的基本民族理论和政策，增添了新时代党的民族理论和政策的相关内容。但目前民族院校开设的"铸牢中华民族共同体意识"课程有些"先天不足"。如：我国高校作为国民教育体系的思想政治理论课都是"有法可依"的，即有国家统一的教学大纲、教学要点和教材，这为课程的实施提供了重要的保障。比较而言，"铸牢中华民族共同体意识"课程没有这方面的优势，这在某种程度上制约了"铸牢中华民族共同体意识"的课程建设，但同时也使课程建设"广阔天地，大有可为"。各民族高校开始"自食其力"，积极发挥各自的主观能动性，或是民族院校之间加强互通有无的经验交流，行动起来，组织人力物力编写"铸牢中华民族共同体意识"课程教学大纲和校本教材。与此同时，关于"铸牢中华民族共同体意识"课程改革和创新的探索也随之而来。民族院校对大学生进行铸牢中华民族共同意识教育传统的、常规的途径，一般是以教育发生的不同场景来划分的，也就是课堂教育、校内教育、校外教育。这三种教育途径各有其教育优势和特点，但局限性也是突出的，往往使教育者和受教育者受到时间和空间的限制，不能"随意发挥"。而伴随着信息社会的高速发展，也造就了互联网新媒体技术认知的"大爆发"，"互联网+"在思政教学中的重要性日益提升，"云思政"成为课程改革的潮流，也为民族院校铸牢中华民族共同体意识课程改革创新提供了新思路和新方法。

二、"互联网+民族院校铸牢中华民族共同体意识"课程建设的设计

（一）坚持和加强党的全面领导，进行顶层设计，精心打造育人场域和平台

以铸牢中华民族共同体意识为主线的民族团结进步教育在民族院校是有传承的、深厚的理论与实践积淀的。但同时也存在不足之处：教育内容陈旧和滞后，与当代大学生思想意识脱节；教育途径单一，主要以课堂教学为主体，而忽视实践教学；实践活动具有随意性、随机性和零散性，缺乏系统性、针对性和实效性；课程教学方法单一，主要依赖知识讲解的"灌输

法"，略显沉闷、枯燥；教材突出理论性，案例不足，不能满足当代大学生的实际需求，缺乏一定的趣味性、可读性；相关培训较少，教师为教而教，知识结构老化，缺乏交流提升的空间；民族团结教育停留在学校工作的局部调整中，而不是置于学校立德树人的工作全局中，缺乏顶层设计，没有形成统一规划的同向同行的协同育人机制。此类问题的存在不利于民族院校铸牢中华民族共同体意识及民族团结进步教育工作全面、持久、有效的展开，不利于取得预期的育人成效。民族院校党委要认真履行铸牢中华民族共同体意识工作第一责任人的政治责任，及时总结民族团结进步教育中的工作经验，正视目前民族院校在铸牢中华民族共同体意识及民族团结进步教育中存在的问题，以问题为导向，深刻地认识到互联网给意识形态和德育工作带来的挑战和机遇，适应时代发展，大胆创新，把"互联网+铸牢中华民族共同体意识"教育摆在突出位置，改进工作思路和工作方法，加强顶层设计，构建"三全育人"的"互联网+铸牢中华民族共同体意识"育人体系，推动民族院校民族团结进步教育向纵深发展。

1.搭建民族院校铸牢中华民族共同体意识教育教学场域

民族院校要"搭建一个网上网下、线上线下、校内校外、课内课外的立体化的铸牢中华民族共同体意识的教育教学场域。"[6]一是要加强传统的铸牢中华民族共同体意识教育教学场域的建设，搭建好以课堂教学为主体，以校园文化建设和校园文化活动为大本营，以校外的铸牢中华民族共同体意识教育教学基地为支点的民族团结教育教学场域。二是重视虚拟化的铸牢中华民族共同体意识教育教学场域的建设。一方面是注重传统互联网、校园网、门户网站的建设；另一方面是"现在我们应该充分利用好、打造好，诸如微信公众平台、抖音短视频社区平台等新兴媒体形式。这些虚拟化的民族团结教育教学场域的建设，使民族团结教育的虚拟社区建立起来，进而唱响网络铸牢中华民族共同体意识主旋律。"[6]

2. 建设民族院校学校铸牢中华民族共同体意识"互联网+创新基地"

以人工智能、大数据等现代信息技术为基础，打造网络铸牢中华民族共同体意识育人媒体平台中心，以"新闻+教育+服务"为功能定位，聚焦新闻生产"一次策划、一次采集、多种生成、多元传播"的新型业务流程，深度融合广播、电视、报刊、新媒体等资源，创新全媒体业务流程、生产方式、业务形态、运营运维方式等，形成分众传播、分类覆盖的格局。

3. 构建民族院校师生互动平台

新媒体在师生互动上有天然的优势，互动平台上的符号化的交流模式有助于大学生毫无顾虑地倾诉心里话，有助于教育者了解受教育者最真实的想法，并及时采取措施开展有针对性的思想政治教育，从而增强大学生民族团结进步教育的渗透力。

（二）加强铸牢中华民族共同体意识的教师队伍建设，提高教师从业素质和技能

1. 激发教师主动学习互联网技术的积极性，促使教师成为互联网的"技术专家"

受新冠肺炎疫情影响，2020年的春季学期，全国各级各类学校普遍大规模开始线上授课，虽然各学校被动地选择了线上授课，但也促成了全国教师"互联网技术的大培训"，促使全国各级各类学校开始主动探索网络授课的新模式。目前，从教师对网络的使用情况来看，大部分教师基本掌握了通过网上教学平台诸如"学习通""钉钉""腾讯课堂""网易云课堂"等进行云端教育教学的操作方法，甚至有的老师已经有了自己的微信公众号，开设了"抖音""快手"等平台账号,对网络平台的操作基本上完成了由"生手"到"熟手"的转变,但离"高手"的境界还是有相当大的距离的。互联网技术大发展的态势对教师的从业素质提出了更高的要求,教师不仅要有过硬的本专业知识,还要具备过硬的以新媒体为主导的现代化教学能力,必须要具有一定的"互联网素质",掌握互联网技术成为新时代教师从业素质的"标配"。教师要顺应时代,以时不待我的精神,知难而上,接受挑战,努力学习互联网知识和技能。一是要提升对网络和新媒体的认知能力。二是要提升对网络和新媒体的使用能力。三是要提升对互联网信息的整合能力,甚至是对优质教学资源的开发与创造能力。教师不仅要会利用信息技术,更要及时提升信息素养,推动人工智能等现代信息技术在民族团结教育教学中的广泛应用。民族院校要引导教师,特别是老教师改变原有保守的传统教学观念,积极学习和大胆地使用网络媒体技术。并对教师有计划、有步骤、有针对性地开展网络信息技术的培训,如加强教师网络意识形态、网络安全、网络平台的搭建和使用以及网络课件、视频的制作等方面的培训,促进教师成为互联网技术的"行家里手"。

2. 激发教师主动提升理论和知识素养的积极性,促使教师成为学科课程的"理论家"

由于"铸牢中华民族共同体意识"课程还没有被纳入国民教育体系,只在民族院校开设,而且民族院校本身数量有限,相应的课程教师数量也有限,因此,显得比较"小众"。这导致铸牢中华民族共同体意识相关学术交流和培训的开展受限。基于此,民族院校要通过必要的行政手段,打造校际合作交流的平台。同时,邀请民族理论与政策专家来校座谈、讲学、指导。"读万卷书,不如行万里路",可以让教师走出去,看一看祖国的大好河山，看一看博物馆和民族地区的风土人情、语言文化、历史传统、发展成就等，开阔教师视野，提升教师的理论基础和知识素养。还要加强师德师风建设，坚定教师职业理想、信心和信念，用新时代党的民族理论与政策，激励教师用心、用情投入到铸牢中华民族共同体意识的教育工作中去。既要研究马克思主义民族基本理论、习近平总书记关于加强和改进民族工作的重要思想以及相关学科的基础理论、基本观点，又要研究党和国家的关于民族理论的重大方针、政策；既要研究铸牢中华民族共同体意识的教材体系、教学体系、教学方法，更要研究我们的教育对象——民族大学生的思想特点和成长成才的需要；既要把铸牢中华民族共同体意识教学的重点、理论的难点和社会的热点、学生的特点的研究紧密地结合起来，也要理论与实际相联系、课堂内外能贯通、教学相长有互动，使"铸牢中华民族共同体意识"课程是准确的、深刻的、透彻的、鲜活的、令人信服的，实现知情意行统一，让"铸牢中华民族共同体意识"课程成为大学生真心喜爱的课程。

（三）利用互联网新技术，辅助铸牢中华民族共同体意识的课堂教学

学校陆续恢复线下授课之后，体验到线上教学"红利"的教师们，大多顺势而为采用了以线下授课为主、线上授课为辅的混合式教学方式，称之为"线上线下混合式教学"，并开始探究线上线下混合式教学的模式和方法，这种互联网技术与传统教学的深度融合也成为思政课改革创新的新方向，但目前还处于"百家争鸣""大胆尝试，小心求证"阶段。

1. 辅助完成铸牢中华民族共同体意识课堂教学的常规化管理

新冠肺炎疫情期间线上教学的实施，也使线下课堂教学的自身的优势不可替代性更加凸显出来；与此同时，线上教学无可比拟的高效性、便捷性也显现出来。因此，在充分发挥线下课堂教学的主渠道作用的同时，还要利用线上教学的辅助功能来弥补线下教学的不足之处，主要是辅助完成铸牢中华民族共同体意识课堂教学的常规化管理。一是进行课程教学任务的布置，包括布置和批改作业、课前预习内容及知识储备内容的布置等。二是辅助完成考勤管理。如通过"学习通"（定位、手势）考勤，能高效完成对学生出勤率的考察，杜绝上课迟到、早退、缺勤等情况。三是对教学对象的掌握与分析。随着互联网与教育的深度融合，教师与教育对象的关系，由"看脸"时代逐渐向"看数据"时代转变。如对于学生在课堂上是否能听清楚、听明白，传统教学"看脸"（眼神、表情、神态），现在"看数据"（线上学生学习状况的数据统计）。再如对于学生自然情况和"三观"的掌握，可采取网络问卷调查的形式，了解学生的年龄、性别、民族、家庭住址、家庭成员、经济状况、对民族语言的使用、教育经历、宗教信仰、对某一事件和人物的看法等等。四是探索符合学生认知规律的教学方法，弥补传统课堂教学育人的不足之处。通常意义的"学习"，包括"学"与"习"两个方面，传统的思政课堂由于其局限性，更侧重的是"学"，就是知识的讲解、传授；而"习"方面不足，是短板。采用新媒体技术辅助教学不光有"学"，还有"习"，能把"学"和"习"很好地结合起来，相辅相成。例如对于互动问题，高校思政课大班授课模式较多，组织讨论在过去的传统教学中是个大难题，但利用新媒体技术就能轻而易举地形成人人参与讨论的景象，把学生的学习积极性调动起来。再比如一些深度互动，也可采取教师提出问题、学生抢答等方式来完成。通过这种"线上线下的混合式教学"模式的使用，铸牢中华民族共同体意识课堂实现了前所未有的升级，提高了实效性。

需要明确是，"铸牢中华民族共同体意识"课程的最终目的和使命是"立德树人"，所以课程的线上教学设计要体现出对学生的价值引领。如在设计作业题目、线上讨论题目时，尽量围绕国家重大事件节点来设计。如2021年8月27日至28日，中央民族工作会议召开期间，让学生关注会议情况，并在课前预习中布置以下题目："找出你认为的本次会议的关键词，并说出理由""本次会议的重大意义是什么？并说出理由"。再如北京举办冬奥会期间，课堂讨论题目的设计："你在观看冬奥会过程中曾发现哪些带有中华民族元素的东西？""你是如何理解'民族的就是世界的'这句话的？"通过这样的设计引导、鼓励学生关注国家时事，关心国家和民族的前途命运，把自己的命运与国家和民族的命运紧密联系起来。题目设计力求贴近学生的生活和学习实际，突出趣味性，从而潜移默化地完成对学生的民族团结教育。

2. 打造"铸牢中华民族共同体意识"课程素材库

挖掘民族团结教育的素材，也就是学生通过课程设计，能在教师指引下，在新媒体平台上，获得与教学相关的主流权威信息。利用同学们喜爱的新媒体平台，挖掘铸牢中华民族共同体意识教学的素材，就地取材引导大学生关注各大主流媒体、政府部门的新媒体账号。与此同时，利用新媒体平台中自带的智能算法个性推荐化功能，把握住我们的教学主导权。比如我们教师个人经常在人民网或新华网的抖音账号上下载视频，作为教学的素材，久而久之当我们每次打开抖音的时候，平台会推荐这些主流媒体的视频内容给我们。我们可以利用大数据的个性化推荐功能，引导学生到与铸牢中华民族共同体意识相关的、有利于民族团结进步教育开展的主流网站去查阅资料，完成作业。这个"推荐功能"会影响学生查阅网络信息的内容，因此，要使主流媒体成为学生关注的主要网站，提高学生浏览主流媒体的"点击率"，提高学生对民族团结教育的关注度，使他们在潜移默化中接受铸牢中华民族共同体意识教育。

（四）利用互联网新技术，开展虚拟铸牢中华民族共同体意识实践教学

虚拟现实技术（简称VR），又称虚拟环境、灵境技术或虚拟实境，是指利用计算机生成一种可对参与者直接施加视觉、听觉和触觉感受，并允许其交互地观察和操作的虚拟世界的技术。[7]可以说，虚拟教育教学形式打破了线下实践教学的时空限制，实现了实践教学多维度、多空间的转变。即由课堂、校园、社会向现实维度、虚拟维度，再到虚拟现实维度的场域转变。我们可以从以下两个方面来开展虚拟实践教学。

1. 利用远程通信技术进行"互联网+矩阵式"教学

在铸牢中华民族共同体意识教学当中，老师利用远程通信技术与远在几百千米外北京的民族文化宫的讲解员连线，为学生直播参观和介绍铸牢中华民族共同体意识的展览。我们也可以与全国民族团结进步模范和先进典型人物远程连线，听他们讲述感人的关于民族团结的故事以及畅谈铸牢中华民族共同体意识的美好愿景。

2. 借助VR技术开展体验式教学

一是裸眼式体验式教学。让学生自行参观网上的展馆，结合自身实际，撰写心得并上台分享。二是真人VR体验式教学。例如：在铸牢中华民族共同体意识的实践教学当中，老师让同学们戴上VR眼镜，体验新中国成立之后党和各族人民共建美好家园，形成平等团结互助新型社会主义民族关系的情景，真实地感受党的民族理论与政策的温暖和各民族人民群众对党的衷心拥护的情感。引导学生形成正确的历史观、民族观、家国观，加强对中华民族共同体、中国特色社会主义制度及中国共产党的领导的认同。

三、"互联网+铸牢中华民族共同意识"课程建设应注意的问题

（一）互联网增加了民族院校铸牢中华民族共同体意识教学的监管难度

互联网信息的监管难度比传统媒体大，信息的筛选和把控要求高，这显然增加了对大学生进行民族团结教育的难度。一些没有经过思想政治教育工作者把关的信息直接传播给广大大学生，使铸牢中华民族共同体意识教育面临更多的干扰。

（二）线上铸牢中华民族共同体意识教学评价体系有待完善

完善的评价体系对课程的顺利推进至关重要，最终要构建以课堂教学为主体的"互联网+铸牢中华民族共同体意识"教学评价体系。确立评价体系应遵循的原则是，通过"教学中'教师的教'和'学生的学'两个方面进行多元化、过程性和全面性的评价，希望能够促进教师和学生在教与学的过程中不断改进，最终实现学生的全面发展和教师教学水平的不断提高。"[8]

总而言之，互联网技术深刻地改变了"铸牢中华民族共同体意识"课程的教学理念、教学行为、教学模式和教学手段，为民族院校探索民族团结教育课程改革创新提供了新的路径和模式。今后，要不断地推进互联网技术与教学内容的深度融合，形成全方位、立体式的教学模式。作为民族团结教育工作者，更应积极主动地去适应当前以人工智能、大数据、5G等为代表的互联网技术潮流，让互联网技术为民族院校高质量地铸牢中华民族共同体意识及民族团结进步教育工作提供源源不断的新动力。

参考文献：

[1] 习近平. 在全国民族团结进步表彰大会上的讲话[N]. 人民日报, 2019-09-28 (02).

[2] 中国互联网络信息中心. 第49次中国互联网络发展状况统计报告[EB/OL]. [2022-02-25]. http: //www. cnnic. cn/hlwfzyj/hlwxzbg/hlwtjbg/202202/t20220225_71727. htm.

[3] 习近平. 加快推动媒体融合发展 构建全媒体传播格局[J]. 求是, 2019 (06)：4-8.

[4] 习近平出席中央民族工作会议并发表重要讲话[EB/OL]. [2021-8-28]. http: //www. gov. cn/xinwen/2021-08/28/content_5633940. htm.

[5] 中办国办印发《关于全面深入持久开展民族团结进步创建工作铸牢中华民族共同体意识的意见》[N]. 人民日报, 2019-10-24（01）.

[6] 王红梅. 民族院校铸牢中华民族共同体意识的途径与机制研究[J]. 黑龙江省社会主义学院学报, 2021（02）：48-52.

[7] 科普中国.科学百科.虚拟现实技术[EB/OL]. https://baike.baidu.com/item/虚拟现实/2017123? fr=ge_ala&qq-pf-to=pcqq.c2c.

[8] 梁帅, 王珺. 大数据时代学生信息员制度促进教育教学发展的探索与实践[J]. 中国新通信, 2021, 23（22）：237-238.

铸牢中华民族共同体意识视域下传承和发展民族地区历史文化遗产的三重逻辑

张 雪

摘 要：民族地区是我国的资源富集区、水系源头区、生态屏障区、文化特色区和边疆地区，特殊的自然人文历史使民族地区的历史文化遗产中含有很多民族交往交流交融的因素，记录了历史上各民族频繁的交往交流交融活动，更是我们找回历史记忆，进一步铸牢中华民族共同体意识的重要佐证。以习近平总书记对历史文化遗产传承与发展的重要论述为理论逻辑，在完成理论梳理的基础上，本文将视角锁定在体现民族交往交流交融的历史遗产上，选取巴彦淖尔市具有代表性的历史文化遗产进行现实逻辑的分析，最后将视角转到实践逻辑中，尝试为更好地传承和保护民族地区历史文化遗产提供新思路。[①]

关键词：历史文化遗产；民族地区；中华民族共同体意识；文化自信

"万物有所生，而独知守其根"，习近平总书记曾强调"中华民族延绵

作者简介：张雪，女，1995年生，内蒙古巴彦淖尔市人，中国社会科学院大学马克思主义学院2021级马克思主义民族理论与政策专业博士研究生。

① 《习近平春节前夕赴山西看望慰问基层干部群众 向全国各族人民致以美好的新春祝福 祝各族人民幸福安康祝伟大祖国繁荣富强》，《人民日报》2022年1月28日第1版。

至今，正是因为有这种根的意识"①，我们要始终知道自己的根在哪里。但随着当前城镇化的深入，很多地方为了推进城镇化而破坏了诸多历史文化遗迹，"做了很多割断历史文脉的蠢事"②。"历史文化遗产承载着中华民族的基因和血脉，不仅属于我们这一代人，也属于子孙万代"，要"筑牢文物安全底线，守护好前人留给我们的宝贵财富"。民族地区是我国的资源富集区、水系源头区、生态屏障区、文化特色区和边疆地区，特殊的自然人文历史使民族地区的历史文化遗产中含有很多民族交往交流交融的因素，记录了历史上各民族频繁的交往交流交融活动，更是我们找回历史记忆，进一步铸牢中华民族共同体意识的重要佐证。因此，我们有必要探究传承与发展民族地区历史文化遗产对于铸牢中华民族共同体意识的重要意义，并在此基础上思考和研究如何在当前这个已经变化了的新时代更好地传承与发展历史文化遗产，实现传承与发展文化遗产和铸牢中华民族共同体意识的双赢。

本研究主要探究民族地区历史文化遗产的相关问题，思考铸牢中华民族共同体意识视域下传承和发展民族地区历史文化遗产的三重逻辑，以习近平总书记对历史文化遗产传承与发展的重要论述为理论逻辑，在完成理论梳理的基础上，将视角锁定在体现民族交往交流交融的历史遗产上，选取巴彦淖尔市具有代表性的历史文化遗产进行现实逻辑的分析，最后将视角转到实践逻辑中，尝试为更好地传承和发展民族地区历史文化遗产提供新思路。

---

① 习近平：《论坚持全面深化改革》，中央文献出版社2018年版，第229页。

② 习近平：《论坚持全面深化改革》，中央文献出版社2018年版，第230页。

一、理论逻辑：传承与发展历史文化遗产是增强中华文化自信的客观要求

回望过去，各族群众在文化交往交流交融中将不同的民族文化共融为博大精深的中华文化，使中华文化因多样性而具有极强的韧性，为当前社会主义文化建设继续发展提供强劲动力。在当今这样一个信息化的时代，随着新媒体的传播，各类极端言论不断挑战着每一个中国人的价值理念和价值观，我们要继续坚定文化自信，用我们的文化充实人民的内心。党的十八大以来，习近平总书记多次考察各地的历史文化遗产和遗迹，着重强调对各类历史文化遗产和文物的保护和保留。通过总结习近平总书记的相关论述，本研究认为习近平总书记关于传承与发展历史文化遗产的讲话主要围绕三个主题，即"保护历史文化遗产，做到敬畏历史、敬畏文化、敬畏自然""合理传承与利用历史文化遗产，发挥历史文化遗产的现实作用"和"妥善处理城乡建设与保护历史文化遗产的关系"。

（一）保护历史文化遗产，做到敬畏历史、敬畏文化、敬畏自然

2015年2月15日，习近平总书记在西安市博物院观看了西安都城变迁图等文物展后，强调了对文物的保护，他指出："一个博物院就是一所大学校。要把凝结着中华民族传统文化的文物保护好、管理好，同时加强研究和利用，让历史说话，让文物说话，在传承祖先的成就和光荣、增强民族自尊和自信的同时，谨记历史的挫折和教训，以少走弯路、更好前进。"[1]

2017年2月24日，习近平总书记来到北京大运河森林公园，听取通州区

---

[1]《习近平春节前夕赴陕西看望慰问广大干部群众 向全国人民致以新春祝福 祝祖国繁荣昌盛人民幸福安康》，《人民日报》2015年02月17日第1版。

历史文化和水系治理等情况介绍后，强调："通州有不少历史文化遗产，要古为今用，深入挖掘以大运河为核心的历史文化资源。"①

2019年8月19日，习近平总书记来到莫高窟和嘉峪关，考察了解莫高窟的历史沿革和文物保护研究情况，习近平总书记认为莫高窟含有大量优秀的历史文化，要对其进行保护和研究。20日，习近平总书记又来到嘉峪关，察看关城并听取长城保护情况介绍。习近平强调："长城凝聚了中华民族自强不息的奋斗精神和众志成城、坚韧不屈的爱国情怀，已经成为中华民族的代表性符号和中华文明的重要象征。要做好长城文化价值发掘和文物遗产传承保护工作，弘扬民族精神，为实现中华民族伟大复兴的中国梦凝聚起磅礴力量。"②

2020年1月19日，习近平总书记来到云南腾冲和顺古镇考察调研。和顺是中国古代川、滇、缅、印南方陆上"丝绸之路"的必经之地，保存了比较完整的明清古建筑群。和顺图书馆更是全国建馆历史最长、藏书最丰富的乡村图书馆，至今已有90多年的历史。习近平总书记十分重视和顺古镇的传承与建设，他走进和顺图书馆，了解古镇历史文化传承和振兴文化教育情况，还沿着和顺小巷，察看古镇风貌，了解西南丝绸古道形成发展、和顺古镇历史文化传承等情况。

2020年5月11日，习近平总书记来到云冈石窟考察，仔细察看雕塑、壁画等，并不时向工作人员询问石窟保护等情况。他强调："历史文化遗产是

---

① 《习近平：立足提高治理能力抓好城市规划建设 着眼精彩非凡卓越筹办好北京冬奥会》，《人民日报》2017年02月25日第1版。

② 《习近平：坚定信心开拓创新真抓实干 团结一心开创富民兴陇新局面》，《人民日报》2019年08月23日第1版。

不可再生、不可替代的宝贵资源，要始终把保护放在第一位。"①云冈石窟始建于1500多年前，是中外文化、中国少数民族文化和中原文化、佛教艺术与石刻艺术相融合的一座文化艺术宝库，因此习近平总书记特别强调："要深入挖掘云冈石窟蕴含的各民族交往交流交融的历史内涵，增强中华民族共同体意识。"②

2022年1月27日，习近平总书记赴山西晋中市考察调研时登上平遥古城城墙俯瞰全貌，并强调："历史文化遗产承载着中华民族的基因和血脉，不仅属于我们这一代人，也属于子孙万代。要敬畏历史、敬畏文化、敬畏生态，全面保护好历史文化遗产，统筹好旅游发展、特色经营、古城保护，筑牢文物安全底线，守护好前人留给我们的宝贵财富。"③习近平总书记在了解晋商文化和晋商精神的孕育、发展等情况后再次强调要"深入挖掘晋商文化内涵，更好弘扬中华优秀传统文化，更好服务经济社会发展和人民高品质生活"④。

（二）合理传承与利用历史文化遗产，发挥历史文化遗产的现实作用

习近平总书记对传承与利用历史文化遗产的重视是一以贯之的，早在浙江工作的6年时间里，习近平至少先后5次到乌镇调研，每次都反复强调要保护好乌镇这一历史文化遗产，强调"必须解决好乌镇面临的经济发展与生态

---

① 《习近平在山西考察时强调 全面建成小康社会 乘势而上书写新时代中国特色社会主义新篇章》，《人民日报》2020年05月13日第1版。

② 同①。

③ 《习近平春节前夕赴山西看望慰问基层干部群众 向全国各族人民致以美好的新春祝福 祝各族人民幸福安康祝伟大祖国繁荣富强》，《人民日报》2022年01月28日第1版。

④ 同③。

环境、文化保护之间的矛盾"①，发挥历史文化遗产的现实作用。

2014年3月27日，习近平总书记在联合国教科文组织总部发表了演讲，在演讲中习近平总书记强调，中国人民在实现中国梦的进程中会积极"让收藏在博物馆里的文物、陈列在广阔大地上的遗产、书写在古籍里的文字都活起来，让中华文明同世界各国人民创造的丰富多彩的文明一道，为人类提供正确的精神指引和强大的精神动力"②。

2017年5月14日，习近平总书记在"一带一路"国际合作高峰论坛开幕式上发表了重要演讲，演讲中习近平总书记针对用好历史文化遗产提出了具体的建议，他强调，"要用好历史文化遗产，联合打造具有丝绸之路特色的旅游产品和遗产保护"③。

2020年5月11日，习近平总书记来到云冈石窟考察时着重强调："历史文化遗产是不可再生、不可替代的宝贵资源，要始终把保护放在第一位。发展旅游要以保护为前提，不能过度商业化，让旅游成为人们感悟中华文化、增强文化自信的过程。"④

（三）妥善处理城乡建设与保护历史文化遗产的关系

2014年2月，习近平总书记在北京市考察工作时指出："历史文化是城市的灵魂，要像爱惜自己的生命一样保护好城市历史文化遗产。北京是世界著名古都，丰富的历史文化遗产是一张金名片，传承保护好这份宝贵的历史文化遗产是首都的职责，要本着对历史负责、对人民负责的精神，传承历史

---

① 王勉、应建勇：《习近平总书记心系乌镇》，《今日浙江》2015年第24期，第8–9页。
② 《习近平在联合国教科文组织总部的演讲》，《人民日报》2014年03月28日第3版。
③ 《习近平在"一带一路"国际合作高峰论坛开幕式上的演讲》，《人民日报》2017年05月15日第3版。
④ 《习近平在山西考察时强调 全面建成小康社会 乘势而上书写新时代中国特色社会主义新篇章》，《人民日报》2020年05月13日第1版。

文脉，处理好城市改造开发和历史文化遗产保护利用的关系，切实做到在保护中发展、在发展中保护。"①同年3月，中共中央、国务院印发了《国家新型城镇化规划（2014—2020年）》（下文称《规划》），《规划》中明确提出："注重在旧城改造中保护历史文化遗产、民族文化风格和传统风貌，促进功能提升与文化文物保护相结合。注重在新城新区建设中融入传统文化元素，与原有城市自然人文特征相协调。"②

2015年12月20日至21日，中央城市工作会议在北京举行，会上习近平总书记发表了重要讲话，习近平总书记殷切地和与会代表谈到，"我讲过，城市建设，要让居民望得见山、看得见水、记得住乡愁"，而"'记得住乡愁'，就要保护弘扬中华优秀传统文化，延续城市历史文脉，保留中华文化基因。要保护好前人留下的文化遗产，包括文物古迹，历史文化名城、名镇、名村，历史街区、历史建筑、工业遗产，以及非物质文化遗产，不能搞'拆真古迹、建假古董'那样的蠢事"③。

2018年10月24日，习近平来到广州市荔湾区西关历史文化街区永庆坊考察，他沿街察看旧城改造、历史文化建筑修缮保护情况。永庆坊坐落在广州最具"广味"的荔湾区西关，近几年，通过"修旧如旧"的旧城改造，永庆坊既保持了"原汁原味"的西关老城风貌，又吸收了不少时尚元素，成为广州年轻人文化创意的聚居地，成为妥善处理城乡建设与保护历史文化遗产的关系的典范，受到习近平总书记的高度认可。

2019年1月17日，习近平来到位于天津市河北区民族路的梁启超旧居进

---

① 《习近平北京考察工作：在建设首善之区上不断取得新成绩》，《人民日报》2014年02月27日第1版。

② 《习近平总书记关心历史文物保护工作纪实》，《人民日报》2015年01月10日第1版。

③ 习近平：《论坚持全面深化改革》，中央文献出版社2018年版，第230页。

行考察时强调，"天津保留了大量别具风格的近代建筑群落和历史文化街区"，"要爱惜城市历史文化遗产，在保护中发展，在发展中保护"[①]。

2020年10月，习近平在广东考察时强调："在改造老城、开发新城过程中，要保护好城市历史文化遗存，延续城市文脉，使历史和当代相得益彰。""要保护好具有历史文化价值的老城区，彰显城市特色，增强文化旅游内涵，让人们受到更多教育"[②]。

2021年，习近平主持召开中央全面深化改革委员会第十九次会议时强调："要着力解决城乡建设中历史文化遗产屡遭破坏、拆除等突出问题，加强制度顶层设计，统筹保护、利用、传承，坚持系统完整保护，既要保护单体建筑，也要保护街巷街区、城镇格局，还要保护好历史地段、自然景观、人文环境。"[③]

通过整理和总结，我们可以深刻感受到习近平总书记对于传承与发展历史文化遗产的重视程度。中华民族是在长期的历史发展中，从自发到自觉逐步形成的稳定的人类共同体。各民族是中华民族的有机组成部分，更是命运与共的亲密伙伴。翻开历史画卷，我们能感受到在迁徙、聚合、冲突、通婚、互市等多种多样的互动下，各民族在各个方面进行交往交流交融，使得各民族文化在碰撞与合作中完成了一次又一次的文化整合，共同成就了今天中华民族割舍不断的精神命脉。因此，挖掘和考究民族地区历史文化遗产中的多民族文化因素，有利于各民族群众从中华文化中找到自己熟悉的印记，

---

① 《习近平在京津冀三省市考察并主持召开京津冀协同发展座谈会》，央广网2019年01月18日。

② 《习近平在广东考察时强调 以更大魄力在更高起点上推进改革开放 在全面建设社会主义现代化国家新征程中 走在全国前列创造新的辉煌》，《人民日报》2020年10月16日第1版。

③ 《习近平主持召开中央全面深化改革委员会第十九次会议强调 完善科技成果评价机制深化医疗服务价格改革 减轻义务教育阶段学生作业负担和校外培训负担》《人民日报》2021年05月22日第1版。

深刻感受到本民族对于发展和壮大中华文化的参与和贡献,增强各民族群众的中华文化自信。

二、历史逻辑:内蒙古巴彦淖尔市历史文化遗产是民族交往交流交融的印记

"巴彦淖尔"系蒙古语,意为富饶的湖泊,由于该地处于河套平原,又处于黄河灌溉区,自古便是兵家必争之地,在多年的战争与和平中,巴彦淖尔演绎了波澜壮阔的民族交往交流交融画卷,为之后形成统一的多民族国家奠定了坚实的基础。由于优越的自然条件,该地十分适宜居住和生活。早在原始社会,巴彦淖尔市境内阴山以北地区就有人类居住。夏商西周至春秋,鬼方、狁狁等民族游牧于此。战国时,赵国云中郡管辖达到阴山南,林胡、楼烦等民族游牧于阴山北。秦朝以来,以匈奴为代表的众多民族长期驻扎于此,巴彦淖尔自此成为中原和北部边疆各民族频繁往来的典型之地。由于各民族的频繁交往交流,巴彦淖尔市留下了众多彰显民族交往交流交融的历史文化遗产,基于史料、图片和数据等。阐明巴彦淖尔市涉及民族交往交流交融的文化遗产并梳理这些典型遗产背后的民族故事和现实的传承与发展情况,有利于深入认识巴彦淖尔市区域内历史文化遗产的传承情况及其现实的发展前景,为思考如何更好地传承与发展民族地区历史文化遗产做示例性分析,为挖掘新时代铸牢中华民族共同体意识视域下历史文化遗产传承与发展的新思路做铺垫。

(一)北方游牧民族的历史大观园——阴山岩画

阴山岩画是迄今为止我国已发现的岩画中分布最为广泛,内容最为多样,技艺最为精湛的岩画。我国现存阴山岩画的绝大部分分布在巴彦淖尔市

地区，最大的面积达400平方米，真实记录了千百年来在此生活的古代北方匈奴、敕勒、柔然、鲜卑、蒙古等游牧民族的生产生活历史。阴山岩画的作画年代，上限不晚于新石器时代早期，下限一直到近代。阴山岩画是不同时代、不同民族共同缔造的，它像一个北方游牧民族的历史大观园，从多角度、多侧面地直射或折射了当时人们的生活。

阴山岩画是雕凿在阴山山脉岩石上的图像，分布地域广泛，主要集中在内蒙古自治区巴彦淖尔市乌拉特中旗、乌拉特后旗、磴口县等旗县的境内，题材涉及动物、人物、神灵、器物、天体等。早在公元5世纪时，北魏地理学家郦道元就在乌拉特前旗、乌拉特后旗、乌拉特中旗和磴口县境内发现阴山岩画，并在其著名著作《水经注》中对此作了详细的记述："河水又东北历石崖山西，去北地五百里，山石之上，自然有文，尽若虎马之状，粲然成著，类似图焉，故亦谓之画石山也。"[①]此后，各个时期的人们都会在阴山岩石上进行挖掘和新的雕凿，逐步形成了反映各时期阴山地区各族群众生活真实面貌的历史大观园。阴山岩画在2006年作为新石器至青铜时代石刻，被国务院批准列入第六批全国重点文物保护单位名单。2016年8月，在乌拉特中旗境内新发现上千幅阴山岩画，对研究我国古代游牧民族的生活习惯和社会风貌有着极其重要的意义。"该岩画群位于乌拉特中旗东部新忽热苏木乌兰楚鲁嘎查北部的勃日和山几处山峰上，分布区域长约2公里，内容以动物为主，也有狩猎的画面。这里共发现近50组画面，每幅画面由若干个单体画组成，图案内容包括北山羊、盘羊、骆驼、麋鹿、虎、狼等。这些岩画多采用打凿的手法，图案刻痕较宽，线条略显笨拙，画面清晰，保存较好，初步

---

① 《水经注40卷》（卷三），清武英殿聚珍版，第32页。

推算是我国古代北方游牧民族突厥、党项部落的文化遗存。"①

阴山岩画的发展大体分为四个时代和五个时期：第一代岩画是旧石器时代晚期至青铜器时代中期原始氏族部落的岩画。这是岩画的鼎盛时期，数量多，分布广，制作认真。第二代岩画是春秋时期至两汉时期匈奴人的岩画。第三代岩画为南北朝至宋代岩画。这代岩画又可分为两个时期，即北朝至唐代突厥人岩画和五代至宋代回鹘、党项人的岩画。第四代岩画是元代以后蒙古族的作品，称为近代岩画。通过阴山岩画的时代发展我们可以感受到，阴山地区千百年来生活着众多民族，如荤粥、土方、鬼方、林胡、楼烦、匈奴、鲜卑、突厥、回鹘、党项、契丹、蒙古等，岩画中关于狩猎、耕作、放牧、祭祀等内容，就是这些民族生存和发展的见证。这些多民族有着不同的文化，长期共居于巴彦淖尔阴山地区这片和谐的大地上，无疑是农耕文明与游牧文明深度融合的生动体现，更是巴彦淖尔地区各民族群众历来团结统一、繁荣共生的有力证据。

当前，阴山岩画已经成为了国家重点文物保护单位，还被列入申报世界文化遗产预备名单名录，其价值不言而喻，未来阴山岩画的保护工作也有较好的预期。但阴山岩画仍面临着保护与研究的双重任务，让几万年延续不断、走到今天的岩画完好地留存于后世，并最大限度发挥它的文化价值，是我们必须担负的使命和责任。

（二）民族往来的重要要塞——鸡鹿塞

鸡鹿塞是汉代中原地区和北方民族往来的典型例证。在汉代长城系统中，障塞是重要的组成。"塞"不仅是长城城墙的主体依托，还是军事指

---

① 相关数据从内蒙古河套文化博物馆获取。

挥枢纽、行政管理治所、手工业及屯垦农业基地。鸡鹿塞是汉匈和平往来的交通要塞，更因昭君出塞被赋予了特别的历史意义，千百年来，鸡鹿塞始终在茫茫大漠闪耀着和平的光辉，记录着各民族群众友好往来的一个个动人故事。

汉宣帝甘露三年（公元前51年），匈奴呼韩邪单于首次入朝长安，汉宣帝令沿途七郡列骑二千欢迎，当其由长安返回漠北，就是由鸡鹿塞穿越阴山北上的。汉王朝不但派兵护送，还给予了大量的粮食。自此，朔方地区六十多年都没有再出现战争，人民生活幸福，整个地区都呈现出繁荣的和平景象。西汉竟宁元年（公元前33年），单于复入朝，元帝将昭君赐予单于。昭君偕单于出塞，就是从鸡鹿塞经由哈隆格乃峡谷前往漠北的。后来，因内部纷争，他们夫妻曾避居鸡鹿塞石城达八年之久。据说王昭君在鸡鹿塞居住期间，清晨有雄鸡高唱，傍晚有阵阵鹿鸣，当地人认为这是吉祥的象征，所以将这座塞城取名为"鸡鹿塞"，体现了当时各族群众对于美好生活的向往，更使这座要塞因昭君的典故而成为一个时代平安祥和的象征。

回顾汉代时期，社会局面较为安定，鸡鹿塞附近的中原农耕民族与北方游牧民族进行着频繁的接触，形成了独特的地域文化，并为这之后民族融合的进一步深入产生了巨大的历史影响，是铸牢中华民族共同体意识的典型遗迹。经国家文物局批准，鸡鹿塞遗址修缮保护工程于2015年底立项，于2016年10月正式开工，于2020年7月完成了历时四年的修缮工作，使鸡鹿塞遗址在经过多年风沙等自然侵蚀后终于恢复了原貌。

（三）彰显民族团结的大型建筑——三盛公水利枢纽

三盛公水利枢纽位于巴彦淖尔市磴口县境内，是黄河流域进入巴彦淖尔的门户，三盛公水利枢纽是中国唯一的一首制自流灌溉节制闸，更是亚洲最大的一首制大型平原引水灌区，承担着河套灌区865万亩的农田灌溉任务，是整个套区的水利大动脉，同时具有重大的防凌防汛意义。

河套平原位于黄河"几"字弯处，且地处边塞，是草原文化与中原文化的交汇、融合之地，这里历来生活着众多民族，各民族在黄河母亲的滋养下共同生活，各族人民在这块土地上共同劳动、融合、传承，促进了中原和边塞多民族文化在交往交流中交融在一起，形成了独具特色的河套文化，二人台、爬山调、漫瀚调等，都是河套文化的重要内容。在河套文化的形成过程中，人们基于对黄河的独特认识和内心依赖，在与自然的长期斗争中，创造性地建设了黄河一首制灌溉工程——三盛公水利枢纽，使得这片原本干旱的土地有了黄河母亲的哺育，历史性地把黄河的灾害变成宝贵的水资源，形成了广阔无垠的河套灌溉区。三盛公水利枢纽的建成，得力于党和国家的支持。1959年国家投资5000多万元在河套灌区上游的巴彦淖尔盟（今巴彦淖尔市）磴口县境内兴建三盛公水利枢纽工程，是根治黄河水害和综合开发黄河水利第一期工程的主要项目之一。当然，更得力于河套地区无数人民群众的辛勤付出。笔者的四爷爷就是当年参与建设的工人，爷爷回忆道：

"挖二黄河的时候，没有大型机械，没有先进技术，那可真的是我们一铲子一铲子挖出来的啊，现在看看，500米宽、几十米深、180公里长的二黄河，靠人力挖出来，再去做这件事情，可能真的做不到了。"

三盛公水利枢纽的建立，解决了河套平原的水患问题，长期以来形成了"黄河百害，唯富一套"的珍贵局面，更因整个工程的建设充分发挥了当地多民族群众的团结力量，而成为中华文明的重要符号，是铸牢中华民族共同体意识的典型遗产。时至今日，三盛公水利枢纽已经平稳运行了六十多年，河套平原上的各民族群众在交往交流交融中早已成为了密不可分、相互影响的整体。相关管理单位也十分注重弘扬三盛公水利枢纽这一文化符号的凝聚作用，现已成立"三盛公水利枢纽景区"，景区内有众多利用工程建设时遗留下的、逐渐废弃的材料、机电设备及拆除的近万件废旧金属构件，结合工程景观实际，进行的大规模的开发建设。其中，有一些具有代表性的建筑和雕塑：利用6扇废旧闸门制作的"黄河结"大型环保主题雕塑——"同心锁"，堪称"天下第一锁"。三把锁高27米，重达240吨，分别名为"永昌""永固""永恒"。三锁鼎立、锁环相扣，寓意美好，表达了水利人同心同德、造福一方百姓的心愿，成为当地标志性建筑和人文景观。"黄河水坛"以黄河沿岸风光为背景、黄河立体造型为中心、三盛公水利枢纽"退役"闸门为载体，收录了古今最具代表性的水文化相关的名言警句，传承中华优秀传统文化。如今，由三盛公水利枢纽工程、三盛公游乐园、河套源度假村3个景区组成的黄河三盛公风情旅游区，已经成为巴彦淖尔市功能齐全的大型旅游景区。据不完全统计，每年到此旅游参观、考察的人数达10万之多，人们来到这片神奇的土地，坐在蒙古包样式的现代酒店中，能充分感受到蒙汉人民交融的深厚情感，这无疑是铸牢中华民族共同体意识的典型文化符号。

三、实践逻辑：传承和发展历史文化遗产是弘扬中华文化的重要途径

曾几何时，传承与发展历史文化遗产，只是将这些历史文化遗产搬到进博物馆，提起它们时，我们可能会感慨万千，但走出博物馆，我们却又找不到它们与生活的交集。事实上，我们完全可以把历史文化遗产的历史意义转化成现实意义，在传承与发展的基础上，发挥其更大的效力。本研究在前期

以习近平总书记对历史文化遗产传承与发展的重要论述为理论逻辑，思考了传承与发展历史文化遗产时需要注意的问题，以内蒙古巴彦淖尔市为案例，进行了具体的分析和阐释。这些都是为了尝试找出传承与发展历史文化遗产的新思路做铺垫。经过长期的理论学习和深入的实践调研，本研究拟提出三条针对民族地区历史文化遗产传承与发展的新思路，致力于实现传承与发展文化遗产和铸牢中华民族共同体意识的双赢，同时尝试为全国各地传承与发展历史文化遗产提供可行的参考。

（一）大力挖掘历史文化遗产内涵，彰显"中华民族一家亲"的历史事实

秦代雄风、汉唐文明、宋元文采，乃至康乾盛世，中国在人类文明史上曾长期处于领先地位，这种领先不仅因为中华民族有五千年的历史，更重要的是中华民族内部的多元文化，不断向中华文明注入新鲜血液，保障了中华民族的强劲发展。因此，"中华民族一家亲"是中华文明能够成为唯一没有中断的文明的重要因素，这是不争的事实，更是我们应该为之骄傲的历史优势。

历史上民族地区大规模的交往交流交融印记可以通过不断挖掘当地历史文化遗产的内涵而被发现。大力挖掘历史文化遗产的内涵，找寻历史文化遗产中的"三交"因素，其内含的"三交"事实必然会被更广泛地知悉和认可。这不仅对于遗产本身的发展具有重要的推动作用，对于多族群众正确认识"中华民族一家亲"的历史事实更具有直接的现实作用。例如，阴山山脉上存留了千百年的岩画，记录着各族群众生产活动的痕迹，更反映着各民族群众共同生活的景象。当我们站在阴山脚下，无处不在的岩画无一不在确认着"中华民族一家亲"这一历史事实。再如三盛公水利枢纽的建成依靠成千上万的巴彦淖尔人民，这些人来自不同的家庭、不同的民族，在共同修建三

盛公水利枢纽后又分散到各地，笔者相信这些人的子孙后代永远都不会忘记这座靠团结建成的水利枢纽，更不会忘记这份民族团结的力量。因此，不断挖掘历史文化遗产的内涵，不仅有利于传承和发展历史文化遗产本身，更有利于彰显"中华民族一家亲"的历史事实，铸牢中华民族共同体意识。

（二）各民族群众共同传承历史文化遗产，聚力而凝心

历史文化遗产是先民为我们留下的文化财富，这些历史文化遗产内含着先民对这个世界的理解以及他们的态度，这是我们找寻先民足迹最好的、最直接的方式。民族地区的历史文化遗产凝结着多民族的文化内核，这些文化内核很容易引起各族群众的共鸣，激发各族群众参与传承和发展它们的积极性，这是传承和发展历史文化遗产的一种高效且高质的途径，能够确保历史文化遗产得到正确的保护，更能通过这一行为，聚力凝心。一方面，任何历史文化遗产都具有一定的文化内核，这个文化内核会存留在当前的民族文明中，也会通过其他方式潜移默化地被各民族的后代熟知。这些熟知其文化内核的群众参与文化遗产的传承和发展工作，显然会增强人们对文化遗产的正确认识，有利于该遗产的合理开发，增强其发展动力。另一方面，本民族的历史文化遗产得到较好的发展，各族群众都会为此感到骄傲，这种强劲的民族凝聚力会增强各族群众对中华民族的归属感和认同感，有利于其增强文化自信，铸牢中华民族共同体意识。

（三）合理开发利用历史文化遗产，助力各族群众共同富裕

人民群众是历史的创造者，在传承和发展文化遗产的过程中充分发挥人民群众的力量，可以不断为文化遗产注入新的活力。而人民群众的广泛参与，又可以带动当地的就业，将人们的生产生活和文化遗产的传承相结合，促进经济与民族文化共生，实现民族地区的乡村振兴和共同富裕。

在市场经济体系的运行逻辑中，人们首先关心的都是自己的生存问题，如果各族群众可以将本民族特有的文化融入就业、生产生活中，促进经济与民族文化共生，那么其必将自觉地为民族文化更好地发展贡献力量。正如马斯洛需求层次原理所阐释的，生理需求关乎人们的生存问题，是最核心且不可缺少的基础需要。对历史文化遗产进行开发和利用可以更好地让遗产"活"起来，不让它们躺在博物馆中，发挥它们的现实作用。大量的开发和利用需要大量的人力物力，这无疑会为当地各民族群众开辟一条可行的致富路，当他们与这些遗产紧密相关时，他们就会越来越重视这些遗产的保护、传承和发展事业。

四、总结

第五次中央民族工作会议为新时代党的民族工作作出了新的方向指引，习近平总书记在第五次中央民族工作会议上强调新时代的民族工作"要以铸牢中华民族共同体意识为主线"[①]。民族地区是民族工作中较为重要的地区，探究如何更好地铸牢民族地区的中华民族共同体意识具有现实必要性。本研究以民族地区的历史文化遗产为切入点，以内蒙古巴彦淖尔市为案例，尝试分析民族地区含有民族交往交流交融因素的历史文化遗产的作用及其未来发展走向。具体而言，从理论逻辑、现实逻辑和实践逻辑三个方面进行系统分析，从"保护历史文化遗产，做到敬畏历史、敬畏文化、敬畏自然""合理传承与利用历史文化遗产，发挥历史文化遗产的现实作用"和"妥善处理城乡建设与保护历史文化遗产的关系"三个方面分析习近平总书

---

① 《习近平在中央民族工作会议上强调 以铸牢中华民族共同体意识为主线 推动新时代党的民族工作高质量发展》，《人民日报》2021年08月29日第1版。

记关于传承与发展历史文化遗产的相关论述，旨在强调传承与发展历史文化遗产是增强中华文化自信的客观要求。以"北方游牧民族的历史大观园——阴山岩画""民族往来的重要要塞——鸡鹿塞"和"彰显民族团结的大型建筑——三盛公水利枢纽"三个典型遗产为案例分析内蒙古巴彦淖尔市历史文化遗产中的民族交往交流交融因素。最后提出传承和发展民族地区历史文化遗产的新思路，强调传承和发展历史文化遗产是弘扬中华文化的重要途径，认为可以通过"大力挖掘历史文化遗产内涵，彰显'中华民族一家亲'的历史事实""各民族群众共同传承历史文化遗产，聚力而凝心"和"合理开发利用历史文化遗产，助力各民族群众共同富裕"三个方面传承和发展民族地区的历史文化遗产。

中华民族的生命所在和希望所在正是各民族群众的共同团结奋斗、共同繁荣发展，传承和发展富有民族交往交流交融因素的历史文化遗产是引导和加强各族人民"四个与共"理念的可行方式，这个过程可以加强各族群众更深层次的交往交流交融，更可以帮助各族群众大踏步地进入现代化行列，促进各民族像石榴籽一样紧紧抱在一起，共圆实现中华民族伟大复兴的中国梦。

参考文献

[1] 张翔云, 何星亮. 民族地区旅游扶贫中的不虞效应与有效应对[J]. 社会科学家, 2022(01): 57-63.

[2] 张翔云, 何星亮. 少数民族地区中华文化认同的研究现状与展望[J]. 民族学刊, 2021, 12(11): 12-19, 121.

[3] 何星亮. 坚定文化自信的历史和理论依据[J]. 中南民族大学学报(人文社会科学版), 2021, 41(10): 56-65.

[4] 何星亮. 中华民族创造"中国式现代化新道路"的四个保障[J]. 人民论坛, 2021(26): 6-10.

[5] 何星亮. 新发展阶段、新发展理念、新发展格局与伟大复兴[J]. 人民论坛, 2021(07): 14-18.

[6] 何星亮. 中国古代民族分类的特点与中华民族的形成[J]. 宗教信仰与民族文化, 2018(01): 12-23.

[7] 内蒙古自治区文物考古研究所. 巴彦淖尔文化遗产[M]. 北京: 文物出版社, 2014.

[8] 何星亮. 中国历史上民族融合的特点和类型[J]. 中南民族大学学报(人文社会科学版), 2010, 30(02): 35-43.

[9] 何星亮. 非物质文化遗产的保护与民族文化现代化[J]. 今日民族, 2005(02): 55-57.

[10]《水经注40卷》(卷三), 清武英殿聚珍版, 第32页。

新时代小学铸牢中华民族共同体意识的实践研究

陈 艳

摘　要：铸牢中华民族共同体意识是新时代党的民族工作的主线和战略性任务。学校作为新时代铸牢学生中华民族共同体意识的孵化园，需将共同体意识纳入学生教育、生活的各个方面。本文围绕合肥市CH小学"学校课堂教学+课外文化活动+日常社会交往"的教学经验进行分析，积极探索一种有效的可持续性的民族团结进步教育方案，应用各种教育主体、方式、资源走出一种多场域、多渠道、多元力量共同参与的实践模式，通过精准把握民族工作方向，强化教师业务能力；课堂教育与课下实践相结合，筑牢共有精神家园；拓展学生教育的边界，深化情感体验过程，为各民族学生搭建交往交流交融平台、铸牢中华民族共同体意识提供有效途径。

关键词：学校；少数民族流动人口；铸牢中华民族共同体意识

引　言

党的十九大创造性地提出"铸牢中华民族共同体意识"并将其写入党章，习近平总书记2021年8月27日至28日召开的中央民族工作会议上进一步强调，"铸牢中华民族共同体意识是新时代党的民族工作的'纲'，所有工

作者简介：陈艳，女，1996年生，安徽霍邱人，安徽大学社会与政治学院2022级社会学专业博士研究生。

作要向此聚焦"。为做好新时代党的民族工作指明了前进方向，提供了根本遵循。如今，我国已经进入各民族人口跨区域流动的历史活跃期，少数民族群众流向城市的趋势逐年上升，呈现出"东进化、城镇化和散居化"分布[①]，并且当前人口流动从个体化转向家庭化的趋势越来越明显，夫妻共同流动、父母投靠、子女随迁的比例不断增加，各族青少年学生跨区域就学现象增多，而且越来越普遍。

学校是铸牢中华民族共同体意识的主阵地之一，学生是各民族之间交往交流交融最活跃的人群之一，也是未来社会流动性最大的人群之一，学校教育是青少年形成中华民族认同的主要渠道，民族团结教育是学校教育必不可少的重要内容。2019年10月，中共中央办公厅、国务院办公厅《关于全面深入持久开展民族团结进步创建工作铸牢中华民族共同体意识的意见》强调要"建全民族团结进步教育常态化机制，把民族团结教育纳入国民教育、干部教育、社会教育全过程，构建课堂教学、社会实践、主题教育多位一体的教育平台"。其中，小学的民族团结进步教育是社会主义意识形态建设的根基，是新时代铸牢中华民族共同体意识的孵化园，不断培育深化中华民族共同体意识，是我国小学民族团结进步教育的价值归宿和时代使命。必须高度重视民族团结教育，认准定位、深化内涵、丰富形式、创新方法，引导各民族学生在互动接触间深化中华民族共同体意识。

安徽省合肥市瑶海区创新建立的红石榴民族文艺工作室已成为具有全省影响力的民族团结进步创建品牌，其中，CH小学是分中心之一，现有少数民族学生29人，包括满族、回族、壮族、彝族、土家族、侗族、蒙古族、维

---

① 陈云. 中东部城市学校民族团结教育的定位与推进[J]. 中南民族大学学报（人文社会科学版），2017，37(02)：10–14.

吾尔族，多民族特色渐渐成为学校一道亮丽的风景线，2019年荣获全区民族团结进步示范单位，逐渐走出了一条铸牢中华民族共同体意识的新路，探索出一套系统的民族团结进步教育模式，即发挥不同场域的功能，打造出"学校课堂教学+课外文化活动+日常社会交往"的多场域铸牢中华民族共同体意识的模式。基于此，2021年5月至9月，笔者跟随课题组在合肥市开展"铸牢中华民族共同体意识"的田野工作，以"CH小学"为研究对象，对围绕CH小学开展的民族团结进步教育过程进行"深描"，挖掘其实践价值，并探讨这一过程在新时代民族工作中对小学生有效构建中华民族共同体意识的启发意义。

一、学校课堂教育：铸牢中华民族共同体意识的主阵地

走进校园是孩子们享受国家法律赋予的九年义务教育权利的第一步，学校教育的基本原则是立足引导，重在教育，由浅入深、循序渐进地让各民族学生充分认识我国是一个统一的多民族国家的基本国情，正确认识中华文化是各民族文化的集大成。

（一）初识：介绍与进入

CH小学采取混合编班的方式，让各民族学生能够有更多机会相互交流，形成共学共进的氛围和条件。少数民族学生由于地域与民族不同，经济背景、教育背景、文化和生活方式也不同，少数民族学生携带的文化印记与城市主流文化间存有一定的差异，他们在步入新的场域时，往往更加敏感，这种"敏感"不仅包括个人对自身是否被周围环境认可、接纳的担忧，还涉及少数民族学生心理上存在的隐性族际边界感，这种"边界感"容易导致他们在没有相互接触之前就产生一定的心理距离。老师的主动互动和良性关注

能够给予少数民族学生更多的幸福感、安全感、认同感，从而促进少数民族学生心态的调整和适应。少数民族学生AAA的妈妈向我们描述了孩子第一次入学的情景：

> 2017年的夏天，我的孩子跟着我们从遥远的新疆来到这里，她是全校第一位维吾尔族小朋友，开学的第一天，她紧紧抱着我的手不敢松开，在班级里甚至不敢出声，我非常感谢班主任CAA，她主动地向同学们介绍了我的孩子。当时全班同学都感到新奇与高兴，鼓掌欢迎她来到一班的大家庭。下课后，CAA老师来到座位上拥抱了我的孩子，牵着她的小手，温柔地说："今天你妈妈走了，我就是你妈妈好不好？"然后把我的孩子抱在腿上安抚，孩子的情绪才稳定下来。①

在班主任CAB的讲述中我们也发现，老师会主动地、有意识地去担任少数民族学生初入班级时引路人的角色。

> 我们班当时的同学都是从各个幼儿园汇聚到这里的，大家都不认识，她也是三班第一位维吾尔族小朋友，因为她的面容比较特别，非常漂亮，在第一堂课上我请她来到讲台上，向全班同学隆重介绍这位特别的学生，鼓励她大胆地开口向大家介绍自己，帮着她一起向同学们介绍维吾尔族的基本情况、风俗习惯、自然美景。但是在此之前我做了更多准备，看了很多相关的资料，一开始能感觉到她是很胆怯的，后来发现我能够把她们民族的很多习惯说出来，她就觉得CAB老师并不是很陌生，主动拉近了与老师间的距离。②

通过访谈了解发现，少数民族学生存在因不同地区文化、民族文化而形成不同的风俗习惯和个人思维，从而在穿着打扮、娱乐消费、居住环境和学

---

① 访谈对象：BBA，女　访谈时间：2021年5月14日　访谈地点：合肥市瑶海区某小区。
② 访谈对象：CAB，女　访谈时间：2021年5月21日　访谈地点：合肥市CH小学。

习方式上与其他学生产生差异,这些差异很可能会引起班级内产生"内群体偏爱"[①],加剧少数民族学生的文化敏感性,甚至较难融入班级群体之中。教师在课堂教育情境中处于权利本位,老师身份和意识赋予他们关注度和影响力的独特性,由他们主动帮助少数民族学生快速进入主流群体,引导各民族学生了解丰富多彩的中华文化,与各族学生交往、交流、交融,增强中华民族共同体意识。

(二)聆音:提升与接纳

学校是促进少数民族学生进行身份认同的主要场域。学校应承担促进少数民族学生身份认同和社会融入的任务,创建平等多元的校园文化。学习能力和成绩在以学习为主要任务的教育情境中是少数民族学生建立自信心的关键,也是群体融入的重要因素。

一些少数民族学生因长期处于较差的基础教育环境与生活环境,其学习能力与方式在同辈群体间呈现出弱势地位,还因语言障碍等因素普遍存在学习适应性差的问题,继而出现精神紧张、焦虑、自卑等生理和心理上的反应。CH小学的教师在课堂教育的过程中,注重留意少数民族学生的课堂表现和学习能力,并及时给予指导和反馈,鼓励少数民族学生勇于表达,并利用课余时间指导少数民族学生。

孩子在学习上是比较困难的,音乐可能还好一点,除此以外,各个学科都是垫底的。因为她没有语言环境,在上学期,她学习拼音的时候跟我说,每一次学拼音,都听不懂老师说的内容。因为她在语言这一块比较薄弱,上课时我就让她积极发言,想给她多一点的帮助和扶持,但是光靠课堂还是不

---

① 万明钢.铸牢中华民族共同体意识与新时代学校民族团结进步教育的使命[J].西北师大学报(社会科学版),2020,57(05):5-12.

行的。她在声调方面读不准，所以老是拼不对，只能反复地巩固，我课下就单独教她。之前考一二十分是常态，现在至少能达到及格线，有时考七八十分了。①

学校的主要功能是传授知识，而学习相关的历史和理论知识是学生了解、认同民族的重要基础，除了常规的课程学习，CH小学还依据相关课程教材把课程学习、主题班会、民族团结教育三者有机融合在一起。在学习《我想去看看》这篇课文时，老师在班级里开了一场主题班会，让汉族的学生介绍汉族的文化，如老子、孔子、四书五经等，或者孩子们不太熟悉的一些地标建筑和传统文化，让班里的三位维吾尔族的学生一起背诵一首诗《我们要去看看》。同时，在班级里多次举办传统民族节日的主题班会，如在端午节，老师组织学生排练与屈原有关的节目，积极带动少数民族学生参与进来，由他们进行角色扮演和讲述，寓教于乐地引导他们了解中华民族文化的多样性和交融性。

这是让汉族的孩子去了解少数民族孩子的一个窗口，虽然孩子们介绍得不是特别好，但是要给他们平台去试着讲一讲，需要让更多的孩子去了解我们少数民族的孩子，原来他们的故乡是这样子的。也让我们少数民族的孩子知道其他民族有哪些文化。②

文化认同是身份认同的实质，少数民族学生接受学校教育时，异质文化的碰撞、交流使少数民族学生对于初始文化身份面临着再认识，引发作为特殊民族文化族群中的个体对于身份的反思。建构学校多元共生的文化生态场域，用学生们喜闻乐见的主题班会让他们了解中华民族是多民族的大家庭，

---

① 访谈对象：CAD，女　访谈时间：2021年5月21日　访谈地点：合肥市CH小学。
② 访谈对象：CAE，女　访谈时间：2021年5月14日　访谈地点：合肥市CH小学。

各民族之间是"你中有我，我中有你，谁也离不开谁"的关系，全面了解不同民族的文化传统与风俗习惯，帮助学生获取更强的自我认同，获得文化自信心和自豪感。

由上可见，课堂教育不仅是学生汲取知识的重要途径，也是各族学生学会平等沟通交流的场所。教师在课堂教育中占据主导地位，少数民族学生由于历史、习俗、环境、语言等方面的差异，必然会形成一种具有与其他文化不同特质的文化。因此，在少数民族学生进入主流群体之初，老师要做好指引工作，为少数民族学生融入创造一种包容、尊重差异、团结和睦、富有爱心、健康向上的班级氛围。针对性进行"补偿教育"，实现少数民族学生教育过程的顺利衔接，提高其学习成绩。开展丰富多彩的主题班会，正确处理不同民族学生之间的关系，倡导平等尊重和包容多样的文化态度，提升各民族小学生对于中华文化的认同感和归属感。

二、课余文化活动：铸牢中华民族共同体意识的助推器

铸牢中华民族共同体意识的基本路线就是要推进民族交往交流交融，只有先交往交流，才能有交融，在小学生的课余生活中开展多层次、多领域、形式多样的文化活动是各民族学生交往交流交融的最好平台。

（一）知微：民族文化交流活动

学校在系统教学体制之外，要大力丰富课外生活，为小学生们搭建交往交流交融平台。让少数民族学生在参与各种比赛活动的过程中不断提高自己，获得文化满足感。其中，学好普通话是建设中华民族共同体的基本要求，是各民族交往交流交融、互学互鉴互助的基本条件，CH小学鼓励少数民族学生积极参与朗诵、讲故事等系列比赛。2018年，少数民族小朋友AAA

参加瑶海区德育文化艺术节"讲故事"比赛，捧回了讲故事比赛特等奖的奖杯，在参加安徽省民委主办的"阔步新征程、讴歌新时代"主题演讲比赛中获得三等奖。

为增强各族学生的情感联系，CH小学的学生们积极参加2019年红石榴"手拉手"皖疆融情交流营，维汉两族的孩子一起闹，一起乐，友谊的"小船"荡起串串笑声；2019年班级家委会自发组织的到大蜀山参加社会公益活动。在研学活动中不断加深民族理解与认同，探寻各族共有文化元素，增强各民族之间的联系，使民族交往交流交融之花开放在小学生的心里。六年级学生AAC谈道：

那天特别开心，我们学校很多小朋友都去了，我的好朋友也在，我们都穿着一样的衣服，感觉就像一家人，还举着小旗子。中午是在我常去的民族特色餐厅吃饭的，他们一直问我这个菜叫什么？那个菜是什么？中间我们还在一起跳舞、唱歌，餐厅的姐姐哥哥拉着大家一起跳舞，我们和老师一起唱的《让我们荡起双桨》。[①]

全面了解民族文化、参与民族活动和体验民族风情等多元文化交流活动是儿童了解、接纳和认同多民族文化的实践基础。如三年一班全体学生自行编排民族舞蹈《民族一家亲》作为CH小学六一会演的开场秀，有助于同学们一起交流自己对民族舞蹈的想法和理解。文化交流活动也不仅仅存在于校园之内，学校通过与各级政府、社区、社会组织等相互合作，安排长期可持续性的文艺会演系列活动，积极组织、鼓励各民族学生参与民族传统活动和地方特色活动，以此相互接触，相互了解，又相互欣赏，增进不同文化间的

---

① 访谈对象：AAC，女　访谈时间：2021年6月5日　访谈地点：合肥市包河区某民族餐厅。

交流。如社区以传统节日的符号要素助力夯实民族交流的文化基础，如"邻里团结一家亲，粽叶飘香颂党恩"为主题的端午活动，学生们亲身参与、了解端午节的知识和习俗；在少数民族传统节日的活动中，各民族的小学生穿着自己民族的服装，在舞台上表演了各民族元素相融合的创新舞蹈，少数民族小姑娘们身着黄梅戏戏服为大家演唱了一段《女驸马》。这些趣味性、多样化的内容和形式易于小学生接受和理解，使他们在耳濡目染中潜移默化地完成民族团结教育。

借助学校创造的接触机会，学生们得以在学习、交流、展演中，感知各民族共享的中华民族形象和中华文化符号[①]，牢固树立自己是中华民族一员的意识，在认同民族文化、保持本民族特色的同时，学会理解、鉴赏其他民族文化的发展及精神实质，做到各美其美，美人之美，从而美美与共。

（二）浸润：红色文体活动

CH小学积极拓新红色文化资源，把红色文化深度融入学生爱国主义教育之中。爱国主义是民族凝聚力的精神力量，是鼓舞全国各族人民团结奋斗的重要支撑。少先队活动是爱国主义教育的重要组成部分，对培养少年儿童的国家意识、民族自豪感等发挥着重要作用。[②]2019年6月，经过审核，一年三班AAD作为少先队新队员代表，用流利的普通话在操场中央、在国旗下庄严宣誓：时刻准备为共产主义事业贡献力量！这些仪式往往成为形成、强化小学生中华民族认同的有效途径。

[①] 汤夺先，张丽. 习得、展演与交融：少数民族农民工的城市文化融入——H市M族农民工的调查与分析[J]. 中南民族大学学报（人文社会科学版），2021, 41(07)：96-105.

[②] 洪晓畅. 少数民族青少年的中华民族认同：路径、制约因素及建议[J]. 云南社会科学, 2019(01)：147-152.

国家的统一、社会的稳定发展、各族人民的团结都离不开爱国主义教育。这就要求我们必须加强小学生的爱国主义教育，加强中华民族共同体意识宣传教育，激发学生的爱国情怀，塑造爱国主义的美好德性，增进他们对伟大祖国的认同。[①]如CH小学组织少数民族学生在和平广场参加"中华民族一家亲、同心共筑中国梦"暨庆祝中华人民共和国成立70周年活动。还结合当地红色法治文化资源的特色，设立红色法治文化教育实践基地，开展少数民族学生红色法治文化实践教学活动。如在"红石榴"庆祝中国共产党成立100周年活动中，CH小学的少数民族学生跟随瑶海区的党员群众一起参观渡江战役纪念馆，帮助少数民族学生树立正确的国家观和民族观，让少数民族学生认识到维护民族团结和祖国统一是公民的基本义务，增强少数民族学生的中华民族共同体意识，从而使少数民族学生成长为未来主动捍卫国家主权安全的核心力量，成为维护民族团结和民族地区安全稳定的中流砥柱。

爱国主义是一个国家和民族具有共同体意识的价值纽带，因此必须把爱国主义价值观融入教育之中，注重国家认同与民族认同的内在统一性，教育引导广大小学生强化国家观念，培育家国情怀，深刻认识维护国家统一和民族团结是我国各族人民的最高利益。CH小学组织了主题为"民族团结一家亲，红色光芒照我行"的红色故事演讲比赛，海娃、黄继光、王二小、刘胡兰等一个个抵御外敌侵略的英雄先烈的故事，让学校的各民族学生在活动中感受到民族精神，中华民族共同体意识在各民族小学生心中深深扎根，成为我们共同的文化记忆。

综上可知，在交往交流中，发现彼此文化的交集和相似之处，把文化交

[①] 李其瑞,古丽巴奴木·吾买尔江.爱国主义价值观融入少数民族大学生法治教育的内涵与路径[J].民族教育研究,2021,32(3):72-77.

流活动与各民族共享的中华文化有机结合起来，把红色资源与国家认同有机结合起来，开展多层次、多领域、多样的文化活动，增进各民族间的感情交流，凝聚中华民族的内聚力，有助于在小学生中构筑各民族共有精神家园，强化中华民族认同意识。

三、日常社会交往：铸牢中华民族共同体意识的凝聚剂

中华民族共同体意识作为中华民族全体成员内化于心的共同心理认同，不仅需要通过课堂教育和文化活动两个方面来加强，还必须是建立在各民族相互信任、亲近友善的情感基础之上，在个体互动接触间培养的意识心态，在潜移默化的社会习得，尤其是在耳濡目染的教育过程中逐渐养成和强化的。

（一）相知：主体间的情感交融

师生交流和同伴交往是在小学生中建构中华民族共同体意识的两大途径，能够保证学生们通过在多民族场域生活实践的一点一滴中获得丰富深厚的情感体验。[①]一方面，由于各地区均有各自不同的文化习俗，相对于他区即显出特殊性，在面对少数民族学生特有的生活惯习时，教师应提高其民族文化素养，了解少数民族文化知识，尊重并体会少数民族文化的历史渊源，充分照顾少数民族小朋友的身心发展，进行常态化管理。

我们配有专门的牛奶合作公司，出于对孩子身体健康发育的考虑，每个班级都会统一订购牛奶，在课间配送到每位孩子手里。但是考虑到少数民族小朋友自身民族特性，在饮食习惯上和其他民族小朋友有差异，我就专门去

---

① 青觉,吴鹏.使命、困境与超越：中小学民族团结进步教育研究——基于中华民族共同体意识视域的理论分析[J].黑龙江民族丛刊,2019(05)：1-7.

和小朋友沟通，如果不能跟班级里的同学一起，就每天从家中带牛奶过来，天气比较冷的时候，我把牛奶放在办公室内，热好了再给小朋友。①

另外，老师们也有意识地在班里进行少数民族风俗习惯的宣讲，告诉同学们少数民族学生在行为方式、生活习性上与汉族学生有差别，让每个学生对这些差异从不知道到知道、理解、包容，也让少数民族学生在相处中学会尊重不同的民族的惯习。

班里之前有发生过某个少数民族小朋友未经他人同意，随意使用其他同学的文具的情况，我在了解情况后发现，这个小朋友对那个东西很好奇，很多我们已经习惯的行为意识，她还没有养成。后来我就向同学们解释了这种情况，我也向这位少数民族小朋友表明，下次在使用其他小朋友的东西时，要先征求别人的同意。②

另一方面，进行和谐的同伴交往是各民族学生消解群际偏见的最优方式。同伴交往是小学生构建中华民族意识归属感的基础，各民族的同龄人一起学习、一起成长，开展广泛而密切的互动，在朝夕相处中培养起了深厚的手足亲情和纯真友谊。③学校可以建立同辈交流机制，协同构建小学生的朋友交际圈，促进汉族学生与少数民族学生、少数民族学生与其他少数民族学生之间的深入交流，建立良好的人文关怀机制，营造和谐友爱的人文环境。在民族传统节日时，AAD家盛情邀请了学校的很多师生一起来家里过节。

---

① 访谈对象：CAF，女　访谈时间：2021年5月14日　访谈地点：合肥市CH小学。
② 访谈对象：CAG，女　访谈时间：2021年5月14日　访谈地点：合肥市CH小学。
③ 许可峰.民族地区学校场域铸牢中华民族共同体意识：路径、问题与改进[J].西北师大学报（社会科学版），2021,58(05)：58-66.

今天我邀请了6个同学来家里过节，我提前一周给她们发了邀请函，班里面的小朋友都想要来我家，但是我只能选6个小朋友，我选出来的都是我最好的朋友，我们先在房间里面拍照，一会儿去吃我妈妈做的家乡美食，他们之前吃过，都说好吃。①

实际上，无论是生活习惯上相互适应的困难还是心理上相互理解的困难，只要各民族群众从心底相互尊重、理解不同民族间的差异，各民族成员真正在心里把彼此当作一家人，这些困难也就不会引发心理上的隔阂，在心灵上达到相容且相融的状态，才能使各民族学生摘掉不同民族的"神秘"面纱，成为中华民族百花园中自由、快乐、幸福的一分子。

（二）濡染：群体间的交流塑造

小学生社会关系网络的构建始于家庭，并沿着家庭亲属关系向外扩展，或通过其他社会交往活动与非家庭亲属关系向外扩展，熟人社会也是他们信赖、依靠的主要社会支持来源，但这种交往模式往往制约了少数民族学生对中华民族认同的路径。因此，CH小学与所在街道、教体局等各级政府合作，开设了少数民族流动人口服务站国家通用语言培训班，帮助与少数民族学生紧密相连的社会网络群体走出基于民族身份差异、城乡差异和职业身份差异的心理隔阂，在共同追求美好生活过程中，随着彼此接触机会不断增加，为各民族学生营造出共居共学共事共乐的社会条件，形成密不可分的共同体。CH小学的CCA向笔者介绍了语言培训班的具体情况：

CH小学党支部高度重视此次活动，召开了国家通用语言学习班工作部署会议，制定了推进国家通用语言学习班教育教学工作实施方案及相关制

---

① 访谈对象：AAD，女　访谈时间：2021年5月14日　访谈地点：合肥市瑶海区某小区。

度，从党员教师队伍中遴选出九位优秀教师分课时、分层次进行授课，成立了语言培训班教师小队。学校将国家通用语言学习班的教学工作纳入学校教研活动中，同布置、同考核，确保教学效果。课程难度呈螺旋式上升，每一个板块结束后进行检测，针对薄弱之处再立专项，复习巩固。架设一条紧密的关系纽带，建立QQ群、微信群，老师在线上为学生们答疑解惑，及时反馈学生们学习汉语的情况，为学员提供帮助。①

除此之外，合肥市相关部门及CH小学工作人员一行前往新疆和田市开展友好共建活动，促成和田市小学与合肥市CH小学共建"兄弟学校"。通过开展语言培训和结对共建活动，将中华民族大家庭中丰富多彩的语言文字、文化习俗与行为习惯等信息，以及各民族成员之间手足相亲、守望相助的血脉联系，深深印刻在少数民族群众心中。由师生、生生之间的联系来推动两校、两地之间的交往交流，使之一波一波向外扩散开来，形成普遍而深远的社会影响，向内又在少数民族学生社会网络中营造民族团结的氛围，提供了中华民族认同的外部支持和情感基础。

由上可见，民族间的互动往往通过具体社会生活中个体之间的关系呈现，长期、频繁的个体间接触，能够让人们认识到群体间的多面性和复杂性，从而弱化针对他群体的相对单一、消极的刻板化印象。反过来，民族群体间的认知与互动也会影响个体层面的关系。CH小学各民族学生从有限交往到全面互动，原本的陌生、隔阂和误解会逐渐转变为彼此间的理解、认同和包容，在个体关系和群体环境间逐步培育出共有的精神家园，进而升华为民族群体间广泛深入的交往交流交融，为铸牢中华民族共同体意识打下坚实基础。

---

① 访谈对象：CCA，男 访谈时间：2021年5月31日 访谈地点：合肥市CH小学。

四、结语

一双双清澈的眼眸，一颗颗跃动的心灵，犹如一颗颗含苞待放的花蕾，在不经意间，会蓦然盛开在这片中华大地上。新时代坚持以社会主义核心价值观为引领，以铸牢中华民族共同体意识为主线，以加强各民族交往交流交融为根本途径，不断完善学校民族团结进步教育的长效机制，将维护民族团结和谐的精神根植于学生心中，培养学生成为推动民族团结和谐的一颗颗种子，呵护培育好这一颗颗种子，让他们在中华民族的大家庭里生根发芽，长成参天大树，进而成长为促进民族团结、民族和谐、民族进步的森林，成长为实现中华民族伟大复兴中国梦的希望。

CH小学的各民族学生从最初相识的陌生，站在旁观者角度感受各民族文化的多样性；到对各民族文化的课外实践，接受多元文化的浸染熏陶；再到各民族学生的相知相融，民族团结进步教育工作层层递进、环环相扣。学校应用各种教育手段、方法、资源走出了一种多场域、多渠道、多元力量共同参与的实践模式，对新时代铸牢小学生中华民族意识具有一定的价值和启示。

首先，重点突出了"三个离不开"教育：一是汉族离不开少数民族；二是少数民族离不开汉族；三是各少数民族之间相互离不开。其次，正确认识到小学生民族团结进步教育并不仅仅是单方面的灌输或植入，更应该是一种良性的互动，要结合广大小学生的实际情况，使教育的内容和场域向纵深延展，以多种形式推动各族学生的互动交往，从某一特定地域或民族内部的

"机械团结"上升为涵盖整个中华民族的"有机团结"[①]，推动民族团结进步工作更上一层楼，构建更深的中华民族向心力和凝聚力。最后，做到"三坚持三结合教育"：一是坚持民族团结教育与学科教学相结合；二是坚持民族文化教育与校园文化活动相结合；三是坚持学校教育、民族家庭教育与社会教育相结合。正确把握新时代党的民族工作的方向，打造一种在学校、家庭、社区、社会等多场域内，通过课程教育、课余活动、人际交往等多渠道，利用学校教师、家长、人民群众、社会组织、政府部门等多元力量参与，由浅入深、循序渐进、彼此认同、扎实有效地推进小学生铸牢中华民族共同体意识的教育新模式。

---

① ［法］埃米尔·涂尔干. 社会分工论［M］. 渠东, 译. 北京: 生活·读书·新知三联书店, 2013.

高校有形有感有效铸牢中华民族共同体意识研究

郭 远

（新疆师范大学 马克思主义学院，新疆 乌鲁木齐 830017）

摘 要：有形有感有效铸牢中华民族共同体意识具有相对解释优势，能够为高校开展相关工作提供一种解释体系。文章在高校铸牢中华民族共同体意识研究话语的学理重思中提出了"1+2"的研究特点，指出"有形、有感、有效"的现实需要性；从党百年奋斗的理论自觉和实践发现中指出"有形、有感、有效"的历史必然性。"有形、有感、有效"作为高校铸牢中华民族共同体意识的时代要求，三者之间存在着层层递进的内在机理，需要做到"见人、见物、见铸牢"。高校需要坚持系统观念，从党的领导、师资队伍、教材建设、学生知行、典范榜样、语言文字、学段衔接等七个方面入手，持续筑牢思想长城，回答高校有形有感有效铸牢中华民族共同体意识的时代问卷。

关键词：有形有感有效；铸牢中华民族共同体意识；理论与实践

铸牢中华民族共同体意识旨在高举新时代民族工作行动旗帜，凝聚人心、汇集实现中华民族伟大复兴的磅礴力量；意在各民族紧跟时代步伐共同团结奋斗、共同繁荣发展，攻坚克难助力全面建成社会主义现代化强国的时代诉求。党的二十大指出，"以铸牢中华民族共同体意识为主线……全面推进民族团结进步事业"①。2014年以来，以习近平同志为核心的党中央立足基本国情和民族发展需要，以革新的视角提出铸牢中华民族共同体意识，以创新的手段推动铸牢中华民族共同体意识更进一步完善。面对民族工作的重要性和紧迫性，习近平总书记在2021年8月27日召开的中央民族工作会议上进一步强调"深入实施文明创建、公民道德建设、时代新人培育等工程"，并于2022年在新疆考察时提出深入推进"青少年'筑基'工程"，要求实现各民族的"全方位嵌入"。由此可见，高校在铸牢中华民族共同体建设中发挥着重要的育人筑基作用。

党的二十大强调，"建设具有强大凝聚力和引领力的社会主义意识形态"②，这就要求全社会不断推进铸牢中华民族共同体意识建设走向更高、更好、更全面的阶段，进而对保质保效地铸牢中华民族共同体意识提出了新的要求，高校有形有感有效地铸牢中华民族共同体意识则是回应时代要求的有力抓手。由此，本文尝试将"有形、有感、有效"（简称：有形有感有效）融入高校铸牢中华民族共同体意识的功能发挥中，实现对学理、逻辑和实践的综合考量，以完善对相关问题的认识分析。

一、重思高校铸牢中华民族共同体意识研究话语

铸牢中华民族共同体意识是高校立德树人做好教育工作的基本内容，尤其需要结合实践要求的发展趋势并以不断思考的态度使学界研究更加符合现

---

① 习近平. 高举中国特色社会主义伟大旗帜 为全面建设社会主义现代化国家而团结奋斗——在中国共产党第二十次全国代表大会上的报告[M]. 北京: 人民出版社, 2022: 39-40.

② 习近平. 高举中国特色社会主义伟大旗帜 为全面建设社会主义现代化国家而团结奋斗——在中国共产党第二十次全国代表大会上的报告[M]. 北京: 人民出版社, 2022: 43.

实需要。2014年以来，中华民族共同体意识的建设经历了层次上的由浅及深和目标上的逐渐明确，实现了"牢固树立—积极培养—铸牢"的系统转变，学者们对高校和中华民族共同体意识之间关系的认识也呈现由表及里，渐次递进的趋势。2017年，习近平总书记面对新时代民族工作的中国之问，以洞见的理论视野提出了"铸牢中华民族共同体意识"。由此，学者们致力于更进一步明晰高校和铸牢中华民族共同体意识之间关系的社会思考，并提出了一系列富有实践意义的认识内容。

借助对知网相关文献的综合分析，可以看出高校铸牢中华民族共同体意识研究一方面以教育的视角围绕培养对象、培养方式等因素展开。就培养对象而言，有的研究更关注多元文化冲击对少数民族学生产生的不利影响，突出强调少数民族学生在文化交往交流交融过程中的天然优势。[①]与之相对，有的研究则更为关注中华民族概念下对"自我"的思考，着手在实现认同的过程中铸牢中华民族共同体意识。[②]通观研究对象的分野，可以看出学者们在研究中始终关注培养社会主义建设者和接班人的教育方针，充分释放不同群体在铸牢中华民族共同体意识中的重要效能。因此，不同学者在教育内容和教育措施的讨论中提出了各具特色的建议。就教育内容而言，自2014年学界就对其有了一定的思考，这一思考过程也随着我国铸牢中华民族共同体意识的实践发展而不断深化，呈现出与时俱进、开拓创新的发展趋势。有学

---

① 冯雪红，郑佳琪. 少数民族大学生增强中华文化认同培育机制探析[J]. 西藏民族大学学报(哲学社会科学版)，2022，43(03)：66–71，156.
② 孙琳. 大学生中华民族共同体意识探究——内涵要素、建构过程与培育路径[J]. 思想政治教育研究，2021，37(02)：115–119.

者以民族院校为例，强调历史认同、文化认同、政治认同的重要作用。[1]在"铸牢中华民族共同体意识"明确提出之后，有文献进一步解析文化认同的重要价值，提出从历史观、民族观、国家观、文化观入手，持续强化高校学生对中华文化的认同感，打下铸牢中华民族共同体意识的基础。[2]也有学者指出铸牢中华民族共同体意识是社会存在影响社会意识的现实表现，因此需要通过形势教育、国情教育和历史教育，有效提升教育的影响力。[3]随着研究的不断丰富，更需要把握铸牢中华民族共同体意识教育的科学内涵，并在此基础上贯彻落实"休戚与共、荣辱与共、生死与共、命运与共"理念，进而将其形成社会生活中的自觉话语意识。[4]就教育措施来看，首先需要转变传统的教师中心主义师生关系，搭建师生间理解和共悟的渠道。为了更好地开展教育工作，也要提高思想认识，确保行动到位、加强顶层设计，做到科学谋划、健全工作机制，推动贯彻落实、破解理论难题，促进实践发展、创新宣传方式，营造良好氛围，从而实现中华民族共同体教育的深入开展。[5]教育的核心是育人，所以需要主动拓展教育空间和完善教育生态，将教育放置于人的生活实践之中。在解决"育人最后一公里"问题上，需要做到精准识别对象、精准组建队伍、精准选择平台，以此推动铸牢中华民族共同体

---

[1] 张立辉,许华峰.积极培育中华民族共同体意识路径探析——以西南民族大学民族团结教育为例[J].西南民族大学学报(人文社科版),2015,36(05):214-217.

[2] 徐丽曼.民族院校中华文化认同培育的价值、内容与实践——以铸牢中华民族共同体意识为视角[J].中南民族大学学报(人文社会科学版),2020,40(04):87-92.

[3] 赵心愚.教育视域下的铸牢中华民族共同体意识[J].民族学刊,2021,12(02):1-8,92.

[4] 王鉴,刘莹.论铸牢中华民族共同体意识教育的科学内涵[J].西北师大学报(社会科学版),2022,59(05):14-22.

[5] 陈立鹏,张珏.关于深入推进中华民族共同体教育的几点思考[J].贵州民族研究,2020,41(06):143-149.

意识教育。[①]也有学者结合"大思政课"建设致力于完善中华民族共同体教育课程体系。[②]此外，本地资源和学校教育的结合也是一个重要方面。在贵州、云南、西藏等地的相关研究中，学者们分别提出了"四位一体"育人机制、"四堂联动"教学体系、"四大行动"推进教育发展、"三个一"工程保障教育内容、立足省情编写校本教材、实现课程内容和地区发展的有机协调等一系列独具特色的教育手段。

铸牢中华民族共同体意识是高校扎根中国大地，办好中国特色社会主义大学的重要内容。通过分析不同学者对该主题的讨论，可以发现他们紧密围绕高校建设，讨论主体视野下的自我变革以及客体发展中创造、构造、发现的效能。高校是促进个体成长、维系社会发展、传播社会知识、整合社会观念的重要场域。因此，有学者从"落实机制"出发，指出高校需要在党的领导机制、协同育人机制、教材建设机制、教学方法机制、师资队伍建设机制和激励约束机制等六大机制体系中推动大学生铸牢中华民族共同体意识。也有学者通过对高校空间结构的分解，提出高校铸牢中华民族共同体意识的物质空间、认知空间和情感空间，并以三重空间的交互实现高校空间结构的优化。[③]基于高校本身的科研功能，有学者强调应发挥民族院校科学研究的引

---

① 许风顺,黄丛钰,周圣良.精准育人视域下高校铸牢中华民族共同体意识路径研究[J].西藏民族大学学报(哲学社会科学版),2022,43(03):79-84.

② 蔡倩.以大思政课铸牢大学生中华民族共同体意识[J].首都师范大学学报(社会科学版),2022(A1):45-49.

③ 马小婷,王瑜.高校铸牢中华民族共同体意识的空间分层与优化策略[J].北方民族大学学报,2022(03):154-161.

领价值，实现科学研究的引领性功能、特色功效和在地功用。[①]高校在主体变革中需要正视自身的建设情况，积极查找并认清不足，在高校铸牢中华民族共同体意识的培育中实现新的突破。此外，也有学者基于铸牢中华民族共同体意识研究基地建设，提出需要扩大基地的建设数量和覆盖范围，提高高校在基地建设上的积极性；相关部门应进一步加大对基地建设的力量支持，发挥高校科研资政价值，为高校增强社会服务效能提供了思考。[②]有学者指出，高校铸牢中华民族共同体意识面临着话语主体、话语内容、话语方式、话语载体以及话语场域等五个方面的挑战，需要不断进行话语创新，彰显其时代性、科学性和有效性。[③]对于民族地区而言，有学者借助"意识三态观"强调学校意识形态建设的重要性，认为民族地区学校的一切意识形态工作都是为铸牢中华民族共同体意识而服务的。[④]在关于民族院校的讨论中，学者们基于新时代民族工作发展的新要求，从民族院校铸牢中华民族共同体意识的实践经验中分析指出其价值意蕴，系统提炼方法路径并说明相应保障体系[⑤]，为培养时代新人提供经验思考。通过上述分析，可以发现在以高校为研究对象的讨论中，学者们着力以其功能完善和服务拓展为方向，解决新时代背景下高校所面临的新挑战，使高校勇担铸牢中华民族共同体意识的时

[①] 苏德,薛寒.民族院校铸牢中华民族共同体意识:时代方位与具体路向[J].教育研究,2022,43(06):124–133.

[②] 王延中.铸牢中华民族共同体意识研究基地的建设与思考[J].西北民族研究,2022(03):17–21.

[③] 支仕泽.高校铸牢中华民族共同体意识的话语困境与破局策略[J].湖南科技大学学报(社会科学版),2022,25(04):174–184.

[④] 许可峰.民族地区学校场域铸牢中华民族共同体意识:路径、问题与改进[J].西北师大学报(社会科学版),2021,58(05):58–66.

[⑤] 杨胜才.民族院校铸牢中华民族共同体意识的价值意蕴、方法路径与保障体系[J].中南民族大学学报(人文社会科学版),2020,40(05):9–14.

代重任。

正如习近平总书记在党的二十大上所言，我国"民族团结进步呈现新气象"①，这就要求实现"有形、有感、有效"的新发展。2022年，习近平总书记从内蒙古、新疆等地区铸牢中华民族共同体意识的现实面貌出发，指出铸牢中华民族共同体意识要"有形、有感、有效"的工作要求，强调"深入推进青少年'筑基'工程"，做到"各族群众逐步实现在空间、文化、经济、社会、心理等方面的全方位嵌入"，最终"促进各民族交往交流交融"。由是，就如何实现"有形、有感、有效"进而做好青少年"筑基"工作，有学者借用"形联意"三要素对其进行讨论，强调"有效"的"文化解释"，指出脱离"形""感"的铸牢中华民族共同体意识宣传会流于形式。②也有学者认为需要从历史中挖掘铸牢中华民族共同体的意识资源，强调树立"有形"的中华民族符号和形象，在"有感"中践行中华民族历史观教育，最终在"有形"上用心、"有感"上用情、"有效"上用力，共同铸牢中华民族共同体意识。③也有学者指出需要对地区发展中所形成的典型模范经验以及民族团结的日常故事等内容进行整理汇编，形成由史出发，立足当下的情感纽带，拉近各族群众的心理距离。④

总体而言，通过重思高校铸牢中华民族共同体意识研究的相关主流话语，可以发现当下主要遵循"一个方向"：以铸牢中华民族共同体意识为主

---

① 习近平.高举中国特色社会主义伟大旗帜 为全面建设社会主义现代化国家而团结奋斗——在中国共产党第二十次全国代表大会上的报告[M].北京：人民出版社，2022：9-10.

② 纳日碧力戈.试论铸牢中华民族共同体意识的"形联意"[J].北方民族大学学报，2022（04）：5-9.

③ 孟凡丽.在有形有感有效上用力铸牢中华民族共同体意识[J].红旗文稿，2022（12）：26-29.

④ 马宁，丁苗.西藏铸牢中华民族共同体意识的历史基础和现实路径[J].西藏大学学报（社会科学版），2022，37（02）：130-137.

要研究方向，开展多角度切入、多层次剖解、多形式论述的相关研究，具体以教育探索和高校建设"两条主线"开展高校铸牢中华民族共同体意识的相关讨论。但就如何在高校开展高质量铸牢中华民族共同体意识的相关研究而言，有研究更注重常规路径的思考讨论，缺乏一定的路径创新，仍需进一步开展必要和系统的研究。

二、有形有感有效是高校铸牢中华民族共同体意识的题中之义

"只有铸牢中华民族共同体意识，构建起维护国家统一和民族团结的坚固思想长城……才能不断实现各族人民对美好生活的向往，才能实现好、维护好、发展好各民族根本利益。"[①]立德树人是高校立身之本，在为党育人、为国育才的使命担当中，尤其需要将铸牢中华民族共同体意识融入立德树人的全过程，在培根铸魂的实践中打造坚实的思想长城。立足新时代，面对社会发展提出的迫切要求，有形有感有效则是高校铸牢中华民族共同体意识对时代要求的真切回应。

（一）理论自觉：明晰高校铸牢中华民族共同体意识前进方向

"一个民族要走在时代前列，就一刻不能没有理论思维，一刻不能没有正确的思想指引。"[②]从党和国家的发展历程看，理论自觉主要体现在摸索出一条立足国情实际、开发传统文化资源、创造中国特色的理论变革之路。对于高校铸牢中华民族共同体意识而言，在实践的创新前行中尤其需要以理论的力量拨开道路中的迷雾，为高校铸牢中华民族共同体意识的提质增效提供理论的指引。

---

① 习近平. 习近平谈治国理政：第四卷［M］. 北京：外文出版社，2022：245.

② 习近平. 习近平谈治国理政：第四卷［M］. 北京：外文出版社，2022：39.

"理论思维的起点决定着理论创新的结果。"①进入新时代以来，社会变革愈加广泛且深刻。习近平总书记指出："这是一个需要理论而且一定能够产生理论的时代，这是一个需要思想而且一定能够产生思想的时代。"②自新中国成立以来，民族团结教育始终是影响国计民生的重要内容。1952年，延边朝鲜族自治州成立，并逐渐摸索出了民族团结教育的地方经验；1990年，"三个离不开"的提出推动了在全国范围开展民族团结教育的活动，规范了学校开展民族团结教育的工作内容；2010年，为进一步推动民族团结事业发展，首次提出"民族团结进步创建活动"，以此提供了做好民族团结教育工作的主要抓手……2012年以来，"民族团结教育"经历了从"深入开展民族团结进步教育"到"深化民族团结进步教育"的转变，在接续民族团结教育基本脉络的基础上，推动少数民族和汉族共赢，实现"团结"和"进步"共举，创新提出铸牢中华民族共同体意识，在着重解决思想政治教育问题的同时也更加关注对实践问题的探讨。③有形有感有效是党和国家立足国情实际对新时代高校铸牢中华民族共同体意识所提出的新内容。

　　"全党全国各族人民的文化自信明显增强"④。2021年，习近平总书记提出了"两个结合"的重要命题，彰显出中华优秀传统文化在推动中国特色社会主义建设中的澎湃生机。"中华民族有着深厚文化传统，形成了富有特

---

① 习近平.在哲学社会科学工作座谈会上的讲话[M].北京：人民出版社，2016：20.

② 习近平.在哲学社会科学工作座谈会上的讲话[M].北京：人民出版社，2016：8.

③ 李资源，向驰.中国共产党民族团结教育的百年探索：理论创新与经验启示[J].北方民族大学学报，2022（02）：5-12.

④ 习近平.高举中国特色社会主义伟大旗帜 为全面建设社会主义现代化国家而团结奋斗——在中国共产党第二十次全国代表大会上的报告[M].北京：人民出版社，2022：10.

色的思想体系,体现了中国人几千年来积累的知识智慧和理性思辨。"①中华文明数千年来始终追求团结和统一,在政治理念上提出了"大一统"、在社会关系上体现了"大家庭"、在价值思索上呈现为"大团结"。正是在这种理念、关系、思索的演变中,提出了有形、有感、有效的发展思路。通过相关资料的整理,可以发现中华民族历史上对形、感、效的追求早已有之,虽然中华优秀传统文化同既往的社会形态有着密不可分的联系,但基于社会发展的阶段性和连续性统一、思想文化的继承性和创新性统一、民族"三交"的差异性和共同性统一,仍然可以明确地体现中华优秀传统文化有着超越时空限制的特性,其所呈现出的文化因子同当代社会发展是相适应、相协调的。有形有感有效是党和国家开发传统文化资源对新时代高校铸牢中华民族共同体意识所提出的新展望。党的十八大以来,高校铸牢中华民族共同体意识工作经历了从"四个共同"到"交往交流交融",再到"十二个必须"的演变历程,鲜明展示了铸牢中华民族共同体意识的理论自觉。

(二)实践发现:生成高校铸牢中华民族共同体意识社会时空

实践是马克思主义理论创立的逻辑起点。人们正是在实践中,能够细致地认识世界,进而改变这个世界。当人发挥主观能动性参与实践,并延长时间和开拓空间时——在这里,形成了三层发现:自我行动的时空烙印;群体组织的时空运用;社会关系的时空融合——也就形成了社会时空。

第一层发现是对社会存在的直观表达。我国是一个统一的多民族国家,共有56个民族,各民族人民共同浇灌了"各美其美,美人之美;美美与共,天下大同"的中华民族大花园。正如习近平总书记所说,我们辽阔的疆域

---

① 习近平.在哲学社会科学工作座谈会上的讲话[M].北京:人民出版社,2016:17.

是各民族共同开拓的,我们悠久的历史是各民族共同书写的,我们灿烂的文化是各民族共同创造的,我们伟大的精神是各民族共同培育的。①这一重要论断,积极肯定了中华民族共同体形成过程中每一个作为个体的民族所作出的历史贡献。各民族共享的文化符号是各民族在实践行动中凝聚出的时空烙印,如河湟民族走廊地区的牡丹景观、粤港澳大湾区的"文化公约数"——粤剧文化、惠水枫香染纹饰中的文化基因等。②高校有形有感有效铸牢中华民族共同体意识需要从各民族时空烙印的纵向凝结中汲取力量,进而打造坚实的文化符号认同基础。

第二层实践发现是通过时空转变来说明时代内涵。铸牢中华民族共同体意识贯穿于我国革命、建设和改革的全过程,从实践中揭示了中华民族共同体继承过去、立足当下、展望未来的时间意蕴,展现了中华民族共同体建设"立足中国、放眼世界"的空间价值。革命时期,党对中华民族共同体的认识在不断的实践中获得了新"发现",如在思想观念上经历了反对大中华民族建立③到中华民族是由汉族和少数民族共同组成的转变,在民族政策上否定了苏联的联邦制④而实行民族区域自治制度等。新中国成立后,中华民族共同体建设和国家的建设融为一体,开启了中华民族发展的新篇章。与此同

---

① 习近平.在全国民族团结进步表彰大会上的讲话[M].北京:人民出版社,2019:4-6.
② 参看周传斌等撰写的《多民族共有符号与中华民族共同体意识的培育》、金姚等撰写的《粤剧文化与铸牢中华民族共同体意识》、王通等撰写的《文化基因"共享"与建构中华民族共同体的地方叙事》以及其他若干中华民族共享符号研究。
③ 1925年,党的四大进行一系列决议,其中在《对于民族革命运动之议决案》的第二节提出,"以对外拥护民族利益的名义压迫本国无产阶级……中国以大中华民族口号同化蒙、藏等藩属"。[参见《中国共产党重要文献汇编(第五卷)》(一九二五年一月——一九二五年六月),人民出版社2022年版,第22页。] 1931年后出现转变,以1938年印发的《抗日战士政治课本》为中华民族共同体意识教育的典型课本。
④ 何龙群.中国共产党民族政策史论[M].北京:人民出版社,2005:106.

时，高校铸牢中华民族共同体意识主要以将国家符号融入教材之中的方式实现。此外，高校也通过培养民族干部和讲授国家通用语言文字等方式进一步营造铸牢中华民族共同体的氛围。通过这些方法，有效增强了各民族间的团结和睦，使得中华民族共同体意识更好地植入各族儿女心中。随着改革的不断深入，铸牢中华民族共同体意识逐渐成为时代强音。进入新时代以来，中华民族共同体建设成为实现中华民族伟大复兴的重要内容，贯穿于社会生活的方方面面。透过革命、建设、改革的窗口，中国共产党在实践中不断赋予中华民族共同体以时代意义，时代意义的转变体现了党在推动中华民族共同体建设上的时空运用。

社会关系是指"许多个人的共同活动"[①]。时空的社会性生成依赖于社会关系的历史延伸和复杂拓展，因此第三层发现是社会时空得以生成的关键。第一层发现主要为各民族在历史长河中横向自我运动时的实践发现，第二层发现是中国共产党在借助人民的力量纵向联结拓展时的时空发现，第三层发现则是在这种横纵交织的时空中塑造了牢不可破的社会关系，达到社会融合的发展目标。对于中华民族共同体而言，中国共产党以敏锐的眼光从历史长河中发现了各民族在互动发展中的隐秘联系并予以揭示，展现了新时代民族发展的新内涵，在一步步的实践发现中明确提出铸牢中华民族共同体意识这一新时代民族工作的主线。可以说，各民族的互动历程——交往交流交融，对铸牢中华民族共同体意识的影响具有直接现实性。从实践上看，各民族交往交流交融长期存在于时空演变之中，如"交错杂居、不可分离；修德

---

① 中共中央马克思恩格斯列宁斯大林著作编译局. 马克思恩格斯文集（第一卷）[M]. 北京：人民出版社，2009：532.

抚远、因俗而治；你来我往，和亲通婚；互相学习、和而不同"①。根据第一次至第七次全国人口普查数据，东部地区少数民族人口数量占全国少数民族人口数量的比例从1953年的9.16%提升到2010年的15.77%，浙江省少数民族种类个数实现了从23个到55个的增长，已经集齐了全部55个少数民族。②可以看出，各民族交往交流交融的全国流动，使东部地区成为各民族的重要互动场所。"人的本质不是单个人所固有的抽象物，在其现实性上，它是一切社会关系的总和。"③正是在这种人口流动、文化变迁和关系实践的推动中，我国各民族在交往交流交融中才能够洗尽铅华焕发出新的面貌，共同走向实现中华民族伟大复兴的时代征程。

三、高校有形有感有效铸牢中华民族共同体意识的基本构型

党的二十大要求"必须坚持自信自立"，"中国人民和中华民族从近代以后的深重苦难走向伟大复兴的光明前景，从来就没有教科书，更没有现成答案"④。"有形、有感、有效"作为党和人民在理论自觉和实践发现中立足发展实际而获得铸牢中华民族共同体意识"答案"，如何在全面把握的基础上更加有力地指导实践则是一个关键问题。2014年，习近平总书记在总结党的群众路线教育实践活动经验时强调，集中教育活动"必须见人见物见思

---

① 高永久. 民族学概论[M]. 天津：南开大学出版社，2009：183.
② 相关数据参看国家统计局数据和浙江省第七次人口普查分析。
③ 中共中央马克思恩格斯列宁斯大林著作编译局. 马克思恩格斯选集（第一卷）[M]. 北京：人民出版社，1995：60.
④ 习近平. 高举中国特色社会主义伟大旗帜 为全面建设社会主义现代化国家而团结奋斗——在中国共产党第二十次全国代表大会上的报告[M]. 北京：人民出版社，2022：19.

想"①，同时也为高校开展思想政治教育工作，尤其是铸牢中华民族共同体意识教育指明了方向。由是，笔者从人和物两方面入手，结合高校铸牢中华民族共同体意识教育中的鲜活例证，对高校有形有感有效铸牢中华民族共同体意识的基本构型进行探讨说明，以期达到见人、见物、见铸牢的教育效果（见图1）。

有形：
人造物+技术物
历史文物
生活器具
教育博物馆
VR技术
……

见人
见物
见铸牢

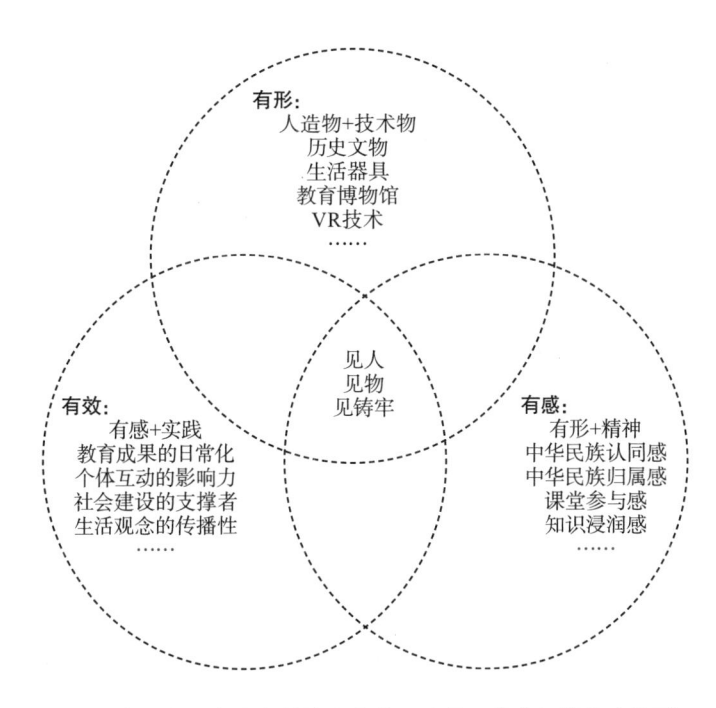

有效：
有感+实践
教育成果的日常化
个体互动的影响力
社会建设的支撑者
生活观念的传播性
……

有感：
有形+精神
中华民族认同感
中华民族归属感
课堂参与感
知识浸润感
……

图1 高校有形有感有效铸牢中华民族共同体意识的基本构型

就"有形"而言，主要体现在物和物的关联。"物"表示为不特定的存在物，物和物的关系在技术的不断发展中被赋予了新的含义。现阶段，需要借助互联网、VR、3D空间等数字化技术，将各民族铸牢中华民族共同体有形符号以数字化的方式进行传播，在超越空间和时间的认同建构中实现空

---

① 习近平.在党的群众路线教育实践活动总结大会上的讲话[N].人民日报，2014-10-09（002）.

间与时间的统一，打造出一批有利于高校开展铸牢中华民族共同体意识教育的优秀宣传资料。就内容看，物和物的"有形"更多地表现在数字化建设中，如党的十九大提出"建设数字中国"，并在"十四五"规划中进一步要求"加快数字化发展，建设数字中国"，同时也对现代文化产业提出了"实施文化产业数字化战略"的新要求。新疆维吾尔自治区深入实施文化润疆工程，提出要"推动中华文化元素和标志性符号文化馆、博物馆、图书馆等公共文化机构进基层文化阵地……让历史发声、让文物说话。"依托于技术变革的数字化建设，让物（中华民族共同体意识的精神表现和物质表现）和物（互联网等数字化平台）的联合成为可能，如将VR技术等应用于民族文化的物质载体上。另外，青海省人民政府也深刻认识到了各民族非遗文化数字化的文化价值，强调要构建省、州、市、县四级文化建设体系，推动各级文化元素的数字化建设，形成互联互通、共建共享的文化服务网络。对于铸牢中华民族共同体意识而言，数字化记忆相较于传统记忆，有着不可比拟的优越性。

就"有感"而言，主要体现出人和物的关联。从历史发展来看，诸如文化、观念、关系等感观的出现标志着人与物的关联呈现出复杂化与多样性。恩格斯指出，"物质在其一切变化中仍永远是物质，它的任何一个属性任何时候都不会丧失"，仍会将"物质的最高的精华——思维着的精神"以"铁的必然性"重新产生出来。[1]因此，人所创造的"物"，其本身也蕴含着人的思想和意识，对物的解读能够也必然体现出对人的关怀。一般认为，对于物的认知和理解是构成物的归属与认同的前提，最为典型的

---

[1] 中共中央马克思恩格斯列宁斯大林著作编译局.马克思恩格斯选集（第三卷）[M].北京：人民出版社，2012：864.

便是马克思主义信仰、图腾崇拜等现象。高校"有形"铸牢中华民族共同体意识，需要个体对不同民族在共同发展过程中所形成的人对物的认知以及精神体系的理解，这些认知和理解是铸牢中华民族共同体意识的必要基础。从人对物的认知角度看，青海12所高校中仅有青海民族大学建立了一所民族博物馆，该博物馆同时也是西北高校中的区域性民族类博物馆，对青海六大世居民族的历史、风俗、信仰、服饰等方面的内容进行展出，以回形走廊的形式突出表现各民族在中华民族共同体建设中的卓越贡献，展现各民族守望相助、手足相亲、共同发展的优良传统。同时，该博物馆不仅是民族遗产的收藏点，也是铸牢中华民族共同体意识的宣传教育基地，为青海民族大学，乃至青海高校进行铸牢中华民族共同体意识教育贡献了力量。从精神体系角度看，在我国革命、建设、改革的光辉历程中，涌现出了丰富的民族精神、民族团结事迹以及爱国主义文化等精神体系，为铸牢中华民族共同体意识提供了肥沃的土壤。

就"有效"而言，主要体现在人和人的关联。高校铸牢中华民族共同体意识教育要想做到有效，就要始终立足人和人的互动关系，也只有这样才能够达成入耳入脑入心的教育成效，最终在个体的日常互动中"铸牢"。以新疆民族团结进步教育为例，其典型经验为"三进两联一交友"，借助"进"实现了教育生活化；在"联"的家校互动中做到生活教育化；在"交"的共同参与中达成观念日常化，其目的旨在筑实师生关系、家校关系、朋辈关系等用以保障铸牢中华民族共同体意识教育的效果。在笔者调研过程中，人和人的互动现象极为普遍并能得到不同群体的支持，有学生说："在班里，同学们知道我是维吾尔族学生后，对我就会有不同的反应。有的同学看着有些紧张，也有些同学非常热情。我都主动和这些同学交往，让他们了解到我们并没有什么不同。"可以看出，作为主体的学生在日常互动的实践中会主动减少与不同民族同学间的隔阂，进而推动各民族之间的相互了解，最终在民族认同与民族归属感增强的基础上铸牢中华民族共同体意识。由此展开，对于高校而言，要想铸牢中华民族共同体意识也需要全员（教师、辅导员、行政人员等）从课堂、生活、工作等方面组织开展相关工作。

四、高校有形有感有效铸牢中华民族共同体意识路径解读

分析表明，高校有形有感有效铸牢中华民族共同体意识是一项系统工程，既要一步步做好"有形""有感""有效"，也要着力实现"有形、有感、有效"的有机统一。通过对高校铸牢中华民族共同体意识研究话语的重思，能够认识到高校有形有感有效铸牢中华民族共同体意识尤其需要"坚持系统观念"，"才能把握事物发展规律"，进而推动实现向前发展的目标。[1]

（一）党的领导：高校有形有感有效铸牢中华民族共同体意识的根本保障

高校铸牢中华民族共同体意识工作能够在实践中不断取得突破，最根本在于党的领导。"有形、有感、有效"的工作方向不是天然存在的，也不是自发形成的，更不是天上掉下来的，而是党始终心怀人民，在全面总结高校铸牢中华民族共同体意识的实践经验基础上，不断开拓创新所取得的。由此可以发现，（1）党的领导是具体有形的，体现在高校铸牢中华民族共同体意识的管大局上。高校有形有感有效铸牢中华民族共同体意识是一项复杂的系统工程，党的领导能够有效地总揽全局、协调各方，进而做到因势而谋、

---

[1] 习近平. 高举中国特色社会主义伟大旗帜 为全面建设社会主义现代化国家而团结奋斗——在中国共产党第二十次全国代表大会上的报告[M]. 北京：人民出版社，2022：20.

应势而动、顺势而为，充分发挥党在大局观下想问题、办事情、做工作的科学性、系统性和预见性。（2）党的领导是实践有感的，体现在高校铸牢中华民族共同体意识的全覆盖上。高校党委领民班子致力于强化自身建设，深化管理体制改革，确保高校铸牢中华民族共同体意识教育到哪儿，党的领导就跟进到哪儿，使党的领导体现在科研建设中，体现在课堂教育中，体现在学生团体中。（3）党的领导是强力有效的，体现在高校铸牢中华民族共同体意识的制度建设上。党的二十大强调"系统完善党的领导制度体系"，制度建设有着全局性、根本性、稳定性和长期性的作用，制度建设得好不好，事关党的每件事做得好不好。由此，需要建立完备的教育规范制度、高效的教育实施制度、严密的教育监督制度、有力的教育保障制度和党在管党治党的法规制度，如将铸牢中华民族共同体意识纳入党建工作考核之中，紧抓各级党委领导负责人述职评议工作。此外，应坚持完善党委领导下的校长负责制，切实履行中国特色社会主义高校的领导责任，坚定不移地把握正确的教育方向，最终形成"有形、有感、有效"的党的领导，构建纵到底、横到边、全覆盖的领导格局。

（二）师资队伍：高校有形有感有效铸牢中华民族共同体意识的基础保障

"一个人遇到好老师是人生的幸运……一个民族源源不断涌现出一批又一批好老师则是民族的希望。"[1]铸牢中华民族共同体意识，关键在人，而培养人的关键则是教师，教师是实现高校铸牢中华民族共同体意识的重要力量。"有形、有感、有效"不仅是对教育工作的要求，也是师资队伍建设的标准体现。师资队伍的"有形"指师资有形和队伍有形。前者在于充分发

---

[1] 本书编写组. 习近平总书记教育重要论述讲义[M]. 北京：高等教育出版社，2020：201.

挥良好师德师风的作用，讲好教师的民族团结故事，在"四个相统一"①中起到学高为师、身正为范的榜样作用。同时，需要紧紧抓好体制机制建设，改革教育评价体系，明确职称评审、奖惩措施等内容，为教师更好地放心教学、专心育人、潜心研究开辟道路；后者在于构建梯度有序的教育队伍，铸牢中华民族共同体意识教育是因势而新、不断充实的，需要理论水平高、知识储备足、授课语言亲和的教学名师。此外，需要在教育队伍的"传帮带"中培养一批敢讲、会讲、爱讲的青年教师，并从中培养锻炼一批骨干教师，形成青年教师—骨干教师—教学名师的教育队伍。"有形"是师资队伍建设的基础，需要更进一步实现"有感"，也就是做到"让有信仰的人讲信仰"。铸牢中华民族共同体意识教育作为思政课建设的重要内容，是一个讲道理的过程。教师在开展铸牢中华民族共同体意识教育时需要明晰道理，从厚重的交往交流交融的生活历史和现实的生活经验中发现道理，以透彻的学理分析和深刻的思想理论来理解中华民族共同体，在价值和知识的统一中做到让有民族团结意识的人讲民族团结。"有效"是师资队伍建设合规律性与合目的性的统一。2016年12月，习近平总书记在全国高校思想政治工作会议上指出："教师做的是传播知识、传播思想、传播真理的工作，是塑造灵魂、塑造生命、塑造人的工作。教师不能只做传授书本知识的教书匠，而要成为塑造学生品格、品行、品味的'大先生'。"做好铸牢中华民族共同体意识教育工作，就需要教师成为这样一个"大先生"，善于从国际国内的宏观局势、校内校外的社会变化、我和他人的日常生活中引导学生用思想探寻

---

① "四个相统一"即坚持教书和育人相统一、坚持言传和身教相统一、坚持潜心问道和关注社会相统一、坚持学术自由和学术规范相统一。参看习近平谈治国理政（第二卷）[M]．北京：外文出版社，2017：379.

中华民族共同体的真实面貌，用眼睛发现"四个与共"的精神价值，用内心感受各民族共同团结奋斗，共同繁荣发展的时代脉搏。

（三）教材建设：高校有形有感有效铸牢中华民族共同体意识的教育载体

教材内容丰富不丰富、教材语言亲和不亲和、教材知识透彻不透彻，直接关系到最终教育成果的展现。加强中华民族共同体意识教育是一项事关中华民族凝聚力和向心力培养的关键工作，尤其需要坚持将"休戚与共、荣辱与共、生死与共、命运与共"的理念融入其中，使教育工作者教材建设的能力不断提高。2020年，习近平总书记强调，要"全面加强各级各类学校思想政治工作，推进教育领域综合改革，强化教材建设国家事权地位"，"全面推行使用国家统编教材"。[①]目前，义务教育和高中教育阶段已经先后取得了教材建设工作的突破，如编写出《中华民族大家庭》《中华民族大团结》等。[②]但高校开展铸牢中华民族共同意识教育的教材仍在编写之中，各高校在进行铸牢中华民族共同体意识教育时所使用的教材仍需充实完善。因此，教材建设也需要实现"有形、有感、有效"的突破。需要解决教材的体系化建设问题，让学生有好教材可用。学生的教材应该做到体系丰富，在形式上不仅需要传统的纸质教材，还需要补足数字化教材；在类别上则需实现统编教材、教辅资料和专题读本的相互结合。教材的内容则需要在把准倡导什么价值和体现什么价值的基础上，将深刻的理论意蕴转换为朴实的道理阐释，用真理的力量引导学生，让教材经得起"为什么"的知识追问。此外，民族

---

① 参见2020年习近平在教育文化卫生体育领域专家代表座谈会上的讲话和2021年习近平参加十三届全国人大四次会议内蒙古代表团审议时的讲话。

② 严庆.提升学校铸牢中华民族共同体意识教育的信度与效度研究[J].西北师大学报（社会科学版），2022，59（05）：5-13.

教育是一个受到全球普遍思考的教育内容，铸牢中华民族共同体意识教育作为民族教育的重要部分，教材编写中需要处理好本土教材与外译教材的关系，既要做到以开放包容的心态借鉴经验，实现理论创新，也要立足本土教材优势，讲好亿万中华儿女书写的历史篇章与当代实践。

（四）学生知行：高校有形有感有效铸牢中华民族共同体意识的检验标准

学生是铸牢中华民族共同体意识教育的主体，也应该是铸牢中华民族共同体意识教育的最大受益者。高校有形有感有效铸牢中华民族共同体意识不仅需要诸多合力的共同推进，也需要受教育者的主动践行。那么，如何激发学生的实践自动力和思想创造力，让高校的绝对主体——学生，有形有感有效铸牢中华民族共同体意识？（1）学生要有实践自动力。教育对于学生而言是一种建构客观世界的活动（在这个活动中认识世界），是一种探索和构筑自我的活动（在这个活动中认识自己），是一种建立自己同他人关系的活动（在这个活动中达成自由）。在认识世界的活动中，学生应积极树立主体思维，在铸牢中华民族共同体意识教育中做到主动提问、主动学习、主动发展，达成学生需求、教材知识、教师传授间的有机统一，实现从"要我学"到"我要学"的转变。对于认识自己的活动，学生要在学习中通过和自己的不断对话，逐渐地加工和改造自己的经验认知，强化自身是中华民族一分子的意识，搭建实现中华民族伟大复兴和自身发展之间的意义关联。对于活动中达成自由而言，一切教育都内隐了同他人之关系的社会实践塑造。因此，学生在日常学习生活中争做促进民族团结的榜样，争做铸牢中华民族共同体意识的先锋者，将课程知识融入个人实践之中，最终实现对铸牢中华民族共同体意识教育的真学、真懂、真信、真情并唤起实感。（2）学生要有思想创造力。学生在授受铸牢中华民族共同体意识教育的过程中，不仅需要了解这门课程本身的教育目标，还需要发挥思想创造力，确立自己的学习目标，课后还可以加强信息处理能力的学习。学生也可以主动讲述身边的民族团结小故事，形成一个人人讲团结、人人为团结的学习氛围。此外，可以进一步创新铸牢中华民族共同体意识教育的课堂形式，如借助翻转课堂的教学模式，实现学生和学生间思想的碰撞等。教育的主要目标是学生，教育的根本目标是育人，学生只有在课程学习中充分发挥主动性，才能有形有感有效地铸牢中华民族共同体意识。

（五）典范榜样：高校有形有感有效铸牢中华民族共同体意识的实践自信

2014年，习近平总书记在中央政治局第十三次集体学习时指出："一种价值观要真正发挥作用，必须融入社会生活，让人们在实践中感知它、领悟它。要注意把人们所提倡的与人们日常生活紧密联系起来，在落细、落小、落实上下功夫。"[①]教育，最重要的是落实到实践之中，典范榜样便是示范教育的优秀案例。一个民族团结进步的典范榜样，就是一本书写民族团结进步生活实践的鲜活教科书，能够在学习之中形成一种导向，使抽象的、思维的、看不到的党的观念体系转化为生动的、实践的、摸得着的现实力量，进而才能使学生可信、可亲、可学。例如，高校广泛开展铸牢中华民族共同体意识主题教育实践，以典型人物感染人、以典型事迹鼓舞人、以典型精神教育人，引导和推动各族师生向典型、榜样学习，争做民族团结的创建者，激励广大师生共同进步、共同提高，为高校有形有感有效铸牢中华民族共同体意识贡献自己的力量。教育过程主要以"选拔、塑造、培育、学习、再选拔"的流程，推动中华民族共同体意识深入人心，"选、塑、育、学"的过

---

① 参见2014年中共中央政治局第十三次集体学习。

程既激发了各族学生争做民族团结典范榜样的动力,也实现了民族团结先进事迹融入言行的教育效果。可以说,典范榜样是高校有形有感有效铸牢中华民族共同体意识的实践自信的体现。

(六)语言文字:高校有形有感有效铸牢中华民族共同体意识的内聚力量

语言文字是人类社会最重要的交际工具和信息载体,是文化的基础要素和鲜明标志[①],也为人们提供了了解民族历史的依据。2012年,习近平总书记在中央民族工作会议上指出:"要推广普及国家通用语言文字,科学保护各民族语言文字,尊重和保障少数民族语言文字学习和使用。"[②]我们通过语言文字来行事,语言文字是有力量的,能够使我们从浩如烟海的历史中找到自身意义的归属,如宪法宣誓仪式,表明了习近平主席始终坚持全心全意为人民服务的态度和决心。那么,语言文字是如何成为高校有形有感有效铸牢中华民族共同体意识的内聚力量的?从国家通用语言文字看,国家通用语言文字是实现民族地区心连心、手牵手、情中情的交往前提,也是民族地区实现经济社会发展和教育公平的交流依托,更是彰显中华民族共同体内聚性和向心力的交融渠道。高校有形有感有效铸牢中华民族共同体意识离不开书同文、语同音、思同意,继而在人心相通、学心相竞、本心相和中创建你中有我,我中有你的语言文化环境,使得不同民族的语言文化在新时代背景下实现发展中保护、创新中传承的良好局面。中华民族共同体是一种超越单一民族的高层次共同体,国家通用语言文字亦如是。对于少数民族语言文字而言,则需要发挥其在铸牢中华民族共同体意识教育中的桥梁功能。少数民族语言文字能够帮助我们窥见中华民族融合的历史,如语言学家塔塔统阿以回

---

① 参见《国务院办公厅关于全面加强新时代语言文字工作的意见》(国办发〔2020〕30号)。

② 参见2021年中央民族工作会议。

鹘文字母创制了回鹘式蒙古文等，丰富了中国语言文化的宝藏，体现了元代维吾尔文化对中华文化的自觉融入和贡献。[①]自觉融入表现出了一种情感的共通，所以铸牢中华民族共同体意识教育需要紧紧抓住这种共情。而能够产生这种共情的内容，一般表现为文字、故事乃至神话传说等，如汇集了藏区民族语言文字精髓的《格萨尔》，其中就体现了民族交往的友谊，彰显出中华民族共同体的历史形成。高校铸牢中华民族共同体意识无疑需要贯通国家通用语言文字的主渠道和搭建少数民族语言文字的桥梁，只有这样才能够发挥语言文字的内聚力量，达到有形有感有效铸牢中华民族共同体意识的目标。

（七）学段衔接：高校有形有感有效铸牢中华民族共同体意识的贯通实践

学段衔接问题是学生与学校在教育培养中所共同面临的问题，也是推进铸牢中华民族共同体意识教育一体化建设的重点内容。中华民族共同体是汲取历史养分、立足当代实践、面向未来需求的价值共同体，其教育也应由此出发继而凝聚价值共识，在价值的穿针引线中做到渐进性与持续性的有机统一。（1）小学阶段需注重中华民族的感知启蒙：小学生的感知启蒙需要借助丰富多彩的中华民故事用以培养情感。也要关注语言文字的情感价值，在认字识字和口语练习中彰显中华民族共同体的厚重底蕴，助力小学生成长为中华民族的参天大树。（2）初中阶段要注重中华民族共同体的认知体验：认知体验对初中阶段学生树立远大理想和崇高目标有着重要价值。习近平同志在1966年读初中时学习长篇通讯《县委书记的榜样——焦裕禄》后，就受到了深刻影响。此外，认知体验也可以进一步唤醒情感价值，当初中生来到

[①] 李建军,张玉亮,李宗赫.以语言的内聚性构筑中华民族共有精神家园[J].海南大学学报（人文社会科学版）2023,40(02)：89-96.

博物馆、教育基地、民族团结展览等现场时，比起场外认知会获得更多的体验，在知识和场所之间形成共情。（3）高中阶段要注重对铸牢中华民族共同体意识的实践认同：实践是对铸牢中华民族共同体意识教育所提出的另一个要求。在此期间，高中生通过对中国特色社会主义制度、经济与社会、政治与法治、哲学与文化等内容的系统学习，能够将其内化于自身的实践过程之中，在同学间互帮互助共同成长的学习生活中树立民族团结观念，明确中华民族的情感归属。（4）大学阶段要注重中华民族共同体意识的自觉铸牢、自主研学。自觉铸牢是对大学生在实践上铸牢中华民族共同体意识的最高期待，自主研学则是对大学生在思想上铸牢中华民族共同体意识的最大追求。高校在此过程中需要发挥承上启下的贯通作用，在联结以往不同学段教育内容、教育方式、教育目标的差异性中寻找共同性，做到教育目标的一以贯之，还要做到联系社会实践，以多样的铸牢中华民族共同体意识教育场域为学生提供大有可为的实践空间。

五、结语

党的二十大从我国全面建成社会主义现代化强国的战略目标出发，提出了"中华民族凝聚力和中华文化影响力不断增强"[1]的要求。这就需要从目标出发、从教育着眼、从高校入手，不断推进铸牢中华民族共同体意识教育。高校有形有感有效铸牢中华民族共同体意识作为高校民族教育工作的深描表达，能够帮助高校更具体更好地实现民族团结进步教育目标。为何深描？铸牢中华民族共同体意识教育要想不断"往实里抓、往细里做"，就需

---

[1] 习近平. 高举中国特色社会主义伟大旗帜 为全面建设社会主义现代化国家而团结奋斗——在中国共产党第二十次全国代表大会上的报告[M]. 北京：人民出版社，2022：25.

要脱离口号式教育，做出"看得见、摸得着的工作"，也需要让教育浸润人心、融入行动，实现"润物细无声"，即做到"有形、有感、有效"，以此为抓手实现更深刻更有效的教育目标。以何深描？"有形、有感、有效"是在实践基础上提出的新要求，首先要加强和完善党的全面领导，确保实践不走弯路，理论不走邪路。同时也需要动员各方力量，做到通力合作和共同参与，推动高校有形有感有效铸牢中华民族共同体意识，为增强中华民族凝聚力和中华文化影响力贡献力量。

高师院校铸牢中华民族共同体意识的现状及策略

王 兰

（吉林师范大学历史文化学院，吉林 四平 136000）

摘 要：铸牢中华民族共同体意识是党的民族工作的主线，是学校思想政治教育的重要组成部分，也是立德树人的必然要求。高师院校的学生未来将成为中小学教师的中坚力量，肩负着为党育人，为国育才的重大使命，而其中立德树人是高师院校教育的中心环节。为此需要加强高师院校对铸牢中华民族共同体意识的培养。通过采用问卷调查、参与观察和个别访谈等田野调查方法对J省某省属高师院校大学生铸牢中华民族共同体意识进行深入调查，认为目前高师院校大学生铸牢中华民族共同体意识的教育和认知都有待加强，需要在社会和家庭建立良好的铸牢中华民族共同体意识环境下，充分发挥学校教育优势，系统化、常态化地推动铸牢中华民族共同体意识教育，以学生为学习主体，打造校园"互联网+"平台，建设教师队伍，铸牢高师院校大学生群体中华民族共同体意识。

作者简介：王兰，1986出生，女，吉林临江人，民族学博士，吉林师范大学副教授，民族学系主任，主要从事民族文化、农村社会学等研究。王芊芊，2000出生，女，河南平顶山人，吉林师范大学民族学2019级本科生。

课题来源：吉林省教育科学"十三五"规划2020年度重点课题"吉林省全面建成小康社会后教育扶贫思路研究"（ZD20019）；吉林师范大学高等教育教学研究课题"'线上直播+线下教学'的民族学专业教学模式实证研究"。

关键词：高师院校；铸牢中华民族共同体意识；学校教育

"牢固树立中华民族共同体意识"的表述最早出现于习近平总书记在2014年5月第二次中央新疆工作座谈会上的讲话中。2014年9月，在中央民族工作会议上，习近平总书记提出建设各民族共有精神家园，积极培育中华民族共同体意识重大战略论断。2019年9月的全国民族团结进步表彰大会上，习近平总书记强调要"以铸牢中华民族共同体意识为主线"。在2021年第五次中央民族工作会议上，提到"中华民族共同体意识"的次数为20次。铸牢中华民族共同体意识是以习近平同志为核心的党中央着眼新时代民族工作面临的新形势新特点提出的重大原创性论断，是把马克思主义民族理论与新时代我国民族工作相结合的产物，是对马克思民族理论的新发展，也是当代马克思主义的时代化的过程；是凝聚全国各族人民和全球中华儿女磅礴力量的精神旗帜，也是应对百年未有之大变局、推动新时代民族工作高质量发展的时代需要。

高校是铸牢中华民族共同体意识的重要阵地，担负着培养担当民族复兴大任时代新人的历史使命和时代责任。对于高校思想政治教育工作而言，培养中华民族共同体意识是一个新命题、新探索，丰富了我国高校思想政治教育工作的内涵。大学生是培养中华民族共同体意识的重要主体，加强大学生的中华民族共同体意识培育，有利于坚定当代大学生为中华民族伟大复兴而奋斗的崇高理想。

党的十八大以来，不少学者都进行了关于高校培育中华民族共同体意识的研究。焦敏立足于民族团结教育和中华民族共同体意识的关系，提出培育中华民族共同体意识应该着力加强正确的祖国观、历史观、民族观教育。[1]

王利广、程欣在分析中华民族共同体意识在高校思政教育中的价值基础上，探讨了思政课程建设与铸牢中华民族共同体意识的衔接路径[2]。刘玉直接把高校思政课堂当作做培育中华民族共同体意识的主阵地，以马克思主义"五观"教育阐明中华民族共同体的有机统一性，在理论教育和现实实践中让学生树立起中华民族观，正确认识中华民族共同体[3]。学者在研究铸牢中华民族共同体意识的时候，其研究对象多集中于少数民族大学生或民族地区大学生。李从浩、汪伟平从影响少数民族大学生"五个认同"的因素入手研究铸牢中华民族共同体意识教育[4]。包银山、王奇昌认为，民族地区高校是践行铸牢中华民族共同体意识教育的重要阵地，应充分发挥自身优势，积极传播民族团结知识，创新民族团结教育手段和方法，全面推进铸牢中华民族共同体意识教育。[5]

总体看，针对师范院校大学生的铸牢中华民族共同体意识的研究偏少。师范生作为未来中小学教师的中坚力量，对其进行铸牢中华民族共同体教育的重要性不容忽视。文章以J省某省属高师院校为例，通过多种田野调查方法对其大学生铸牢中华民族共同体意识进行深入调查，力求呈现出该校铸牢中华民族共同体意识教育的现状、存在的问题及原因，并探寻出解决这些问题的策略，更好地铸牢高师学生的中华民族共同体意识，提高其思想道德修养，真正实现立德树人的目标。

一、数据呈现

（一）基本信息说明

共发放问卷1253份，有效问卷1253份，问卷共设计28个问题，基本信息涉及性别、民族、政治面貌、就读年级、专业、就读中学、生源地、家庭经济收入8个问题，认知部分的20个问题主要从社会教育环境、学校教育方法、学生认同度，以及家长认知等四个角度进行设计。

从调查问卷的基本信息来看，参与此次问卷调查的女生人数较多，约为男生的三倍，与师范类高校总体男女生比例相符。汉族及少数民族学生都有参加，汉族学生与少数民族学生比例约为9∶1。政治面貌多集中在共青团员。大四学生参与者较少，大二学生参与人数最多。学生所读专业文理科参与人数较为接近，艺体专业学生较少，这也和艺体专业本身学生人数少有关。从就读中学来说，基本分布在普通中学。从家庭收入来看，参与者家庭收入多在中等上下。从生源地情况分析，参与者有11.65%来源于少数民族聚居区，81.16%来自非少数民族聚居区，还有一小部分学生不清楚自己的生源地是否为少数民族聚居区。

本研究涉及影响高师院校学生铸牢中华民族共同体意识的因素主要包括人口统计学变量和社会环境变量，前者主要包括性别、民族、就读年级、政治面貌等4个方面，后者按照经济基础决定上层建筑的原理和社会表征理论将其分为专业、就读中学（学校教育环境）、生源地（社会文化环境）、家庭经济收入（家庭环境）等4个变量。其中，性别、政治面貌、民族、家庭收入、生源地对学生的中华民族共同体认知影响较小。年级、专业和就读中学对学生的中华民族共同体认知影响比较显著。

（二）多元主体对铸牢中华民族共同体意识的认知情况

1.学生对中华民族共同体的认知

在对中华民族的范围的理解上，大部分学生认同汉族、少数民族、港澳台同胞为中华民族的一分子，有一半左右的学生认为华人不属于中华民族（见表1）。

表1 对中华民族的范围的理解（多选）

选项	人数	百分比（%）
汉族	912	72.79
少数民族	878	70.07
港澳台同胞	778	62.09
拥有中国国籍的华侨	710	56.66
世界各地的华人	619	49.4
所有拥有中华人民共和国国籍的人	994	79.33
本题有效填写人数	1253	

对中华民族多元一体格局的理解中，认为"多元大于一体"的学生略多于认为"一体大于多元"的学生，认为要"缩小民族差距"的学生远超过认为"加大宣传民族差异"的学生，82.2%的学生认为需要"加强各民族共同文化符号的研究"（见表2）。

表2 对中华民族多元一体格局的理解（多选）

选项	人数	百分比（%）
多元大于一体	529	42.22
一体大于多元	460	36.71
加大宣传各民族的差异	359	28.65
缩小各民族之间的差距	770	61.45
加强各民族共同文化符号的研究	1030	82.2
本题有效填写人数	1253	

在对中华民族历史的认识上，78.21%的学生认为我国第一个多民族国家是由秦始皇建立的，有13.41%学生认为是尧舜建立的，4.47%的学生认为是汉武帝建立的，另外还有3.91%的学生认为是唐太宗建立的第一个多民族国家。在民族交往中，95.85%的学生认为兴趣相同即可，其他不重要，也有1.76%学生愿意和同一民族的人交往，有1.84%的学生更倾向于和同一地区的人交往。在重要性认知方面，95.21%的学生认为师范生应加强对中华民族共同体意识

的认同。在情感认知方面，97.76%的学生会为中华民族传统优秀文化感到自豪，但同时有0.16%的学生是完全不同意的。95.53%的学生会为诋毁中国特色社会主义制度和破坏民族团结的行为感到愤怒，并反对这样的行为。

在对如何铸牢中华民族共同体意识的认识上，大部分学生认为必须坚持各民族一律平等，互相尊重，较少学生认为需要加强各民族通婚（见图1）。

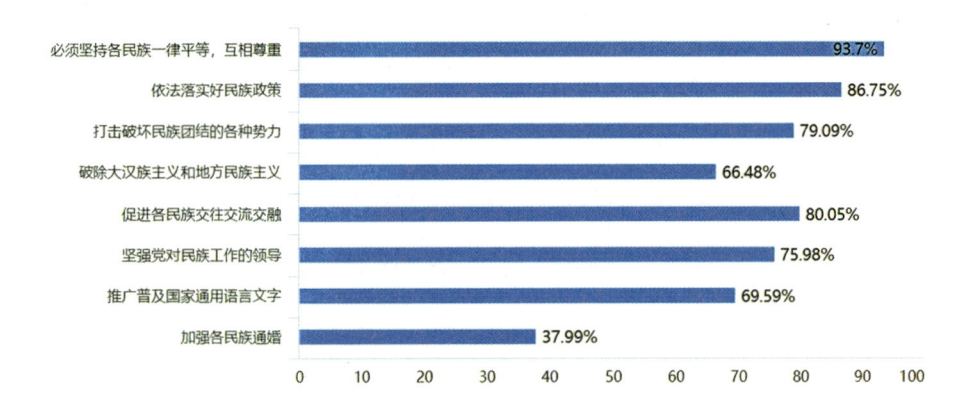

选项	比例
必须坚持各民族一律平等，互相尊重	93.7%
依法落实好民族政策	86.75%
打击破坏民族团结的各种势力	79.09%
破除大汉族主义和地方民族主义	66.48%
促进各民族交往交流交融	80.05%
坚强党对民族工作的领导	75.98%
推广普及国家通用语言文字	69.59%
加强各民族通婚	37.99%

图1 如何铸牢中华民族共同体意识（多选）

在对"五个认同"的认识上，大部分学生可以给出准确答案，但仍有32.96%的学生认为"五个认同"包括对本民族的认同（见图2）。

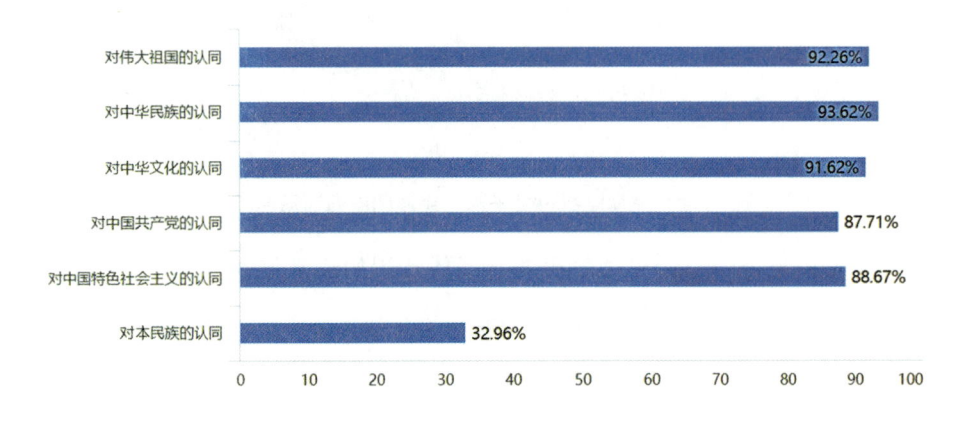

选项	比例
对伟大祖国的认同	92.26%
对中华民族的认同	93.62%
对中华文化的认同	91.62%
对中国共产党的认同	87.71%
对中国特色社会主义的认同	88.67%
对本民族的认同	32.96%

图2 对"五个认同"的认知情况（多选）

简言之，目前高师院校的大学生对中华民族共同体有一定的认知，并有较强的自豪感，可以为铸牢中华民族共同体意识贡献力量，但仍存在一定问题。

2.学校教育涉及铸牢中华民族共同体意识的情况

80%以上的学生认为学校重视对学生铸牢中华民族共同体意识的培养，认为学校微信公众号推送过有关中华民族共同体的新闻或者专题的学生有80%左右。39.35%的学生认为学校经常举办关于加强民族团结的活动，28.25%的学生认为学校或学院偶尔举办关于加强民族团结的活动，10.06%的学生认为学校或学院有时举办此类活动。2.71%的学生认为从未举办过此类活动，也有19.63%的学生不清楚学校是否举办过此类活动（见图3）。

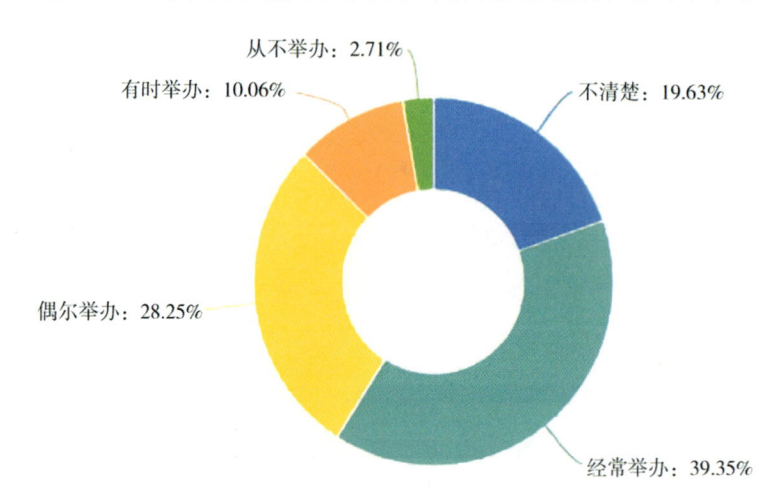

图3　学校或学院举办关于加强民族团结的活动的频率

在学校教育中，铸牢中华民族共同体意识的最常见的方式是公共思政课，而专业课上的讲授较少，开展主题社团活动等更少（见图4）。

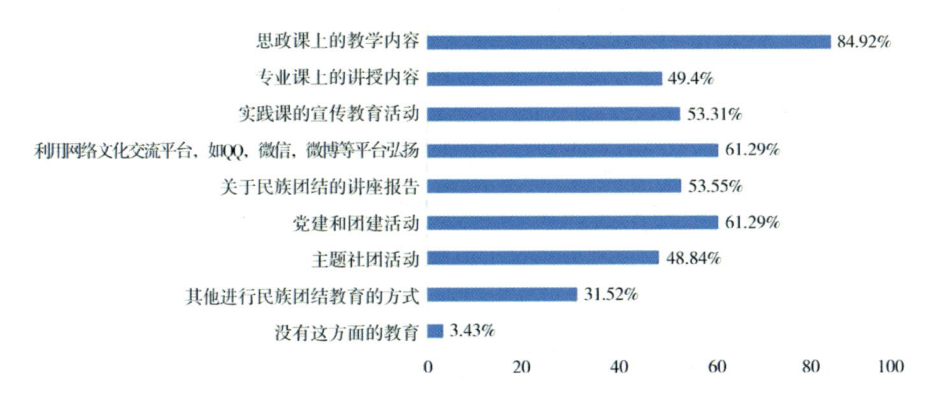

思政课上的教学内容 84.92%
专业课上的讲授内容 49.4%
实践课的宣传教育活动 53.31%
利用网络文化交流平台,如QQ、微信、微博等平台弘扬 61.29%
关于民族团结的讲座报告 53.55%
党建和团建活动 61.29%
主题社团活动 48.84%
其他进行民族团结教育的方式 31.52%
没有这方面的教育 3.43%

图4 学校（学院）铸牢中华民族共同体意识的方式

思政课上，61.69%的学生认为老师经常提及"中华民族共同体"的相关内容，24.98%的学生认为老师有时提及，认为老师很少提及的学生占2.87%，认为老师完全没有提及的学生占0.8%。专业课上，50.36%的学生认为老师经常提及"中华民族共同体"相关内容，31.92%的学生认为老师有时提及，5.35%的学生认为老很少提及，1.36%的学生认为老师完全没有提及。总之，在专业课上提及"中华民族共同体"的频率少于思政课。实践活动中，30.17%的学生经常参加关于铸牢中华民族共同体意识的实践活动，31.6%的学生有时参加该类型的活动，17.96%的学生偶尔参加此类活动，有7.34%的学生从来没有参加过此类活动，12.93%的学生并不清楚自己是否参加过此类活动。

3. 家庭教育中对中华民族共同体的认知

在家庭教育中92.81%的家长提及过民族团结、中华民族等词，如表3所示。

表3 关于铸牢中华民族共同体意识的家庭教育

选项	人数	比例
经常提及	562	44.85%
有时提及	444	35.43%
很少提及	157	12.53%
完全没有	26	2.08%
不清楚	64	5.11%
有效填写人次	1253	100%

4.社会宣传中铸牢中华民族共同体意识被学生所感知的情况

社会宣传上，80%以上的学生曾在抖音、微博等媒体中接收到有关铸牢中华民族共同体意识的内容（见表4）。人口统计学变量和社会环境变量对其几乎没有影响。

表4 社会媒体对大学生铸牢中华民族共同体意识的影响

选项	人数	比例
不清楚	178	14.21%
经常有	525	41.8%
有时有	458	36.55%
很少有	73	5.83%
完全没有	19	1.52%
有效填写人次	1253	100%

二、问题分析

（一）学生自身对中华民族共同体认知有待加强

1.对中华民族共同体相关知识认知有误

对"中华民族"概念的思考一直是历史学、民族学与人类学等相关学术研究的经典命题。1902年，梁启超在《论中国学术思想变迁之大势》中最先使用"中华民族"这一词汇。1988年，费孝通在香港中文大学"特纳讲座"时提出了中华民族多元一体格局，并认为中华民族是一个自在实体。2014年习近平总书记提出"中华民族共同体"概念，并在中央民族工作会议暨第六次全国民族团结进步表彰大会上强调，一体包含多元，多元组成一体，一体是主线和方向，多元是要素和动力，两者辩证统一。有学者认为，中华民族共同体应包括中国境内各民族，香港澳门及台湾同胞，以及全世界华人[6]。正确的历史观教育有助于大学生认同"中华民族多元一体"历史格局，更加珍惜"中华民族一家亲"的来之不易，更加期待中华民族伟大复兴中国梦的实现[7]。而"五个认同"是铸牢中华民族共同体意识的核心内容[8]。铸牢中华民族共同体意识，需要加强各民族交往交流交融，离不开对"五个认同"的加强[9]。

问卷调查中呈现的问题是，大部分学生认同汉族、少数民族、港澳台同胞为中华民族，有49.4%的学生认为世界上在别国生活的华人不属于中华民族，79.33%的学生认为所有拥有中华人民共和国国籍的人都是属于中华民族的。对于"多元""一体"的关系认识不清，没有认识到"一"是贯穿"多"的主线和方向，"多"是"一"的要素和动力[10]。另外，在对历史的认识上，只有78.21%的学生认为我国第一个统一的多民族国家是由秦始皇建立的。有32.96%的学生认为"五个认同"包括对本民族的认同，对"五个认同"的内涵理解不到位。总之，目前高师学生暴露出的问题表明，加强对中华民族共同体的认知学习是有必要的。

2. 对铸牢中华民族共同体意识的价值认识有待加强

中华民族共同体意识是建立在中华民族几千年的历史文化基础之上的，

是维系中华民族团结统一的重要生命线，是全体中华儿女的历史观、民族观、祖国观、文化观的体现[11]。培育大学生的中华民族共同体意识，有利于坚定当代大学生为实现中华民族伟大复兴而奋斗的崇高理想。

在问卷中发现，大部分学生认为铸牢中华民族共同体意识是有用的，但也有1.2%的学生认为铸牢中华民族共同体意识是不太有用，0.48%的学生认为是铸牢中华民族共同体意识没有用的，3.35%的学生不清楚是否有用。

（二）学校对铸牢中华民族共同体意识的教育有待提高

1. 艺体类学生民族认同有待加强

艺体类学生认为"五个认同"中包含对本民族的认同的概率达到55.88%。无论是思政课上，还是专业课上，文理科类教师提及中华民族共同体的概率都远超艺体类专业的老师（见图5）。

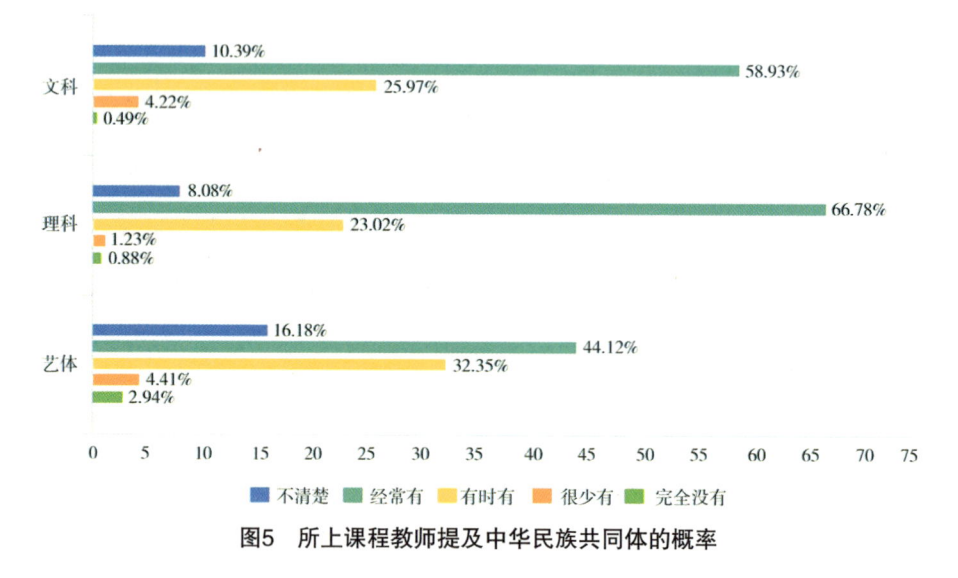

	不清楚	经常有	有时有	很少有	完全没有
文科	10.39%	58.93%	25.97%	4.22%	0.49%
理科	8.08%	66.78%	23.02%	1.23%	0.88%
艺体	16.18%	44.12%	32.35%	4.41%	2.94%

图5 所上课程教师提及中华民族共同体的概率

2. 不同年级的铸牢中华民族共同体意识活动有显著区别

不同年级铸牢中华民族共同体意识的教育程度不同。学校对大一学生的铸牢中华民族共同体意识的教育意识最强，到大四依次递减，不同年级学生

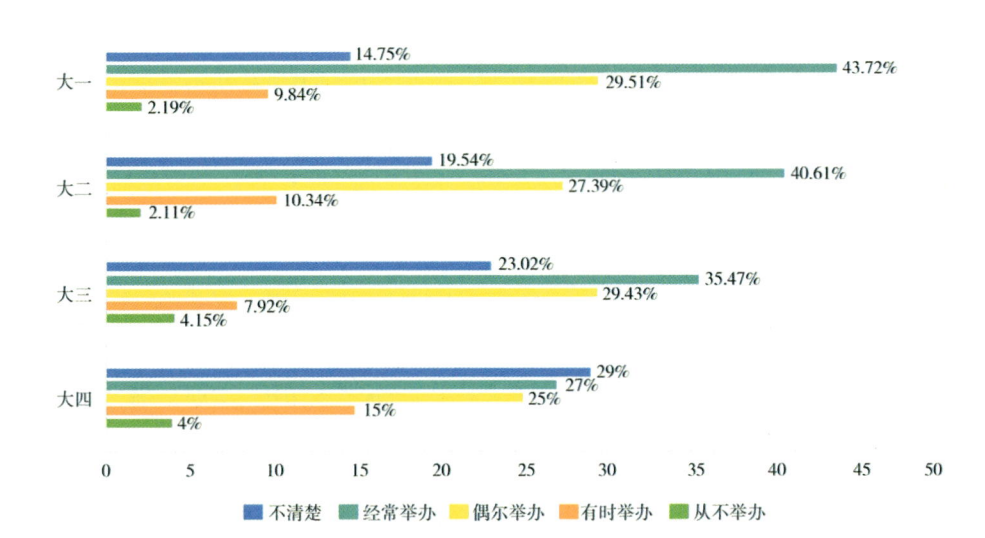

认为学校举办关于铸牢中华民族共同体意识的活动频率如图6所示。

图6 不同年级学生认为学校举办关于铸牢中华民族共同体意识的活动频率

人具有生物属性和社会属性，发展就是人的重要本质。既然以人作为教育的对象，教育就必须遵从人的生物需要和发展规律。教育的发展性有两个方面：第一，随着年龄的增长，教育也应该具有阶段性，阶段性是发展性的一个特定内容；第二，随着社会的发展，文化也在积累和发展，教育作为文化的一个部分，也要相应地发展[12]。在高校教育中，专业课的教学设计会根据学生的年龄等各方面的发展而设置不同的教学方案和教学目标。那么，对于中华民族共同体意识的培育也应该针对学生的发展情况而设计不同的教学方案和教学方法。

3. 毕业中学的属性对大学生认知有影响

毕业于民族中学的学生中华民族共同体意识比普通中学毕业的学生薄弱。例如在对"五个认同"的认识上，就读普通中学的学生认为"五个认同"中包含对本民族的认同的概率为32.82%，而就读民族中学的学生选择该项的概率达到46.15%。

民族中学的学生主要为少数民族学生。"少年兴则国家兴,少年强则国家强"。培育少数民族学生中华民族共同体意识有利于肩负起少数民族学生维护民族团结和实现中华民族伟大复兴的光荣使命。这也从侧面提示高师院校学生,在日后成为中小学的教师后,应该在显性教育和隐性教育中深化民族团结教育,铸牢中华民族共同体意识。

4. 铸牢中华民族共同体意识的方法与学生需求不相匹配

在学校开展的铸牢中华民族共同体意识的教学活动中,主要是通过思政课进行宣传教育,其次为网络平台和团建活动,而学生比较愿意参加的教育活动有"主题班会""校园媒体""课堂教学"。同时,也有一半以上的学生愿意参加"民族文化活动",其中愿意参加"知识竞赛"的学生人数较少(见图7)。

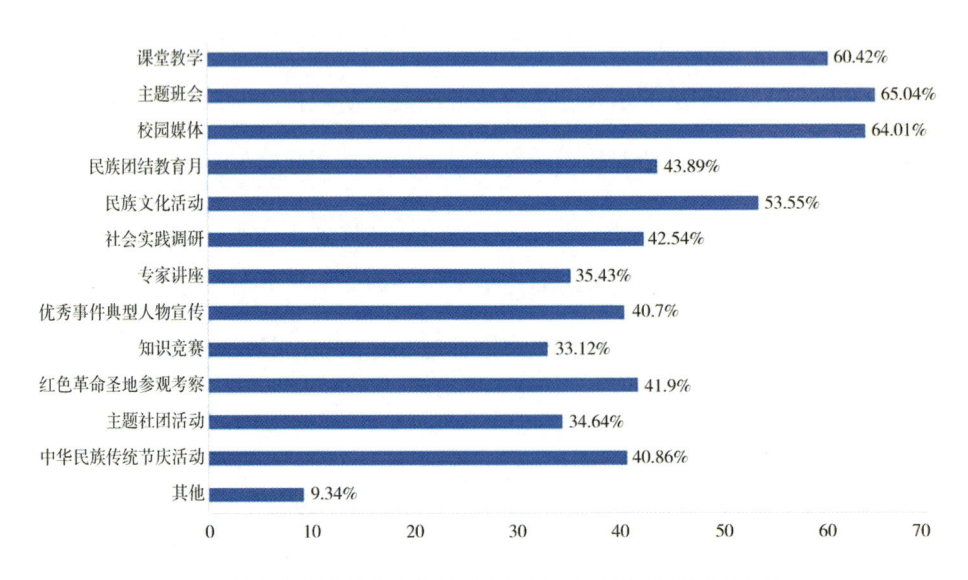

教学活动	百分比
课堂教学	60.42%
主题班会	65.04%
校园媒体	64.01%
民族团结教育月	43.89%
民族文化活动	53.55%
社会实践调研	42.54%
专家讲座	35.43%
优秀事件典型人物宣传	40.7%
知识竞赛	33.12%
红色革命圣地参观考察	41.9%
主题社团活动	34.64%
中华民族传统节庆活动	40.86%
其他	9.34%

图7 学生喜爱的铸牢中华民族共同体意识的教学活动(多选)

(三)家庭教育中存在的问题

家庭教育对维护国家稳定,促进社会发展发挥着重大作用[13]。家长言行在孩子人格形成的过程中发挥着潜移默化的作用。联合国前秘书长加利在1996年5月15日"国际家庭日"发表的纪念文告中说:"家庭作为最活跃的社会细胞,把个人与社会联系在一起,它必须适应全球性的变化,这些变化是深远的,它不仅影响人类的物质生活,还将影响人类的价值观念和信仰。"[14]家庭教育不仅承担着促进人的个性发展的功能,同时也承担着传播社会普遍价值规律和道德规范的作用。家庭教育对学生铸牢中华民族共同体意识也有重要作用。

从调研中看到,1.24%的学生当面对中华民族优秀文化受欢迎(经常提及)时呈现"有点不同意"或者"与我无关"的态度。在这些学生中,他们的家庭对民族团结、民族平等的教育频率较低。同时,这些学生与听到诋毁中国特色社会主义制度的言语时表示无所谓或沉默不语的学生高度重合。由此可见,家庭中关于民族团结的教育的影响至关重要,学校应该加强与家庭的联合教育。学校应该加强和家庭的联系,共同培育学生中华民族共同体意识。

表5 家长提及民族团结、民族平等的频率与学生听到民族优秀文化时的态度

X\Y	完全同意	同意	有点不同意	完全不同意	与我无关	人数
经常提及	522(92.88%)	33(5.87%)	4(0.71%)	0(0.00%)	3(0.53%)	562
有时提及	361(81.31%)	77(17.34%)	6(1.35%)	0(0.00%)	0(0.00%)	444
很少提及	123(78.34%)	29(18.47%)	3(1.91%)	1(0.64%)	1(0.64%)	157
完全没有	18(69.23%)	4(15.38%)	2(7.69%)	0(0.00%)	2(7.69%)	26
不清楚	47(73.44%)	11(17.19%)	2(3.13%)	1(1.56%)	3(4.69%)	64

三、原因探讨

（一）学生自身方面

1. 学生学习积极性有待提高

通过参与观察和访谈发现，高师院校的许多学生只是机械式地识记中华民族共同体的相关知识来应付考试，对于中华民族共同体意识的真正内涵和意义的认识不明确，对于铸牢中华民族共同体意识的热情不高。同时也不清楚中华民族共同体的发展历史，对铸牢中华民族共同体意识需要做什么并不明确。

2. 各民族学生间交流不够

各民族学生之间缺乏交流，学校缺少可供各族学生有效交流的平台。在新冠肺炎疫情期间，许多高校改为线上教学，导致各民族学生交流的机会减少，关于铸牢中华民族共同体意识的实践活动更是减少了许多。在此背景下，学生对于中华民族共同体意识的学习不够系统全面。另外，受语言和风俗习惯等不同的影响，各民族学生间的交流也呈现出一定的不足，特别是少数民族学生，更愿意与本民族同学交往。

（二）学校方面

1. 教学理念不重视铸牢中华民族共同体意识的培养

高校十分重视课程思政，但是更多的还是将德育放到思政课中，而铸牢中华民族共同体意识是作为思政课的一个组成部分来讲授。通过调研发现，有一些学生对思政课不太感兴趣，对课上所讲的内容的吸收更少。大学生在这个年龄阶段更喜欢实践活动，但有关民族交往交流交融及铸牢中华民族共同体意识的实践活动都较少。另外，除了民族学相关专业的课程关于铸牢中华民族共同体意识内容了解较多外，其他专业学生则反映在思政课上了解相关内容不全面、不系统，缺乏针对性。

2. 培养方案中缺乏相应培育目标

在对学校所有专业培养方案进行研究后发现，无论是文科专业还是理科专业，抑或是艺体类专业的培育目标多集中于爱国主义、民族团结的教育，但专门提及铸牢中华民族共同体意识的的宣传较少。在课程设置方面，除了民族学专业有"铸牢中华民族共同体意识专题"课之外，其他专业未见有此类课程。而通过思政课的教育，教学内容更加宏大、抽象，不够生动、具体，不便于学生学习。

3. 教师专业素养和教育能力有待提高

一方面，教师自身对中华民族共同体意识这一相对抽象的概念缺乏深入系统学习，无法将知识全面传授给学生。另一方面，大多数教师的教学方法比较单调，多为"教师教，学生学"的传统方法，不符合以学生为学习主体的基本要求。教师的思想政治素质和职业道德水平直接关系到学生思政教育的结果，教师应从知行合一的角度培育大学生中华民族共同体意识，注意学生是学习的主体，潜移默化地加强学生对于中华民族共同体意识的认同。

（三）家庭方面

家庭环境对于中华民族共同体的认知和教育对学生的影响也很大。家长主要受社会环境等影响，特别是微信公众号、微博、"抖音""快手"等大众传播软件。但调查发现除了国家民委等专门开设的微信公众号外，利用"抖音""快手"等大众喜闻乐见的传播工具进行铸牢中华民族共同体意识的宣传较少。这种情况也直接影响家长的认知，进而也会影响学生的认知。

四、解决措施

（一）提高学生自身对中华民族的认知

作为新时代的大学生应加强自身的学习能力，主动对国家政策热点、学科学术前沿话题等进行学习和思考，不能为了考试而学习。学生也应树立正确的历史观、民族观和价值观。读史使人明智，对中华民族共同体的历史要学习，对国家的重要民族工作会议的内容要了解，这对于高师院校学生日后成为中小学教师或继续研学有着重要意义。

（二）学校需要进行教学改革

1. 校园显性环境与隐性环境相结合

高校不仅要注重理论知识的传授，同时要增加教学方式的丰富性、系统性，鼓励学生参加关于铸牢中华民族共同体意识的社会实践活动。可以将课堂教学与实践活动相结合，形成"参观+劳动"的教育模式。要高举民族团结的爱国主义旗帜，以铸牢中华民族共同体意识为根本目标，着力构建包含课堂教学、社会实践、主题活动、参观爱国基地等多路径的中华民族共同体教育体系，引导学生正确认识各民族间的交往交流交融。

2. 对各专业培养方案进行修改

培养方案的设定应符合国家对人才的实际需求，铸牢中华民族共同体意识是新时代党的民族工作的主线，也是德育的重要组成部分，是"五个认同"的必然要求。要设置专门的中华民族共同体课程，同时与思政课、专业课相结合，形成更加完善的教学体系。建立民族团结教育常态化机制，树立以人为本的教育理念。

3.提高教师的素养，转变教学方法

高质量的师资队伍是提升高师院校铸牢中华民族共同体意识的重要保障。高师院校应定期开展对全体教师的思政理论培训，使思政课程和课程思政有机结合。把学生当作主体，把促进学生的成长和成才放在首位。转变教学方法，尊重学生主体地位，利用MOOC和SPOC混合教学模式、翻转课堂的方式进行铸牢中华民族共同体意识的教育。

4.创设铸牢中华民族共同体意识的校园环境

充分发挥学生会、学生社团等自组织的作用，利用好宣传画、广播站、网络平台等工具，及时推送宣传党和国家有关民族工作的政策方针和重要讲话会议精神等。同时，充分利用微博、微信、抖音、QQ等网络平台，大力报道中华优秀传统文化，坚定各族学生文化自信。并通过让学生切实参与学校公共事务管理、社团建设、校园活动组织等实践活动，潜移默化地影响学生，引导学生践行社会主义核心价值观和铸牢中华民族共同体意识。

（三）家庭方面

家庭教育在孩子的成长中同样不可或缺。家长在孩子人格形成的过程中具有不可替代的作用。家庭教育和学校教育是在孩子成长过程中最重要的两个部分。整合家庭教育和学校教育，形成教育合力，对铸牢学生中华民族共同体意识必不可少。学校应加强与家长的联系，双方共同努力，铸牢学生中华民族共同体意识，引导学生从中华民族的历史文化和伟大的中国梦中获取力量，增强"五个认同"，为实现中华民族的伟大复兴而努力奋斗。

家长自身对铸牢中华民族共同体意识的认知主要来自社会环境和大众媒体，故可利用博物馆参观活动、民族文化活动、文化产品展示等方式，为各民族学生交往交流交融搭建平台，加深其对铸牢中华民族共同体意识的认知。另外，国家需要加强对大众媒体的管理，净化网络空间，并且充分利用多元化的传播媒介和不断更新的数字化技术，如短视频、动漫、VR、元宇宙等全媒体传播方式，用形象生动、可知可感的视觉画面，引导人们树立正确的民族观，增强"五个认同"，铸牢中华民族共同体意识。

五、结论

中华民族多元一体格局是各民族在几千年历史演进中逐步形成的。我们辽阔的疆域是各民族共同开拓的，我们悠久的历史是各民族共同书写的，我们灿烂的文化是各民族共同创造的，我们伟大的精神是各民族共同培育的。高师院校应引导各民族大学生树立正确的国家观、民族观、文化观和历史观，加强对学生的"五个认同"教育，为铸牢中华民族共同体意识奠定基础，使各民族学生像石榴籽一样紧紧抱在一起。同时，高师院校的师范生作为未来中小学教师的中坚力量，铸牢高师院校大学生的中华民族共同体意识，就是在为祖国的下一代铸牢中华民族共同体意识教育提供人才保障，打定良好基础。

参考文献

[1] 焦敏. 高校民族团结教育应加强"中华民族命运共同体"认同意识教育[J]. 民族教育研究, 2017, 28(05): 12-16.

[2] 王广利, 程欣. 民族地区高校思政课程建设与铸牢中华民族共同体意识研究[J]. 呼伦贝尔学院学报, 2021, 29(01): 1-4.

[3] 刘玉. 西藏高校思政课铸牢大学生中华民族共同体意识教育探析——以《马克思主义"五观"教育概论》为例[J]. 西藏大学学报（社会科学版），

2020, 35(02): 216-223.

[4] 李从浩, 汪伟平. 影响少数民族大学生"五个认同"的因素——铸牢中华民族共同体意识视角下的29所高校调查分析[J]. 中南民族大学学报(人文社会科学版), 2021, 41(01): 46-54.

[5] 包银山, 王奇昌. 民族地区高校推进铸牢大学生中华民族共同体意识教育探析[J]. 民族教育研究, 2019, 30(04): 64-68.

[6] 王鉴. 中华民族共同体意识的内涵及其构建路径[J]. 中国民族教育, 2018(04): 17-20.

[7] 焦敏. 高校民族团结教育应加强"中华民族命运共同体"认同意识教育[J]. 民族教育研究, 2017, 28(05): 12-16.

[8] 郎维伟, 陈瑛, 张宁. 中华民族共同体意识与"五个认同"关系研究[J]. 北方民族大学学报, 2018(03): 12-21.

[9] 中共中央 国务院印发《新时代爱国主义教育实施纲要》[EB/OL]. http://www.gov.cn/zhengce/2019-11/12/content_5451352.htm, 2019-11-12.

[10] 国家民族事务委员会. 中央民族工作会议精神学习辅导读本[M]. 北京: 民族出版社, 2015.

[11] 费孝通. 关于我国民族的识别问题[J]. 中国社会科学, 1980(01): 147-162.

[12] 滕星. 教育人类学通论[M]. 北京: 商务印书馆, 2017: 204.

[13] 黄河清. 家庭教育学[M]. 上海: 华东师范大学出版社, 2014: 36.

[14] 王敬华. 新编伦理学简明教程[M]. 南京: 东南大学出版社, 2012: 219.

民族文化遗产：民族交往交流交融的历史记忆

——以泉州回族文化遗产为个案的刍论

王 平

（厦门大学社会与人类学院，福建 厦门 361005）

摘 要：民族文化遗产是民族社会与民族文化在形成、发展和互动过程中形成的民族历史文化的宝贵财富。我国自古以来就是一个统一的多民族国家，各个民族在其形成和发展过程中与共居共处、相邻而居的民族在经济、社会与文化等各方面交往交流，逐渐形成了你中有我、我中有你的相互依存的关系，以及你离不开我、我离不开你、谁也离不开谁的共生关系。各民族由于长期的交往交流，形成了多元交融的民族文化遗产，其不仅是各民族交往交流交融的历史产物，还是各民族对相互间交往交流交融这一历史的记忆和符号表达。在泉州历史发展过程中，汉族和回族同胞通过不断相互交往和交流交融，形成了你来我往、相互依存、互惠互利、多维互嵌的共生关系。泉州回族文化遗产的形成和发展，是中华民族形成和发展过程中各民族之间交流交往交融的历史与现实在东南地区的客观呈现。

关键词：文化遗产；泉州回族；交往；交流；交融

作者简介：王平，男，博士，厦门大学社会与人类学院人类学与民族学系副教授。

一、泉州回族文化遗产与多元文化的交往交流交融

泉州回族文化遗产呈现了儒释道文化与闽南民间信仰文化、伊斯兰文化交融的多元文化形态，既有物质形态的碑刻、墓葬、寺庙建筑、族谱、典籍、书法、绘画及展览馆，又有非物质形态的口头传说、民俗活动、礼仪与节庆文化，以及宗教信仰仪式与文化。既有中国回族伊斯兰文化特色的清真寺、古墓、碑刻、书法、博物馆、民俗遗迹，也有中国汉族儒释道及闽南宗族文化特色的祠堂家庙、民居建筑、祭祖仪式、生活习俗、家族礼仪、宗教信仰。在泉州回汉民族不断交往交流交融的长期历史过程中，形成了多元交融的泉州回族文化遗产。

泉州回族文化遗产是泉州回族和汉族同胞长期生活、相互依存和不断交往交流交融历史的记忆表达。泉州古老的伊斯兰教古墓、千年历史的清真寺以及众多的伊斯兰教墓碑石刻，记载着历史上泉州回族伊斯兰文化的丰富样态。泉州回族的宗祠与族谱、祭祖仪式和宗教信仰以及浓郁的闽南汉族习俗礼仪，贮存着泉州回族先民迁居汉族地区后，族际间不断交往交流而产生的文化变迁和历史记忆。"陈棣丁氏对于宗族'祖教'的认同远远强烈于对民族的认同，无论是族谱的修撰，还是祠堂的建立，抑或是对祖先的历史记忆，都是在强化宗族和祖教的认同感。泉州穆斯林后裔互称'同宗'，海外泉州穆斯林后裔的'清真五姓联宗会'，皆以'宗'为纽带"[1]。宗祠的建立和祭祖仪式的举行，目的在于祭奠祖先，同时也是泉州回族民众为适应生存，融入汉族宗族社会的一种符号表达，反映了泉州回族与汉族民众交往交

---

[1] 丁毓玲：《泉州穆斯林后裔的历史记忆和理性选择》，载李冀平等主编：《泉州文化与海上丝绸之路》，社会科学文献出版社2007年版，第324页。

流交融的历史过程。在泉州回族祠堂建筑、祭祖仪式和丧葬习俗中保留的回族文化遗迹，反映出了民族文化交融的特色。正如《陈埭丁氏宗祠刍议》中写道："建造宗祠采用了当地汉族的传统建筑形式。然而，陈埭丁氏的民族意识并没有消失，特将宗祠的形制建成'回'字型。"[①]"建于明代的丁氏祠堂外观和周边汉族族姓的宗祠没有什么区别，但是内部布局却颇有暗喻，廊院建筑呈现汉字"回"字形结构。这一闽南地区绝无仅有祠堂建筑，是丁氏族人对于自己回回身份的隐语。"[②]泉州晋江丁氏回族祠堂整体上体现了泉州回族与汉族民众交往交流交融的历史记忆和文化特质。厦门大学郭志超教授认为，百崎郭氏回族墓制经历了元代石墓、明代整石雕成的石墓、明清三合土墓、清代以来的"内回外汉"式共五种墓制类型的变化。在形态上，墓围、墓表石雕纹饰、墓葬构造等都是明代以来泉州回族与汉族同胞交往交流交融的历史反映。

二、泉州回族文化遗产与多元文化兼容

"文化的开放和开放的文化必须以经济的开放和开放的经济为基础和先导"[③]，泉州回族文化遗产的形成本身就是开放的经济和文化交流活动的结果。经济活动同时伴随着文化的交流与互动，回族先民通过海上丝绸之路来到泉州进行商业贸易，这本身就是一种经济和文化交流活动。重商经商不仅是一项经济行为，而且是一种社会文化交流行为。回族传统文化中的重商

---

① 郑焕章：《陈埭丁氏宗祠刍议》，《陈埭回族史研究》，中国社会科学出版社1990年版，第181–182页。
② 丁毓玲：《泉州穆斯林后裔的历史记忆和理性选择》，载李冀平等主编：《泉州文化与海上丝绸之路》，社会科学文献出版社2007年版，第322页。
③ 陈惠平：《"海上丝绸之路"的文化特质及其当代意义》，《中共福建省委党校学报》2005年第2期，第68页。

价值观和兼容并蓄的泉州文化特质，以及福建沿海具有的海洋文化开放特性共同塑造了泉州回族民众开放的民族性格和交流交融的文化特质，形成了勤劳、坚韧、拼搏、务实、开放的民族精神和品质。泉州回族民众继承了其先民伊斯兰文化的重商特质，并积极主动地学习和借鉴中原和闽南汉文化，融合生成了多元交融的泉州回族文化。

不同的文化经过不断的交流交往，并通过相互影响、互补和共生，从而形成了文化内部的结构张力，这就是文化的兼容。"文化兼容（整合）和文化冲突是一个矛盾的统一体。……文化的兼容实质上是异质文化重新组合的过程，当然整合后新的文化中保留各种文化成分的多少取决于各种文化的势能高低。原来渊源不同、性质不同以及目标取向不同的文化（最关键的是文化价值取向的不同），经过相互接近与冲撞，彼此协调接纳，它们的内容与形式、性质与功能以及价值取向等为适应现实社会的需要不断进行修正，逐渐变化、融合，从而最终形成一个新的文化体系，这种整合兼容是一个有机的动态过程。"[1]历史上泉州回族文化和闽南汉族文化经过相互交往与交流，形成了文化的交融。回族文化的内容与形式、性质与功能以及价值取向等，为适应现实社会的需要不断进行自我修正，逐渐变化，并与其他文化融合，最终形成了现代泉州回族多元兼容的文化体系。这种多元兼容文化的形成和发展是一个有机的动态过程，并使泉州回族文化遗产体现出了文化兼收并蓄的复合文化特质。同样，泉州回族的宗教信仰文化也体现出了伊斯兰教、佛教、道教、基督教、天主教和闽南民间信仰文化相交融的特质。

---

[1] 陈惠平：《"海上丝绸之路"的文化特质及其当代意义》，《中共福建省委党校学报》，2005年第2期，第69页。

三、泉州回族文化遗产与回汉民族的交往交流交融

泉州回族闽南特色文化遗产是泉州回族适应社会经济环境变化和主动寻求生存发展的历史反映。元朝末年，为了躲避战乱、获得更好的生存和发展空间，泉州丁氏回族和郭氏回族先民从泉州城内迁居泉州下辖的晋江陈埭和惠安百崎地区，由城市迁居农村，一方面，为适应地理与生态环境等自然环境的变化，他们采用当地汉族的基本谋生方式，改行商为务农，广置田产，充分利用当地的自然条件，以海涂养殖和田畴维系生计，发展海滩养殖业和农业，选择与当地的自然环境相适应的生计方式。另一方面，为了适应闽南农村浓郁的宗族社会文化环境，通过借鉴汉族"敬宗收族"的文化理念和宗族社会结构，建立宗祠和家庙，与汉族通婚形成相互依赖的密切关系；通过重视汉文化教育和科举入仕而获得社会权力；通过入乡随俗适的生存理念和生活行为不断适应汉族社会。这一系列的主动性适应使他们更好地融入了闽南汉族社会，从而获得长期的生存和发展。"陈埭丁氏对族群身份和宗教信仰的理性选择，他们把祖先的历史资源和文化资源转化为一种生存和发展的策略。"[①]

一个民族的民俗习惯，一般取决于经济基础和与之相适应的文化和意识形态，如果社会环境、经济基础变了，人们的生产方式、生活方式以及传统文化观念等都会发生剧烈变革，同样，民族文化也必然会发生相应的变化。民族社会文化的变迁，就其方式而言，有内容变迁、形式变迁以及内容形式皆变迁；就其范围而言，有局部变迁和整体变异；就其变迁程度而言，有渐

---

① 丁毓玲：《泉州穆斯林后裔的历史记忆和理性选择》，载李冀平等主编：《泉州文化与海上丝绸之路》，社会科学文献出版社2007年版，第332页。

变和突变。在泉州回族文化变迁中，上述的文化变迁方式皆有，但从整体性来看，是以内容与形式整体的渐变为主。在世代的相处和交流交往中，回族民众不断适应汉族社会生活，使其原来的以回族传统文化为主的习俗逐渐演化为以汉族民俗为主。生活于明代万历年间（1573—1620年）的丁氏第10代丁衍夏在其所撰谱牒《陈江丁氏族谱》中，追忆他年幼时所见到的宗教仪式，具有明显的伊斯兰文化特征，同时还描述了丁氏家族伊斯兰教信仰正逐渐削弱，取而代之的是闽南汉族民间宗教色彩正浓。根据厦门大学石奕龙教授的研究，"陈埭回族宗教转化过程的开始大致可以从丁姓一世祖时算起。这以后，汉民族的民间宗教因素不断增长，伊斯兰教的因素渐渐减少。通过了300年左右的时间的量变之后，大致到明代万历年间，才导致了质变，最终从信仰伊斯兰教转化为几乎全部信奉汉族的民间宗教。"[①]根据笔者对陈埭回族社区和惠安百崎回族乡的调查，其人生礼仪、婚庆习俗、丧葬习俗、祭祀礼仪都呈现出汉族民俗的特点，但其与当地的汉族习俗又有所不同，还保留了一些回族传统文化风俗痕迹。例如，百崎回族在逢年过节、办红白喜事或祭祀祖先时，家家都要煎炸"油香"以表示尊祖继俗，在祭祖时要摆上《古兰经》，举凡丧事必须"请经"；在春节张贴春联时，有的回族群众写的不是汉字，而是阿拉伯文；等等。这些都体现出了泉州回族民俗文化的交融性。

不同民族文化的交往、交流与交融，对民族文化的变化、创新和发展都有重大的作用，多元兼容的民族文化遗产的产生是不同文化传统不断交往、交流与交融的结果。在泉州港作为海上丝绸之路起点，海内外商业贸易繁

[①] 石奕龙：《陈埭回族宗教信仰的演变及其原因初探》，载陈国强主编：《陈埭回族史研究》，中国社会科学出版社1991年版，第203页。

荣的宋元时期，文化交往与商业交流并行，在当时由海外商业贸易从国外传来的文化中，有大量的伊斯兰文化，并逐渐与泉州儒释道及民间信仰文化交流交往交融。回族和汉族文化的交流，远非一般文化形式的交往，而是进行了深层的交融，是通过回汉通婚形成家庭、宗族和宗亲，回族和汉族群众之间形成了姻缘、血缘、亲缘的亲属关系。所以，这是一种血浓于水的文化交融关系。随着海上丝绸之路的发展，回族与汉族民众之间社会经济文化交往交流日益频繁，泉州便由汉人聚居之地变为"民夷杂处"之区。这个"夷"中，以信仰伊斯兰教的回回人为最多，包括商人、手工业者、航海事业家、学者和宗教职业者。这些人被称为"土生蕃客""五世蕃客"，他们居住在泉州，感受到中华民族文化博大精深，便积极主动地学习儒家文化，甚至很多人热衷于参加科举，当作自己的晋升之阶。陈埭丁氏回族家族就是一个注重汉文化教育、积极鼓励科举、诗文传统累代相传、文学名人辈出的大家族。有的泉州人则随回回人信仰伊斯兰教。历史上在泉州地区，回汉两族男女通婚是很正常的现象，甚至还出现世代通婚的现象。也有泉州人航海经商至波斯，娶波斯女子为妻，即"有从妻为色目人者，有从母为色目人者，习其习俗"。拥有不同文化的个体相互通婚，使回汉文化产生了交流、交往与交融。建筑和习俗是表达文化交流、交往、交融的特色符号。在泉州城内涂门街燕支巷中，有一个名门望族，泉州人称之为"祖闾苏"。现在还存在着一系列比较完整的古民居建筑群，其中有一座祠堂，名为"绥成堂燕支苏氏宗祠"，这一传统的闽南文化建筑物蕴涵着多元文化的交融。苏氏宗祠的建筑保留了明代建筑简朴的特点，也有区别于其他汉族姓氏宗祠的宗教色彩。宗祠的建筑外观类似泉州回族聚居区的祠堂，其与居住区的大门只漆黑色，没有汉族彩绘祠堂传统的门神图案，整座建筑肃穆典雅。燕支苏氏宗祠的祭祀仪式也有浓厚的伊斯兰教的色彩。在汉人的习俗中，牛肉之类的食物是不能用来祭奠祖先的，但燕支苏氏宗祠的祭品，无论春祭、秋祭或坟祭，牛肉供品可占一半。这种祭祀礼仪是泉州地区一种回汉习俗的交融现象。在泉州回族民众家中也可以看到一对儿春联上，同时写着中阿两种文字。在墓葬方面，一般传统回族文化中立碑的现象很少见，但是泉州回族民众死后一般都立有墓碑，"在同一块墓碑上，可以看到同时刻有中阿两种文字，这些都是两种不同文化传统交流交往的结果"①。从小范围看，白崎回族有若干村落的聚居点，而从大的范围看，其又同汉族村交错杂居，体现出回族和汉族民众你中有我、我中有你的分布格局。在回族和汉族民众长期相处和交往交流过程中，回族习俗中融合了汉族文化，如岁时习俗，春节、元宵、端午、中元、中秋、重阳、冬至等时节，回族仪式与汉族礼俗仪式内容基本上是一致的。家庭生活方面，回族民众也受到了汉族社会家族家长制的深刻影响。与此同时，回族习俗对于在回族居住地区生活的汉族民众的影响也是显而易见的，如回族以明洁为尚的卫生习俗，影响着与其共处的汉族民众的生活习惯。在白崎，一些汉族民众也像回族同胞一样，特别讲究卫生。"如白崎村的陈、黄、李、孙等姓10多户、奥厝贺姓20多户、克圃陈姓30多户、下棣杨姓20多户，也同回族一样有讲究卫生整洁的习惯。可见这些良好的习俗对汉族也有颇深的影响，此种回族和汉族民俗文化之互动，也有力地促进了回汉之间的文化的交流。"②陈埭丁氏祠堂建成一个"回"字形，丁氏回族祭礼

---

① 许在全：《试谈泉州与阿拉伯的文化互动》，载李冀平等主编：《泉州文化与海上丝绸之路》，社会科学文献出版社2007年版，第190–198页。
② 陈元煦：《浅谈惠安白崎回族来源及社会习俗》，《福建师范大学学报（哲学社会科学版）》1996年第1期，第102–107页。

中的回族文化遗迹也体现出回汉文化交融的特性。

四、结语

泉州回族以多元文化交融为特色的文化遗产，是泉州回族和汉族在历史发展过程中社会与文化不断交往交流与交融的历史记忆。泉州回族文化遗产的多元性体现出泉州汉族和回族交往交流交融的历史事实和现实本相，是中华民族形成的历史过程中各民族之间相互依存、你中有我、我中有你，谁也离不开谁的一个具象表达，也是中国各民族交流交往交融历史在中国东南沿海地区的个案呈现。

民族文化遗产是某个特定民族共同体的集体表达与历史记忆，是该民族智慧的结晶和文化标志，是维系该民族生存发展的动力和源泉，在民族历史文化发展过程中占有十分重要的地位。民族文化遗产是民族社会与文化在形成和发展及民族互动过程中形成的。我国自古以来就是一个统一的多民族国家，各个民族在其形成和发展过程中与其共居共处和相邻而居的民族在经济、社会与文化等各方面的交往交流过程中形成了你中有我，我中有你的相互依存的关系，以及你离不开我，我离不开你，谁也离不开谁的共生关系。而各民族由于长期的交往交流与交融形成的多元交融的民族文化遗产，不仅是各民族交往交流交融的历史产物，也是各民族交往交流交融的历史记忆和符号表达。保护和传承具有多元民族文化交融的文化遗产，有利于延续民族交往交流交融的历史传统，对于铸牢中华民族共同体意识和建设中华民族共同体有着重要的价值和作用。

民族互嵌村落的生成与发展研究个案

李少鹏

摘　要：文章在梳理海马宫村历史和分析民族分布格局的基础上，探究了其民族"交往交流交融"的民族和谐状态和"共建共治共享"的民族发展状态，得出铸牢中华民族共同体意识需要民族互嵌的实践研究结果，对推动少数民族特色村寨的发展和民族关系研究，全面贯彻《国务院关于支持贵州在新时代大开发上闯新路的意见》（国发〔2022〕2号）（以下简称新国发2号文件）和国务院批复的《推动毕节高质量发展规划》，推动铸牢中华民族共同体意识具有现实意义。

关键词：中华民族共同体意识；民族互嵌；海马宫村

一、民族互嵌：铸牢中华民族共同体意识的重要话题

民族互嵌概念由来已久，其核心是互嵌型社区建构，"互嵌"概念源于波兰尼对经济与社会关系的嵌入研究，经格兰诺维特转译后进一步传播，用来形容两个不同事物之间相互影响、相互渗透的结构关系。①

作者简介：李少鹏，男，1995年生，贵州省大方县人，陕西师范大学马克思主义学院2022级马克思主义发展史专业博士研究生。指导教师：杨昌儒，贵州民族大学教授，博士生导师；张琳，陕西师范大学教授，博士生导师。

① 杨鹍飞.民族互嵌型社区：涵义、分类与研究展望[J].广西民族研究，2014（05）：17-24.

而作为研究的核心互嵌型社区，它使传统平行的民族关系向互嵌的民族关系转变，使社会从机械团结走向有机团结。[①]符合我国平等团结互助和谐的社会主义民族关系原则。互嵌型社区在空间分布上的关键特征是各民族交错而居，在情感关系状态上强调包容而不是排斥。[②]深刻阐释了中华民族多元一体格局下的共同体的生存和发展。新中国成立后，大量的调查研究显示，我国各民族呈现"大杂居、小聚居、交错杂居"的分布格局。在2014年召开的第二次中央民族工作会议上，提出了推动建立各民族相互嵌入式的社会结构和社区环境，促进各族群众在共同生产生活和工作学习中加深了解，增进感情。2015年，郝亚明提出促进少数民族社会融合是建立各民族相互嵌入式社会结构的重要路径，也是中国统一的多民族国家建设必不可少的基础性环节。[③]2016年出版的《云南民族互嵌研究》以云南省为研究对象，深刻阐述了民族互嵌在云南省的探索实践，提出了民族互嵌理论，总结了建立民族互嵌式社会结构的经验。[④]2019年，郝亚明研究了民族互嵌与民族交往交流交融的内在逻辑，进一步细化和明确了二者的关系，民族互嵌理论在国内学界得到巩固和发展。2021年中央民族工作会议进一步指出，要充分考虑不同民族、不同地区的实际，逐步实现各民族在空间、文化、经济、社会、心理等方面的全方位嵌入，标志着我们党对构建互嵌式社会结构和社区环境工

[①] 郝亚明.民族互嵌型社区社会结构和社区环境的理论分析[J].新疆师范大学学报(哲学社会科学版)，2015, 36(04)：14-20, 2.

[②] 杨鹍飞.民族互嵌型社区建设的特征及定位[J].新疆师范大学学报(哲学社会科学版)，2015, 36(04)：21-28.

[③] 郝亚明.民族互嵌式社会结构：现实背景、理论内涵及实践路径分析[J].西南民族大学学报(人文社科版)，2015, 36(03)：22-28.

[④] 杨荣.云南民族互嵌研究[M].北京：人民出版社，2016.

作的规律性认识更加系统深入。[①]

在如何衡定各民族互嵌发展的研究中，国外学者罗伯特·帕克指出，少数族群城市融入指标为利益、情感和态度等不同维度和竞争、冲突、适应、同化四个阶段。戈登提出，文化或行为同化、社会结构同化即实质性的社会结构的相互渗入、婚姻同化（族际通婚）、身份认同的同化（族群意识的认同）、意识中族群偏见的消除、族群间歧视行为的消除和社会的同化。为我们研究民族互嵌作为铸牢中华民族共同体意识的路径提供了参考。

在对民族互嵌的探索中，学界提出了民族互嵌物质和精神的内容，把居住格局看作民族关系研究的初级形态，在适用范围上认为民族互嵌研究不应局限于个别地区和城市，应推广到全国。笔者认为，民族互嵌是铸牢中华民族共同体意识的重要话题，也是研究我国社会主义民族关系的重要路径。民族互嵌既是理论，也是方法，用什么样的指标来衡定民族互嵌，要加入实践的具体内容。

在海马宫村的历史长河里，各民族与国家整体发展积极互动，各民族之间交往交流交融的实践和民族之间的居住格局所呈现的和睦相处、和衷共济、和谐发展的局面，是民族互嵌的表现形态。在海马宫村，民族互嵌是民族关系的逻辑外延，民族互嵌呈现交往交流交融的民族和谐状态和共建共治共享的民族发展状态，为铸牢中华民族共同体意识和把毕节地区建成贯彻新发展理念的示范区，提供了民族关系可持续发展的案例支持。

[①] 中共中央统一战线工作部,国家民族事务委员会.中央民族工作会议精神学习辅导读本[M].北京:民族出版社,2022:140-141.

二、历史呈现：海马宫村民族关系梳理

海马宫村位于毕节市金海湖新区，过去为少数民族统辖区，宋朝时为"罗氏鬼国"，元时设罗氏鬼国安抚使，明代封贵州宣慰使，主要为彝族先祖所统治，特别是奢香夫人承袭以后，交通上开设驿道，文化上传播儒学、改革彝文，生产贸易上发展农业，进行贸易建设的同时支持明军收复云南，有利于国家加强对西南地区的管理，为贵州建省创造了条件，客观上促进了国家和平统一。明天启二年（1622年），安邦彦挟安位反明，历八年，兵败请降。清时，水西宣慰使与土官联合反清，清政府派吴三桂平定，史称"吴王剿水西"，后改土归流。[①]民国二十五年（1936年），肖克、贺龙率中国工农红军二六军团抵大定，成立中华苏维埃人民共和国川滇黔省革命委员会，在城关召开群众大会，批准成立县临时革命政权——大定拥护红军委员会，推选彭新民为主任。

海马宫村为典型的少数民族聚居区，现上级辖区竹园彝族苗族乡（以下简称竹园乡）。竹园乡为新中国成立后析建，初为海马公社和竹园公社，1984年设竹园彝族苗族乡和海马彝族苗族乡，1991年合并，名为"竹园彝族苗族乡"，并一直沿用至今，全乡包括5个社区，4个行政村，共26 714人，少数民族人口10 237人，占38.32%。全乡居住着汉、彝、苗等不同民族。其中，海马宫村2021年公安户籍总户数为981户3763人，少数民族共587户2313人，占总数的61.47%，为典型的少数民族村寨。[②]

从历史沿革中的民族关系来看，统一和战争交替，在中央和地方权力

---

① 此部分史料为作者据贵州省大方县委宣传部及史志办提供资料整理而列。

② 所列材料由竹园乡政府和海马宫村委提供。

的博弈中，和平与冲突交错，宋元以前的民族关系相对缓和，其中一个重要的原因是中央政权对于西南地区行使直接管辖的程度较轻，事实上的冲突较少。宋以后，特别是贵州建省后，中央行使直接管辖权，地区冲突加剧，在此过程中不断的和与战，形成了一个统治与被统治的权力适应过程，并逐渐融入中央政权的统治，成为统一多民族国家的组成部分。到了近现代，其与中央政权的一个典型的互动是"将军山战役"，中国工农红军二、六军团在完成策应中央红军长征北上的任务后，于1936年2月在黔西县、大定县（今大方县）、毕节市创建新的革命根据地。将军山伏击战后，红十七师在这里构筑工事，据险阻击敌人，成为中国共产党在毕节建立红色政权的基础。这一战役成为这一区域内地方人民与中央红军的一次生动的互动。现在，海马宫村有汉族、彝族、苗族和白族，据李氏族谱和简氏、丁氏家谱载，海马宫村的汉族是由江西迁居四川，由川入黔，后迁居海马宫村的。

以李氏为例，《李氏自元祖族委员会章程（讨论稿）》第一章第一条载：自我族自元祖入黔落住大定府后，历经三代后自鸿辈起因入仕、习武、经商、购买田地、置产下乡等因生活所需至现在已有300多年，现后代分居各方，自禄字辈已十八代，据估算自元祖后代已达近万人，或从政、经商、行医、务农皆有之。[①]

据调查，入海马宫村各姓氏的先后顺序是：最早是韩姓（多为彝族）和林姓，接着是尹姓（现已经全部搬出）、李姓（汉族、彝族和苗族均有）、简姓，后来是丁姓，如今有黄姓（彝族）、赵姓（白族）、杨姓，马氏和陶姓均为苗族，以及陈姓、高姓（彝族）等。其中汉族现在以李姓、丁姓和简

---

① 所列内容来自海马宫村李氏家族提供的《李氏自元祖族委员会章程（讨论稿）》。

姓最多，彝族以李姓和韩姓为主，苗族以杨姓、马姓和陶姓居多。村内各族与村外交流最多的是赶场，"赶东关"是海马宫人进行物品交换互市的重要途径，人们通过卖出茶叶、粮食和家禽等自己生产的物品，购入水果、铁制工具和盐等。当然，现在随着交通的便利，加上人们外出打工，村子里各族的交流已经从原来的东关、竹园等（乡镇），扩大到大方县、毕节市等（县市），乃至于贵阳、广州和深圳等（城市）。就村里各族各姓之间的关系，过去存在一些矛盾和分歧，比如在改革开放以前，民族间、家族间的矛盾较为明显，各族之间关系趋于紧张，苗族基本不与其他民族通婚，彝族与汉族也不通婚，甚至汉族各姓氏间关系也比较紧张，李姓有一句话是"只让简姓女子进（嫁）家门，不让李姓女子进（嫁）简门"。现在，海马宫村各族和谐稳定，族际开始通婚，交流交往。民族间、家族间关系缓和，斗争已经消失，经济交流和技术流动频繁。其中，汉族的茶叶种植技术被彝族和苗族所采纳，彝族和苗族的饮食和风俗习惯也为汉族所接受，并流行开来；苗族的劳动力流动到汉族的土地上，各民族和各家族之间呈现共同享有土地、森林和水等资源，人员、财富和技术的互动状态。2018年12月，海马宫村被评为贵州省少数民族特色村寨，这是海马宫村各民族和各家族之间共同努力且和谐相处的结果。各民族和不同姓氏家族及其族源历史构成了民族的共同体，各族同胞都是中华民族大家庭的一员，形成了中华民族共同体意识。

三、序列组合：海马宫村各民族的居住格局

居住格局是影响民族关系的人文生态环境，同样也是衡量特定区域民族关系状况的指标之一。居住格局为民族间的互动提供了地缘优势，通过居住

格局，观察特定区域内不同民族在空间上的序列组合情况[①]，反映民族与民族间相互接触的状态。在民族的交错聚居区，民族之间的互动关系频繁，呈现团结互助共享的民族关系；而民族的隔离居住，则呈现民族间无凝聚力，族际交往通道阻塞，带来人群心理的陌生感，从而产生民族间抵触、纷争等现实关系。可见，居住的序列组合方式与民族关系有很大的关系，在多民族的特定聚居区内，各民族之间关系的好坏直接影响其居住格局的组合形式，同样，长久以来形成的居住格局也对民族关系产生了特定的影响。在和谐的民族氛围内，民族关系呈现平等、团结、互助、和谐的状态。在紧张的氛围里，则是矛盾、分离和互不往来的状态。海马宫村所在的竹园乡是一个典型的民族乡，5个社区和4个行政村均为民族杂居区。特定的历史、地理和民族关系决定了其基本的居住格局，同时，各民族的居住格局也反作用于现实的生产生活、技术应用和民族关系。其中，交通是影响居住格局构成的一个重要因素，海马宫村位于实现了县县通高速的贵州省。截至调研时，海马宫村"村村通"工程已经全部完成，"组组通"公路长11.13公里，连户路长13公里，公路硬化率达100%，相邻10公里以内的大方站（高铁）也已建成通车。2020年7月，海马宫村提出的村寨发展计划显示：

  海马宫村坚持科学发展，深入贯彻党的路线方针政策，以实施精准扶贫为抓手，按照"六个到村到户"工作要求，紧紧围绕市、区"一业带三化、三化促一业"的发展战略思路，结合市委"四在农家，美丽乡村"建设活动，从海子坝至新发一组、茶园一组、茶园二组、同心组到新发二组、四组打造一条精品线，核心以精品一线的民居实施房屋提尖盖瓦、立面改造、院坝硬化，院墙

[①] 马宗保.试析回族的空间分布及回汉民族居住格局[J].宁夏社会科学，2000(03)：95-100.

花池新建128处作为示范，约150万元，新建公路600米，约60万元。

从地域的居住特点来看，汉族村民主要居住在山脉向河谷（走向是由东、西、南向北逐渐降低）延伸的较低平缓地带，这里土地比较开阔，土壤较为肥沃，水源充足。彝族居住在汉族区域的周边，由东、西、南向汉族聚居区靠近交汇，居住海拔较汉族区更高一些，森林广布。苗族在箐脚一组、二组主要分布在村西北部的半山腰上，土地较贫瘠，水源取自沟谷，同样，苗族的居住区域有一部分和汉族、彝族的交汇区重合，河谷地带为汉族和彝族交错居住区。村里各组人口数量、民族及主要姓氏的基本分布如表1所示。

表1　海马宫村各组人口、民族及主要姓氏分布图

组别	户数	人数	民族	主要姓氏
茶园一组	74	243	汉族	丁、简
茶园二组	67	229	汉族	简、丁
箐脚一组	144	593	苗族	李（苗）、陶、熊
箐脚二组	112	522	苗族	杨、马、陶
箐脚三组	80	269	汉族、彝族	李（汉）、黄、龚
新发一组	58	195	汉族	李、丁、周、陈
新发二组	60	254	彝族、苗族、汉族	韩、高、袁、陶、昝
新发三组	88	360	彝族	高、李（彝）、袁
新发四组	47	154	彝族、苗族	李（彝）、杨、陶
兴联组	70	236	汉族、白族、彝族	丁、李（汉）、赵（白）、袁
同心组	181	708	汉族、彝族、苗族	李（汉）、彭、李（彝）、龚、高、韩、黄、杨、陶

从组别和民族的角度看，海马宫村汉族分布组别为茶园一组、二组，箐脚三组，新发一组、二组，兴联组和同心组，主要分布区为茶园一组、二组

和新发一组。彝族分布在箐脚三组,新发二组、三组、四组,兴联组和同心组,主要分布区为新发三组。苗族分布组别为箐脚一组、二组,新发二组、四组和同心组,主要分布区为箐脚一组、二组。从民族和姓氏的角度看,海马宫村汉族主要姓氏为李、丁、简、周、陈、昝和彭等,彝族主要姓氏为李、黄、龚、韩、高、袁等,苗族主要姓氏为李、陶、熊、杨、马等,白族为赵姓。其中,李姓汉族、彝族、苗族均有,纯汉族的茶园一组、二组和新发一组在以原村委会所在地为中心的附近地区,以李、丁、简姓为主,这是海马宫村汉族的三大姓氏支系,影响着海马宫各民族的关系。从地域、民族和姓氏的排列组合来看,海马宫村各民族的居住格局呈以下四个特点。一是汉族和少数民族交错杂居,其中,箐脚三组为汉族和彝族共居区,新发四组为彝族和苗族共居区,兴联组为汉族、白族、彝族聚居区,汉族、彝族和苗族共同聚居区为新发二组和同心组。二是汉族、彝族和苗族都有自己民族的单独分布区。三是汉族、彝族分布在山的平坦地势和沟谷,苗族住在山上的格局与贵州省民族分布特点一致。四是总体上与我国各民族分布"大杂居,小聚居"的格局基本吻合。海马宫村汉族、彝族、苗族和白族的居住格局特点集中展现了"你中有我,我中有你"的中华民族多元一体格局。

四、交往交流交融:民族和谐互嵌

民族交往交流交融是民族关系的特征,反映了不同民族在政治经济文化等方面的接触与互动的方式、内容及动态过程。由生活性交往、地缘性交往及结构性交往等构成的民族交往层面,由语言交流、信息交流及资源交流等构成的民族交流层面,以及由血缘交融、习俗交融、信仰交融及心理交融等构成的民族交融层面共同生成了民族交往交流交融的不同层级。[①]海马宫村各民族的接触和互动过程也体现了这三个层级,海马宫村的民族交往主要展现在日常生活和地缘上,方式多种多样,民族交流包含了汉族、彝族、苗族、白族间的族际交流,以及各姓氏家族和各民族间的信息交流,民族交融主要体现在婚姻、习俗和心理认同上。

(一)日常交往:生活上相互帮助

日常交往此处指海马宫村各民族平时在日常生活中的交往。海马宫村汉族与其他民族的交往首先体现在地缘上,在7.3平方千米的土地上分布着汉族、彝族、苗族和白族,同一行政区划,使他们在同一区域内相互交往。他们生活性交往突出表现为两个方面,一是赶场,尤其是"赶东关"(每月逢"四"),过去村民会相互约定,人背马驮,一起去赶场,在日常的交往中,形成彼此邀约和默契性的交往。现在,如果谁家要去赶场,有车的人家会提前告知计划去赶场的人家,一起乘车。二是"摆寨",指聊天。晚饭后,很多人会去别人家聊天交流,有时候,村里的某一家会成为专门的场地,人们会不约而同地去这家,主人家也不吝啬,反倒觉得人气旺,地位高。赫勒曾指出日常交往有不同的分类,有偶然、随机的交往、习惯性交往以及组织性交往,这些类别不是单独出现的,而是彼此互联的。[②]如前所述,海马宫村各民族的交往是从偶然到习惯性的交往都有。当然,村中的公共活动也促进了各民族间的交往,比如下象棋、跳广场舞等,这里体现了一定的组织性。同样,礼物交换是各民族间交往必不可少的部分,各民族群众

[①] 李静,于晋海.民族交往交流交融及其心理机制研究[J].西北师大学报(社会科学版),2019(03):91-98.

[②] 阿格妮丝·赫勒.日常生活[M].衣俊卿,译.重庆:重庆出版社,2010:236

通过礼物交换加强了相互间的交往，莫斯说在礼物流动中，赠送物给某个人，就是在呈现某种自我。[1]我们接受了某人的某物，就是接受了某人的某些精神本质。茶叶是海马宫村汉族同其他民族互赠礼物中重要的物品，茶作为一种物质连接把各民族联结在一起，成为他们交往的象征和符号。金炳镐教授说，民族交往是社会关系的一个整合过程，能反映出彼此之间的接触、来往、联络和协作等，海马宫村各民族的交往过程就是各民族接触、来往、联络和协作等的整合过程。[2]

（二）语言交流：语言上相互共通

语言是人类生活中用来交流的工具，人类运用它进行思考、交流思想、组织社会生产。其具有人文性、社会性。同样，根据西北少数民族研究中心对交往交流交融的分类层级，语言交流属于民族交流的层级。海马宫村有四个民族，分别是汉族、彝族、苗族和白族。从语言归属来看，汉语属于汉藏语系汉语语族汉语支；彝语属于汉藏语系藏缅语族彝语支；苗语属于汉藏语系苗瑶语族苗语支，属川黔滇次方言，在贵州又称西部苗语；白族语属汉藏语系藏缅语族，语支存在分歧。海马宫村的语言状况是，整体使用通用汉语用于行政和各民族交流；汉族和白族使用汉语；彝族和苗族在居家、节庆和讨论本民族事务时使用自己的语言，学校用汉语教学，过去当地组织过苗族语言文化培训班，现在变为选择性学习，通常开设附加课程。据实地调研，因为汉语为官方和教育用语，得到发展和普及；彝语只在老一辈中得到普遍使用，在年轻群体中逐渐减少使用；苗语保存较好，老年人还有不会说普通

---

[1] 马塞尔·莫斯. 礼物[M]. 汲喆, 译. 北京: 商务印书馆, 2019: 1-10.

[2] 金炳镐. 试论民族关系中平等与效率和竞争与互助的协调发展[J]. 内蒙古社会科学（文史哲版），1990（05）: 31-37.

话的，年轻人因为受到父辈的影响，所以大部分会讲苗语；白族语在海马宫村本土历史上没有使用过的记录，白族同胞迁入海马宫村后不讲白族语，讲汉语。这就是海马宫村各民族使用语言的基本情况。

通过对海马宫各民族语言的实地调查和分析来看，各民族间语言交流呈现以下几个特点。一是各民族分布相对集中，各民族内部交往交流基本用本民族的语言，白族除外。二是通用语为汉语，但海马宫村汉语、彝语和苗语相互渗透，不同的民族会讲其他民族的语言，如居住在箐脚的彝族会用苗语和苗族对话，新发二组的汉族会用彝语和彝族交流。三是在行政工作和市场交换中，其他民族会使用汉语参与。由此可以看出，海马宫村语言交流的多样化是海马宫村多民族聚居区各民族长期交往交流的结果和相互生活积累的真实写照，这种语言文化生态对区域内族际交往和他们形成和谐的关系起到了重要作用，各民族通过语言的交流促进社会生产分工和相互协作，促进彼此间的交往交流，共同推动海马宫村的地区发展。

（三）婚姻交融：情感上相互亲近

婚姻是指双方共同生产、生活并组成家庭的一种社会现象，形成人际间亲属关系的社会结合或法律约束。其表现形式是双方财富、心理和生理的结合。德国社会学家L.穆勒在讨论婚姻时归纳了婚姻的三个动机是经济、子女和感情。也有人认为，出现社会组织、部落和国家之后，婚姻是一种政治筹码，在小农经济社会中，婚姻成为一种劳动分工合作形式。凡此种种，对婚姻在某一范围和领域内进行了解读。在各民族的婚姻交融中，民族关系呈现了民族交融的层级，从交往交流到交融，发生了质的变化。当然，海马宫村各民族间婚姻的交融，并不是古已有之，而是呈现了一个漫长曲折的发展过程。

就民族间的婚姻交融来看，海马宫村的实际符合萨林斯对于"互惠"原则的解读，他认为互惠是连接社会的纽带，就像莫斯《礼物》中所述与现代的、非人情化的商品交换体系相比较，人们关注了在非人情的社会获得人情化利益的法则，互惠是一种人情往来，而最大化的互惠人情就是婚姻。萨林斯把互惠分为"否定互惠""一般互惠"和"平衡互惠"。①"否定互惠"指彼此关系不可持续，否定对方，消解人情。过去，海马宫村民族间的互动只体现在交往交流的层级，汉族不与彝族通婚，汉族也不愿意与彝族通婚，在墓葬和族谱里找不到通婚的痕迹。汉族与苗族不通婚，首先就体现在对于彼此民族习俗的不认同，彝族和苗族也呈现了这样的特征。改革开放后，海马宫村各民族呈现"一般互惠"状态，彼此间有大量的日常交往，逐渐有礼物的流动，彼此关系得到改善。21世纪以来，各民族关系趋于"平衡互惠"，在市场交往和礼物流动等的基础上，各民族展现出对彼此文化习俗的多样性认同和心理接受，各民族间开始通婚，海马宫村汉族—彝族—苗族—白族形成了一个流动的婚姻圈，互动友好，往来频繁。可以看出，在民族的婚姻交融中，海马宫村民族交融在新的历史环境里，形成了新的文化习俗多样性认同和心理接受的民族和谐关系，在民族交往交流前两个层级的基础上，展现了曲折发展的民族交融过程。

五、共建共治共享：民族发展互嵌

2021年中央民族工作会议指出，要把民族事务纳入共建共治共享的社会治理格局，为我们在新时代提升民族事务治理体系和治理能力现代化水平

---

① 马歇尔·萨林斯. 石器时代经济学[M]. 张经纬，等，译. 上海：生活·读书·新知三联书社，2019：191-210.

提供了重要遵循。①党的十八大以来,"共建共治共享"的治理观得到社会各组织的实践和学界的研究,笔者认为"共建共治共享"既是治理理论,也是践行方法。所以,我们不但要理解"共建共治共享"所呈现的三位一体思考,同时,也要明了共建、共治、共享三者分别该怎么去做的层次逻辑。怎么建、怎么治、怎么享是不可忽视,值得反思的现实智慧,结合海马宫村的实际,拾取一些"治大国若烹小鲜"的治理智慧,结合新型民族关系中的平等、互助、团结的展现,与共建、共治、共享形成双重逻辑:互助共建、协作共治和团结共享。在海马宫村各族群众中体现为互助共建市场、协作共治生产及团结共享节庆,展示中国土地上鲜活的中华民族命运共同体实践。

(一)市场上互助共建——体现相互依存

市场是买卖商品的场所,把货物的买方和卖方组织在一起进行交易的地方,有时间性、自发性等特点,现代市场多遵循平等、诚信等原则。本文描述的海马宫村各民族之间的市场交往,更注重研究人群之间根据自己生产和他人所需进行的互动过程以及产生的交易关系。正如经济人类学家波朗尼那句名言"人类的经济行为一直是嵌合在社会之中的",强调了人们生产关系中结成的人与人的交往。海马宫村各民族一起,建立了区域内的产品交易场地,其最早起源于家庭间物与物的交换。人们曾经建立起共同的市场,但由于各种原因,市场自然消失。现在他们共同拥有的市场有两类:一类是专门市场,一类是综合市场。专门市场设在距海马宫村西南几公里的地方,在一片开阔的场地上每月会有一次,主要以"牛和马"为主,所以人们习惯称之为"牛马市场",也是家畜的集散地。很有意思的是,"牛马市场"的交

---

① 中共中央统一战线工作部,国家民族事务委员会编.中央民族工作会议精神学习辅导读本[M].北京:民族出版社,2022:13.

易一般在袖口或一块布的遮掩下进行，交易双方利用藏在下面的手指讨价还价，对彼此价格进行隐蔽交易，这也是在长期交往实践中形成的各民族共同建立的交易规则和自身物品价值的评估过程，体现了海马宫村村民商品交换和价值的实现。综合市场代表是邻近东关乡的"场"，俗称"赶东关"，它是一种定期开设的集市，具有周期性，一般每月逢"四"，为期一天，参与者主要来自"场"附近的村镇，市场规模很大，人头攒动，货物琳琅满目。海马宫村各族民众会出售茶叶、烤烟、家禽和蛋类等，售完自己准备的物品后，会购买自己的生活必需品，诸如盐、铁制品以及果蔬等。参与市场交易的有外地的商贩和附近各村镇的各种民族，据调查，东关乡的"场"是什么时候建立起来的已无法考证和无人提及，但是各民族依然遵循着建立起东关乡"场"的时间规则和商品售卖原则：平等、自愿、互利、诚信，共同承担起他们互助共建的市场。调研发现，村民相约去赶场的时间内，他们会遵循彼此的口头契约，即便是不能一起去赶场，也会提前告知对方。笔者在调研的路上，与海马宫村的汉族、彝族和苗族群众都有交流，和他们聊天涉及各方面的内容，其中他们问及最多的是笔者"是哪里人？是哪家的儿子？"笔者认为，这种交流有利于各族群众彼此间展开话题，这是市场交易所带来的信息传递，在此过程中，促进了信息交换。美国学者施坚雅通过对中国传统经济中农村市场结构进行研究认为，定期市场促进了市场覆盖区域内生产货物的交换，但更重要的是，它是农产品和工艺品向上流动到更高一层一级市场的起点，也是农民消费商品向下流动的结束。[1] "牛马市场"和东关乡的"场"不仅是各民族社会分工和商品生产的集中表现，同时也是各民族群众

---

[1] 施坚雅.中国农村的市场和社会结构[M].史建云,徐秀丽,译.北京:中国社会科学出版社,1998: 3-43.

交换信息的场所，交换体现了海马宫村各民族互助共建——市场、互相来往——人情的共建共情关系。

（二）生产上协作共治——体现相互尊重

生活在海马宫村的各民族群众和毕节地区的其他民族群众一样，以农耕为主要谋生手段。他们从事着亚热带作物的种植生计，以茶为主的特色种植凸显了这一地区较之于其他地区的特殊性。同样，在农忙时节，他们的协作共治的生产特点展现无遗。针对海马宫村农耕生产是否在共治的基础上存在平等性，调查发现，家庭与家庭之间从很久以前就在农耕生产中建立了团结协作。村民表示，一般有人家需要请人做工，如果没有特殊的事情，大家都会答应，如果自家有事，会选一个人去帮忙。这是笔者直接从村民口中得到的信息。另外，在对村民的观察及与村民闲谈中，其举止反应和语言表达也体现了这一特性。同样，对一直影响至今的农耕劳动力匮乏问题的解决上，也体现的了民族间劳动交换的协作共治特点。

一位妇女（WGM，女，51岁，村民）讲述，以前一到春耕季节，她家的劳动力严重不够用，家里会到箐脚请苗族村民来帮忙。当然，请人是有提前的，要问好苗族村民有没有时间，同时把提供的报酬讲明白。他们会提出要给多少酒，供多少饭，因为有的人家是一整家都来，包括孩子，所以会加上孩子的饭菜。

这一口述充分体现了各民族间协作生产的现实情境，彝族和汉族、彝族和苗族群众之间也有劳动力的互助协作，在采茶、除草、追肥等方面均有体现，当然这其中有劳动交易的痕迹，只是海马宫村各族民众智慧地处理了金钱和人情之间的关系。

一位老人（男，LDQ，76岁，村民）讲到，家族之间，农耕互助更频繁，比如，甲家、乙家和丙家要进行春播，他们会集中在一起商量，根据实际情况（海拔、气候和远近）确定哪家先进行播种，先进行哪一块地的播种，一般前后相差几天时间，他们共同商议达成协定，然后依决定有序进行。

　　这种现象在海马宫村农耕时节劳动力缺乏时普遍出现，甚至不仅仅是农耕生产，比如采茶、建房子封顶等事项中均有"请人"做工的形式。"请人"简而言之就是相互帮忙，深层含义指村民劳动之间的互换，与费孝通先生指出的"换工"一样，体现着一种平等互惠的原则，但这种"请人"的方式与付费方式不同，这种方式只含有人情。萨林斯认为"平等互惠"是指发生在关系友好需要帮助的人群之间，通过礼物付出和收回平衡、维持关系的正常往来。海马宫村各民族群众关系良好，且平时和节庆均有礼物的往来。他们付出劳动的根本原因，就像《礼物》导言所述的那样："交换与契约总是以物的形式达成，理论上是自愿的，但实际上送礼和回礼都是义务性的。"他们相信劳动接受方有回报的义务，当地各族群众创造了协作共治的生计方式，并在其生产和生活中延续。

（三）节庆上团结共享——体现相互凝聚

　　节庆及其相关活动中蕴含着特定群体独特的文化记忆，是社会发展到一定阶段人类在社会生活中约定俗成的产物，是人类社会各个族群普遍传承的一种重大的显性文化事象。同样，它是在不同国家、不同民族、不同区域中人们长期生产、生活实践所产生的，具有民族性、地域性、周期性、全民性、社交性及传承与发展性，且具备社会文化效应、经济效应、旅游效应等。海马宫村各民族有自己的民族文化节庆活动，集中体现在各民族的节日上，节日是各族节庆活动的结晶，其中海马宫村汉族有春节、元宵、清明、端午、七月半、中秋节、重阳节和冬至等节日；彝族有"火把节"和彝族年等；苗族有"花山节"（当地叫跳花）、苗年等。海马宫村各民族既有各自民族的节日，也与其他民族共享他们的节日，在节庆过程中建立起了团结互助的关系，各民族相互交流交融，形成节庆交往的深层次状态。现在海马宫村的汉族、彝族、苗族都会欢庆彼此的节日，如彝族、苗族也过春节，并且也会像汉族一样，团圆欢聚，走亲访友；汉族、彝族会参与苗族的"跳花"，汉族、苗族也会参加彝族的"火把节"，白族的生活节庆与汉族的一样。在社会历史发展的进程中，各民族形成带有各自族群记忆的节庆活动，并遵循着祖先的记忆，传承着本民族的文化、习俗事象。同样，在民族相互交融中，他们也接受其他民族的节庆活动，达到了"交往交流交融"的民族互动层级，展现出各民族彼此在婚姻、习俗和心理上的认同，呈现出海马宫村各民族的共建共治后的团结共享，"中华民族一家亲"展现得十分充分。笔者在当地参加过彝族的"火把节"和苗族"跳花"。其中，彝族的"火把节"是每年农历的六月二十四，彝族关于火把节起源和传说很多，其实质是以游牧文明转向以农耕文明后，新的文化形态对原有文化形态的扬弃。苗族的"跳花"在农历正月间举行，苗语称"跳花"为"欧道"，意为"赶坡"，活动形式丰富多彩，但其来源说法不尽相同，有人说是为了求子而立，有人说是纪念日，还有人说是象征爱情的，不一而足，但笔者认为它是苗族人对美好生活的向往和对祖先记忆的现时表达。不管是汉族的春节、彝族"火把节"，还是苗族的"跳花"，各民族通过节庆的交往交融，缩短了各民族间的心理间隔，揭示了他们对彼此习俗文化和相关仪式的认同。不仅如此，他们还会相互邀请、礼待宾客，汉族、彝族、苗族和白族群众作为彼此的朋友参加节庆活动时，都能体现出他们对彼此的尊重、认可，体现他们共建共治共享的团结互助精神。这一节庆共享的状态表明，在海马宫村这样的多民族聚居区，各民族文化的多样性共存共享，呈现"交往交流交融"的民族关系特征和共建共治共享的民族关系智慧。

六、结语：民族互嵌是铸牢中华民族共同体意识的有效路径

本文中，我们探索了海马宫村民族关系的历史发展和民族的居住格局，同时，找出了其交往交流交融的民族关系特征和共建共治共享的民族关系智慧，实证前文提出的民族互嵌理论，阐述了铸牢中华民族共同体意识需要民族互嵌，其是我国社会主义民族关系实现的路径，是我国民族关系发展的可持续之路。

民族关系是历史发展的产物，也是现实环境和条件的折射，作为一种社会现象和社会存在不但具有社会性，而且还有民族性[①]，不同的社会和社会发展阶段有不同的特点。对于民族关系的研究，白寿彝认为，中国的历史是由各民族共同创造的，他们共同努力，不断地推进自己的历史前进。[②]陈梧桐提出重视少数民族，强调他们对中国统一的多民族国家缔造的贡献。[③]孙祚民认为历史上的民族关系民族间的"压迫与反压迫"是主流。[④]黄世君

---

① 金炳镐.试论民族关系中平等与效率和竞争与互助的协调发展[J].内蒙古社会科学（文史哲版），1990（05）：31-37.

② 白寿彝.关于中国民族关系史上的几个问题——在中国民族关系史座谈会上的讲话[J].北京师范大学学报（社会科学版），1981（06）：1-12.

③ 陈梧桐.关于处理我国民族关系史若干原则的商榷[J].中央民族学院学报（哲学社会科学版），1981（02）：9-16.

④ 孙祚民.建国以来中国民族关系史若干理论问题研究评议[J]东岳论丛，1987（01）：4-18.

把"联系统一与矛盾战争相对立的关系"归纳为民族关系本质。[1]杨建新研究表明,"长期联系、密切交往、相互依赖和共同发展"是历史民族关系特征。[2]在对中国民族关系的诸多研究中,费孝通的"中华民族多元一体格局理论"[3]影响最大。至今,"中华民族多元一体理论"仍启发着许多研究专家和学者的思想和对此研究的回应。通过对诸多民族关系研究者思想理论的思考,笔者以为我国的民族关系是可持续的,并在新时代获得了最大的发展,其中2018年3月,我国通过宪法修正案,将宪法序言的第十一自然段中"平等、团结、互助的社会主义民族关系已经确立,并将继续加强。"修改为:"平等团结互助和谐的社会主义民族关系已经确立,并将继续加强。"[4]确定了新时代民族关系的发展方向,同时也是现阶段维护民族关系可持续发展最新的回应。

本文研究的海马宫村是毕节试验区典型的多民族聚居村落,在其981户共3763人的人口中,少数民族占587户2313人,反映了一个普遍的多民族村落存在的一般现象,研究其对我们区域间民族工作的发展起着不可忽视的作用。在前面的研究中,我们通过对各民族间历史关系的追溯,得出了海马宫村历史民族关系整体呈现共同享有土地、森林和水等资源,进行人员、财富和技术的共同互动状态,各民族和家族就其族源历史和民族意识,认为他们都是中华民族大家庭的一员,形成了中华民族共同体意识。从各民族分布格局的序列组合情况来看,海马宫的民族互嵌总体呈现与我国各民族分布"大

---

[1] 黄世君.关于"民族问题"、"民族关系"的再认识[J].民族研究,1989(06):16-18.
[2] 杨建新.关于民族发展和民族关系中的几个问题[J].西北民族研究,2002(01):115-119.
[3] 费孝通.中华民族的多元一体格局[J].北京大学学报(哲学社会科学版),1989(04):1-19.
[4] 中华人民共和国宪法修正案(2018年3月11日第十三届全国人民代表大会第一次会议通过)[EB/OL].中国人在网,2018-03-12.

杂居，小聚居"的格局基本吻合。海马宫村汉族、彝族、苗族和白族四个民族居住的序列组合形式特点集中展现了"你中有我，我中有你"的中华民族多元一体格局。同样，笔者对海马宫村各民族日常交往、语言交流和婚姻交融的分析，真实地展现了海马宫村各民族接触、互动的方式、内容及动态过程，深刻地阐释了民族交往交流交融的三个层级在海马宫村的鲜活特点，在对海马宫村市场、生产和节庆的描写背后，笔者结合我国新型民族关系中的平等、互助、团结在海马宫村的展现，探讨了其与共建、共治、共享形成双重逻辑：互助共建、协作共治和团结共享，深刻展示了中国土地上鲜活的铸牢中华民族共同体意识实践，为贯彻新国发2号文件、国务院批复的《推动毕节高质量发展规划》精神和铸牢中华民族共同体意识提供了坚实的基础。民族互嵌的可持续本质上是民族关系的可持续，民族关系的可持续本质就是各民族民族和谐和民族发展的可持续。

参考文献

[1] 杨鹍飞. 民族互嵌型社区：涵义、分类与研究展望[J]. 广西民族研究, 2014 (05): 17-24.

[2] 郝亚明. 民族互嵌型社区社会结构和社区环境的理论分析[J]. 新疆师范大学学报（哲学社会科学版）, 2015, 36 (04): 14-20, 2.

[3] 杨鹍飞. 民族互嵌型社区建设的特征及定位[J]. 新疆师范大学学报（哲学社会科学版）, 2015, 36 (04): 21-28.

[4] 郝亚明. 民族互嵌式社会结构：现实背景、理论内涵及实践路径分析[J]. 西南民族大学学报（人文社科版）, 2015, 36 (03): 22-28.

[5] 杨荣. 云南民族互嵌研究[M]. 北京: 人民出版社, 2016.

[6] 中共中央统一战线工作部,国家民族事务委员会.中央民族工作会议精神学习辅导读本[M].北京:民族出版社,2022.

[7] 马宗保.试析回族的空间分布及回汉民族居住格局[J].宁夏社会科学,2000(03):95-100.

[8] 李静,于晋海.民族交往交流交融及其心理机制研究[J].西北师大学报(社会科学版),2019(03):91-98.

[9] 阿格妮丝·赫勒.日常生活[M].衣俊卿,译.重庆:重庆出版社,2010.

[10] 马塞尔·莫斯.礼物[M].汲喆,译.北京:商务印书馆,2019.

[11] 马歇尔·萨林斯.石器时代经济学[M].张经纬,等,译.北京:生活·读书·新知三联书社,2019.

[12] 施坚雅.中国农村的市场和社会结构[M].史建云,徐秀丽,译.北京:中国社会科学出版社,1998.

[13] 金炳镐.试论民族关系中平等与效率和竞争与互助的协调发展[J].内蒙古社会科学(文史哲版),1990(05):31-37.

[14] 白寿彝.关于中国民族关系史上的几个问题——在中国民族关系史座谈会上的讲话[J].北京师范大学学报(社会科学版),1981(06):1-12.

[15] 陈梧桐.关于处理我国民族关系史若干原则的商榷[J].中央民族学院学报(哲学社会科学版),1981(02):9-16.

[16] 孙祚民.建国以来中国民族关系史若干理论问题研究评议[J]东岳论丛,1987(01):4-18.

[17] 黄世君.关于"民族问题"、"民族关系"的再认识[J].民族研究,1989(06):16-18.

[18] 杨建新.关于民族发展和民族关系中的几个问题[J].西北民族研究,2002

（01）：115-119.

[19] 费孝通. 中华民族的多元一体格局[J]. 北京大学学报（哲学社会科学版），1989（04）：1-19.

[20] 中华人民共和国宪法修正案（2018年3月11日第十三届全国人民代表大会第一次会议通过）[EB/OL]. 中国人大网，2018-03-12.

[21] 贵州省大方县县志编纂委员会办公室. 大定县志[E]. 重庆：重庆渝新印刷厂，1985.

各民族如何实现全方位嵌入的思考

汪 月

摘 要： 铸牢中华民族共同体意识作为新时代党的民族工作主线，是维护各民族的根本利益及实现中华民族伟大复兴的必然要求。对此，习近平总书记在强调推进各民族交往交流交融以铸牢中华民族共同体意识时，提出要"逐步实现各民族在空间、文化、经济、社会、心理等方面的全方位嵌入"[①]。这既是促进各民族交往交流交融的重要举措，也是具体要求；同时也为进一步"构建各民族相互嵌入的社会结构和社区环境"指明了方向。中华民族多元一体格局的形成过程、民族团结进步创建工作的深入开展以及乡村振兴战略的持续推进，为各民族实现全方位嵌入奠定了坚实基础。在此基础上，进一步推动各民族全方位嵌入则可以从空间互嵌、文化共兴、经济互助、社会互联、心理互通等五个维度开展，并以逐步推进民族互嵌式社区建设、增强中华文化认同、打造开放共享的经济环境、构建互嵌式社会结构、深化各民族心理认同为实践路向。

关键词： 全方位嵌入；互嵌；铸牢中华民族共同体意识

作者简介：汪月，女，1988年生，河北省邢台人，贵州民族大学民族学与历史学学院2021级社会学专业博士研究生。

[①] 《习近平谈治国理政》（第四卷），外文出版社2022年版，第247页。

一、引论

在2021年召开的中央民族工作会议上，习近平总书记强调，新时代的民族工作要以铸牢中华民族共同体意识为主线。中华民族共同体具有多重维度的整体性，只有强调进一步促进各民族广泛交往交流交融，推进各民族在空间、文化、经济、社会心理等方面的深度嵌入和整合才能夯实中华民族共同体的社会结构基础[1]，进而铸牢中华民族共同体意识。

"嵌入"概念源自结构工程学，是用来形容不同部件之间的相互咬合依赖的关系或结构的专业术语。[2]其在社会科学领域的理论化早期应用源于卡尔·波兰尼和马克·格兰诺维特等，主要用于经济学领域探讨经济与社会体系之间的关系。[3][4]在我国则大抵是从马戎等学者开始用"嵌入"来阐述少数民族群众的跨区域流动现象，进而引起关注的。[5]关于各民族相互嵌入，习近平总书记在2014年5月的中央政治局会议和9月的中央民族工作会议上，明确提出要推动建立各民族相互嵌入的社会结构和社区环境。[6]之后政治学、民族学、历史学、社会学等不同学科开展了对民族互嵌式社区环境

---

[1] 马忠才:《中华民族共同体的多维互嵌结构及其整合逻辑》,《西北民族研究》2021年第4期,第29页。

[2] 郝亚明:《民族互嵌型社区社会结构和社区环境的理论分析》,《新疆师范大学学报》(哲学社会科学版)2015年7月第36卷第4期,第14—20、2页。

[3] 卡尔·波兰尼:《巨变:当代政治与经济的起源》,黄树民译,社会科学文献出版社2013年版,第25页。

[4] 马克·格兰诺维特:《镶嵌:社会与经济行动(增订版)》,罗家德译,社会科学文献出版社2015年版。

[5] 袁本罡:《融合"差异"与"交融"——"嵌入"的理论内涵及其在少数民族流动人口研究中的运用》,《才智》2020年第8期,第232—233页。

[6] 《习近平主持召开中共中央政治局会议研究进一步推进新疆社会稳定和长治久安工作》,《中国青年报》,2014年5月27日,06版。

建设与治理[1][2]、民族互嵌机制与路径[3][4]、民族互嵌式社会结构的文化、教育、情感环境建构[5][6][7]的系列讨论，也有民族互嵌式社会结构"宾弄赛嗨"机制、万秀村治理经验[8]、蒙汉民族互相依存型经济[9]、云南民族"互嵌—共生"关系模式[10]等具体实践经验的研究。但无论何种理论视角都少不了对互嵌的意涵的解读，诸多探讨中大多学者认同"嵌入"是指各民族间既不分隔又未融合、存在内在关联的、具有诸多镶嵌性与共同性特点的民族关系。"各民族全方位嵌入"则是对民族互嵌政策意涵的进一步深化和明确。嵌入

---

[1] 马伟华、付胜斌：《城市多民族互嵌式社区建设的社会支持视角分析——以天津市武清区B社区为例》，《民族学论丛》2022年第1期，第44-50页。

[2] 刘永刚、胡玲惠：《民族互嵌社区：中华民族共同体建设的社会治理路径》，《西北民族大学学报》（哲学社会科学版）2022年第5期，第118-126页。

[3] 严庆：《"互嵌"的机理与路径》，《民族论坛》2015年第11期，第10-13页。

[4] 郝亚明：《民族互嵌式社会结构：现实背景、理论内涵及实践路径分析》，《西南民族大学学报》（人文社会科学版）2015年第36卷第3期，第22-28页。

[5] 李瑞华、陈婷丽、海路：《中华民族共同体视域下民族互嵌式教育环境建构研究——基于社会融合理论》，《青海民族大学学报》2022年第48卷第3期，第7-13页。

[6] 汤夺先、王增武：《互嵌与共享：新时代散杂居地区民族文化交融研究》，《北方民族大学学报》2022年第3期，第5-16页。

[7] 龙金菊：《民族互嵌式社会结构建设的情感逻辑——基于情感社会学的视角》，《西南民族大学学报》（人文社会科学版）2021年第42卷第7期，第24-31页。

[8] 杨军、朱颖芸、韩春梅：《铸牢中华民族共同体意识背景下城市多民族互嵌式社区治理研究——以广西南宁市万秀村为例》，《原生态民族文化学刊》2022年第14卷第5期，第41-50、154页。

[9] 僧格、李柏桐：《移民与杜尔伯特蒙汉民族的互相依存型经济》，《黑龙江民族丛刊》2021年第3期，第94-98页。

[10] 马光选、刘强：《民族关系的"互嵌—共生模式"探讨——对云南省民族关系处理经验的提炼与总结》，《云南行政学院学报》2016年第18卷第6期，第38-45页。

性理论本质上指的是某一事物对另一事物产生影响的过程[①]，嵌入更注重于两个事物之间的内在关系，强调的是一个动态的相互耦合的过程，既包括嵌入的广度也包括嵌入的深度。故而，各民族的全方位嵌入，就要求各民族在相互嵌入的基础上以及在发展的过程中动态深入嵌入，犹如连理之木共生共存，根结盘固不可分割。但同时也需要注意到的是，嵌入者和被嵌入者之间会彼此影响和作用，因此各民族全方位嵌入不仅是结构上的嵌入，更要注重耦合联动。自"各民族全方位嵌入"提出以来，学界加强了铸牢中华民族共同体意识视角下的民族互嵌理论的内涵、条件、路径、环境等研究，总体而言，研究空间互嵌较多，其他互嵌研究较少，对全方位嵌入的解读和梳理较少，同时"各民族全方位嵌入"是极具创新性和实践性的概念。有鉴于此，本文尝试从实现基础、现实挑战、实践路向三方面对此进行初步探讨和思考，抛砖引玉，以期引起学界共同关注。

二、各民族实现全方位嵌入具有坚实基础

"中华民族共同体"的概念虽然在党的十八大之后才逐渐成熟[②]，但究其多元一体的内在结构和本质属性，是具有政治、文化、情感、社会的深厚积淀的。各民族人民在交往交流交融进程中逐渐形成了对中华民族的集体身份认同[③]，同时也为实现各民族进一步的全方位嵌入奠定了坚实基础。

[①] 何植民、蔡静：《嵌入到共生：乡村振兴视域下新乡贤参与乡村治理的发展图景》，《学术界》2022年第7期，第134–144页。

[②] 孔亭、毛大龙：《论中华民族共同体的基本内涵》，《社会主义研究》2019年第6期，第51–57页。

[③] 严庆、于欣蕾：《铸牢中华民族共同体意识的社会空间整合视角》，《西北民族研究》2021年第3期，第5–16页。

（一）历史基础：中华民族多元一体格局的形成

整个中国的历史，就是不同时期、不同民族的人们，从东、南、西、北迁移流动，把他乡当故乡，故乡变成他乡的历史，最终形成了统一的多民族国家。"多元一体"格局从最开始的夏、商、西周初步萌芽，经过春秋战国时期的大变革、大动荡，得到了进一步的丰富和发展；之后秦朝统一六国，形成了大一统的多民族国家，在魏晋南北朝民族大融合和隋唐大统一的巩固下，各民族的交流融合在漫长的历史发展中逐步增强；而由少数民族建立的辽、西夏、金的发展则更是加强了各民族对中华整体观念的认同；后经元、明、清的进一步发展，"华夷一统"的思想发展为各民族"共为中华"，至此中华民族共同体意识逐渐明晰。近代鸦片战争以来，面对外敌侵略，在全国各族人民反帝反封建的民族解放斗争中，中华民族共同体意识空前觉醒，成为凝聚各族人民的强大精神动力。[①]各民族无论是战争冲突还是通婚联姻，都在历史长河中不断交往互动，异域民族文化、思想、情感相互交融，从唐代边塞诗人高适的"虏酒千钟不醉人，胡儿十岁能骑马"，温庭筠的"疆理虽重海，车书本一家"；金代完颜亮的"万里车书一混同，江南岂有别疆封"等诗句中都能得到体现。大汉时与匈奴的联姻、唐时设安西都护府、唐太宗嫁文成公主入西藏、宋朝的澶渊之盟，以及清朝的土尔扈特部回归都是历史上各民族交流互动的真实写照，历史更迭、交流交融，整个中国历史就是各民族共同发展并相互交融，共同缔造一个多元一体的中华民族共同体的历史。

各民族在延绵不断的历史中，不断迁移融合，造就了在分布上的交错杂

[①] 刘正寅：《中华民族共同体意识的历史考察》，《中华民族共同体研究》2022年第1期，第102–117、172–173页。

居、文化上的兼收并蓄、经济上的相互依存、情感上的相互亲近,最终形成了你中有我、我中有你、谁也离不开谁的多元一体格局。①中华民族五千年来多元一体格局的形成过程,为各民族实现全方位嵌入奠定了深厚的历史基础。

(二)情感基础:民族团结进步创建工作的深入开展

民族团结进步创建工作是在党的领导下,由各族人民群众共同开展推动的,实施多项政策举措,不断促进各民族交往交流交融,巩固和加强社会主义民族关系,逐步铸牢中华民族共同体意识的实践过程。②新中国成立之初,党和国家为贯彻民族平等原则,在全国范围内开展了大量民族调查和民族识别工作。1953年开始,每年9月被定为"民族团结宣传月",集中宣传党的民族理论与相关政策,进行民族团结进步教育。毛泽东同志在1956年发表的《论十大关系》中也明确提出要处理好少数民族和汉族的关系,坚决反对大汉族主义或狭隘民族主义,巩固各民族大团结。③之后,我国民族工作经历了用阶级斗争的错误思想来处理民族关系的"文革"时期。党的十一届三中全会、六中全会等会议,恢复和改善了我国处理民族关系的正确航道,2009年起,民族团结创建的相关活动开始日渐规范化。

自2009年明确提出"民族团结进步创建活动"后,党和政府采取有力措施,推动了全国创建活动的开展,先后命名了九批全国民族团结进步示范

---

① 国家民族事务委员:《中央民族工作会议精神学习辅导读本》,民族出版社2015年版,第25页。
② 隋青、李钟协、孙沭沂、李世强、陈丹洪:《我国民族团结进步创建的实践》,《民族研究》2018年第6期,第15-27、123页。
③ 毛泽东:《论十大关系》,载中共中央文献研究室、国家民族事务委员会编:《毛泽东民族工作文选》,中央文献出版社2014年版,第242-243页。

区示范单位1476个[①]、六批全国民族团结进步教育基地226个[②]等示范表彰工程。特别是党的十八大以来，以习近平同志为核心的党中央高度重视民族团结和创建工作，对全面深入持久地开展民族团结进步创建的理念、形式、方法和主要任务作出系列重要决策部署。各地区、各部门贯彻落实党中央、国务院决策部署，不断丰富内涵、创新形式，推动创建工作深入开展，民族团结进步事业和创建工作取得了显著成效，为各民族实现全方位嵌入奠定了坚实的情感基础。

（三）实践基础：乡村振兴战略的持续推进

实施乡村振兴战略，是党的十九大作出的重大部署，是一项涉及农村"产业兴旺、生态宜居、乡风文明、治理有效、生活富裕"的全方位、复杂的系统建设工程。[③]乡村振兴战略的提出，鼓舞并带动了各民族地区的一系列振兴规划和具体实践。发展相对滞后的"老少边穷"地区，更是乡村振兴战略实施的重点范围。以特色小镇和美丽乡村等建设实践为基础，各地在策略上达成"农民主体、政府引导、市场参与"的共识，分别依据不同资源禀赋进行规划与建设。

各民族通过注重特色村寨建设与保护传承民族文化相结合，提高群众经济收入改善生活质量与保护民族地区生态环境相结合，增进民族团结进步与地方城镇化建设相结合，建设出了一批民族特色突出、产业支撑强劲、民族文化浓郁、人居环境优美、民族关系和谐的少数民族特色村寨。特别是在边

---

① 根据中华人民共和国国家民族事务委员会网站公开信息整理。
② 同上。
③ 张等文、郭雨佳：《乡村振兴进程中协商民主嵌入乡村治理的内在机理与路径选择》，《政治学研究》2020年第2期，第104–105、128页。

疆地区，通过族际整合促进了边疆民族团结与铸牢中华民族共同体意识，为各民族全方位嵌入提供了和谐的族际关系；通过乡村经济结构转型与农业产业升级，为各民族全方位嵌入提供了产业经济支撑；通过加强各民族间的交往互动构建各民族互嵌式文化结构，为各民族全方位嵌入提供了持续的精神动力与智力支持；通过探索乡村善治、国家一体化治理与边疆治理相结合，推进各民族治理体系与治理能力的现代化，为各民族实现全方位嵌入提供了稳定的社会保障。[1]

三、各民族实现全方位嵌入面临的阶段性挑战

作为统一的多民族国家，党和国家历来高度重视各民族的稳定和发展。中华民族历经了站起来的斗争，各民族得以共同当家作主；之后又完成了富起来的任务，各民族共同团结奋斗，民族地区快速发展。而在中华民族走向强起来的今天，我们依然面临着各种阶段性的挑战和风险，各民族的全方位嵌入需要立足各民族发展实际，把握住正确的政治方向，探索适合的发展道路。

（一）民族地区发展不平衡不充分问题相对突出

新时代以来，随着经济的不断发展，我国社会主要矛盾已经转化为人民日益增长的美好生活需要和不平衡不充分的发展之间的矛盾。社会主要矛盾的转化，一方面表明人们有了更全面更高水平的需求，另一方面也体现出我国大部分地区的发展有了很大的突破，取得了历史性的成果。受地理生态、文化基础和政策扶持等因素影响，我国各民族地区经济发展水平差距依然存

---

[1] 徐俊六：《族际整合、经济转型、文化交融与协同共治：边疆多民族地区乡村振兴的实践路径》，《新疆社会科学》2019年第3期：第76–85、149页。

在，各民族地区发展不平衡不充分的现实有待改善。发展相对滞后的民族地区在收入分配、发展水平和质量上，经济总量和人均指标均存在差距；而经济上的差距又会造成民生、教育等一系列的差距，例如某些落后的婚嫁习俗造成的义务教育失衡、片面的教育观念导致的优质高等教育缺失[1]等情况。民族地区发展不平衡不充分问题，也伴随着资源配置的不均衡，为各民族全方位嵌入带来了一定的挑战。

（二）互嵌式社会结构的构建仍待加强

经过"十三五"期间的推动，构建相互嵌入式的社会结构和社区环境取得了实质性的进展，为各民族的全方位嵌入奠定了一定的物质基础。然而，不同民族的相互嵌入，不论是生活方式还是文化适应，都会经历一个碰撞或调适的阶段。在相互嵌入的过程中身份的转换、生产方式的改变、语言文化习俗的差异，使得各民族群众在互嵌过程中多有不适，甚至出现再搬迁、返老宅等情况，亦有部分扎堆隔离等现象，这些都影响互嵌式社会结构的稳定与发展。对此国家从就业创业、产业发展和后续配套设施建设等方面加大扶持力度，制定了易地扶贫搬迁等多项扶持政策，保障搬迁群众的民生经济生活，统筹资源、完善机制，促进各民族的交往交流交融。但由于情况的复杂性、人员的流动性等影响，互嵌式社会结构的构建依然需要更多的关注。

（三）敌对势力破坏我国民族团结风险仍在

长期以来，我国各民族在党的统一领导下，共同团结奋斗，共同繁荣发展，民族关系紧密融洽。然而国际敌对势力分裂扰乱我国安全稳定之心不死，常常在局部地区兴风作浪，这种险恶用心、丑陋行径受到了各族人民的

---

[1] 周自波、廖水明：《试论民族地区解决教育发展不平衡不充分的根本途径》，《贵州民族研究》2018年第39卷第7期，第203-208页。

坚决抵制。但也有个别群众受极端思想侵蚀毒害，丧失理性，走上了宗教极端主义的不归路，在敌对势力的威逼利诱下做出一些破坏民族团结的行为。虽然分裂势力、敌对分子的蓄意干扰并不能破坏我国各民族的团结稳定，但在国际敌对势力的扰乱下，这些不耻行径犹如"眼里揉沙、鞋底塞石"，也可能会或多或少地影响各民族的相互嵌入，需要我们更多地警惕和防备。

四、各民族实现全方位嵌入的实践路向

互嵌是各民族在共同的空间场域下交往交流交融的现实样态。[①]对全方位嵌入的理解不能单纯考虑空间场域，要从社会结构、社区环境等方面考量规划，把握好空间共聚、文化共享、经济共融、社会共治、心理共识等维度。[②]民族互嵌强调共同体在"空间上的'交错混居'、行为上的'交往互动'、情感上的'交流融合'"[③]。各民族全方位嵌入要以增进共同性、尊重和包容差异性为重要原则，以一体为主线和方向，从空间互嵌、文化共兴、经济互助、社会互联、心理互通等维度，不断深入激发多元要素和动力。

（一）推进民族互嵌式社区建设，紧密各民族空间互嵌

随着"空间"概念的不断发展，"空间"已经超越了马克思最初提出的"土地"这种具体的空间形态，而被赋予了多维的政治性、社会性。盖奥尔格·西美尔在描述空间和空间中的"人"时提出，"人与人之间的关系，实

---

① 高向东：《发挥好城市促进互嵌的重要功能》，《中国民族报》，2022年6月28日，第5版。
② 李安辉：《促进各民族全方位嵌入要把握五个维度》，《中国民族报》，2022年6月28日，第5版。
③ 曹爱军：《民族互嵌型社区的功能目标和行动逻辑》，《新疆师范大学学报》（哲学社会科学版）2015年版第36卷第6期，第79—85页。

209

际上是空间与空间的关系"①。群际接触理论则认为，族际接触互动能通过增进了解、缓解焦虑、产生共情等机制来改善民族关系。②中华民族在历史演进中，造就了我国各民族在分布上的交错杂居，而城镇化建设进程中住房商品化的不断推进，使不同民族居民又进一步实现了居住空间的相互嵌入。民族互嵌社区是在遵循中华民族多元一体格局的现实基础上形成的社会结构，是民族共同体的生活场域在社区空间结构上的延展；同时也是基于尊重民族之间的"特质性"而形成的互联交融的社会结构。郝亚明研究民族互嵌与各民族间的交往交流交融的逻辑关系时提出，相互嵌入的社区环境是民族间交往交流交融的空间基础，各民族在此空间内催生出了相互嵌入的社会结构，相对稳定的相互嵌入的社会结构又是各民族不断交往交流交融的结构基础。③无论二者是以何种关系来发挥作用，最终都将促成铸牢中华民族共同体意识的根本目标。因此，在民族互嵌型社区的建设基础上进一步完善和推动各民族空间上的嵌入，是各民族实现全方位嵌入的基石。只有在空间上形成稳如石榴籽的互嵌，才能有文化、经济、社会、心理的进一步深入嵌入。

我国各民族居住空间互嵌通常因家庭式人口流动、异地搬迁、城镇化等方式形成。家庭式人口流动一般是家庭因生计、置业或投奔亲戚等情况自主流动嵌入；易地搬迁一般由政府主导，对一些村寨或部分区域进行相对集中的政策性搬迁，是防灾减贫的一种措施，也可以看作一种社区式搬迁；城镇化搬迁是我国推进新型城镇化的一种模式，类似"移民搬迁式就近城镇

---

① 盖奥尔格·西美尔：《社会学——关于社会化形式的研究》，林荣远译，华夏出版社2002年版，第58页。
② 郝亚明：《民族互嵌与民族交往交流交融的内在逻辑》，《中南民族大学学报》（人文社会科学版）2019年第39卷第3期，第8–12页。
③ 郝亚明：《民族互嵌与民族交往交流交融的内在逻辑》，《中南民族大学学报》（人文社会科学版）2019年第39卷第3期，第8–12页。

化"。为了依托空间的集聚实现民族互嵌,各民族社区居住格局可以采取抽签随机搭配,减少本族内扎堆聚集的情况,以扩大各民族接触面,不搞分区聚居,尽量使不同民族居民相邻而居,增加其交流交往交融的机会。通常情况下,物质形态的居住空间的改变能够带来一些隐性的在交往空间、心理空间上的改变。因此,民族互嵌式社区建设是通过物质的改变,带来心理、社交方面的转变,所以要充分尊重各民族文化习俗、生活习惯等"特质性",在此基础上逐步实现民族之间的"共生性"发展目标。首先,要注重城乡统筹建设和规划,均衡公共服务等资源配置,通过制度和政策制定整体推进,发挥整体效能。其次,要进一步注重公共空间的打造,完善互嵌式社区居民交流平台。在线下和线上搭建沟通平台建设公共空间,为各族居民的共同参与互动提供有利条件。同时也要认识到,实现各民族空间嵌入不能简单理解为"一刀切"的民族混居,要建立健全科学性、针对性的评价体系,做到具体情况具体分析,统筹兼顾循序渐进。在互嵌式空间构造中,既要增强各民族交往交流交融,也要尊重和保护各民族文化特色和生活习惯,在尊重差异的基础上寻求共生共存共发展的公共空间。

(二)增强中华文化认同,促进各民族文化共兴

文化的适应与变迁往往滞后于物质,因此在物质空间互嵌的基础上需要关注民族文化在互嵌过程中的张力。张帆谈到文化的同化时,提出拥有高度文化自主性的族群,在抵抗外来文化冲击时能够以自己的逻辑来包容外来文化,进而转化外来文化以达到文化的同化。[1]中华文化正是在各民族长期生产实践过程中,不断传承本民族文化又包容、转化外来文化而产生的。因

---

[1] 张帆:《现代性语境中的贫困与反贫困》,人民出版社2009年版,第111、244页。

此，各民族要在空间互嵌的基础上加强民族文化交流共赏，在认知—接受—适应的过程中创造性转化、创新性发展，在文化上达到盘根般的嵌实共兴。文化多样、组成因子多元、结构相对稳定是中华民族永葆生机和创造活力的源泉，而各民族之间的文化嵌实共兴则是这源泉的活水。

实现文化上的嵌入，首先要建立文化认同，形成彼此文化上的基本认同，是交往发展的前提。一是要以铸牢中华民族共同体意识为主线，鼓励民族地区各民族开展交流活动。自古以来，我国各民族创造的文学作品、建筑工程、语言词汇、乐器服装等都存在大量互相借鉴、共同创造的情况，因此要正确把握中华文化和各民族文化的关系，在提升各民族文化价值属性的过程中创造更多各民族共享共创的中华文化。以贵州传统村落保护发展为例，在传统村落的专项保护中，既注重各民族传统文化的保护与发展，又以此为抓手广泛开展各民族文化交流活动，不局限于各自文化的展演，可以尝试创新的各民族文化会演形式。二是要注重科学创新传承，提升各民族文化的价值属性。文化脱离民族的发展则无法焕发生机。一直以来民族文化在传承发展方面存在着一些共有的困境，充裕的民族文化资源并没有得到有效的开发和利用，甚至存在着特色传统文化资源越丰富，民族反而越贫穷的怪圈。[①]因此，民族文化的发展要寻求传统特色与现代需求之间的平衡。三是要注重各民族共享的中华文化符号以及中华民族形象的树立和突出。在生产生活中不断加强各民族文化共建共享的同时，更要注重通过建筑、美术、标识、影视、艺术表演等不同媒介宣传和表达中华文化特征、中华民族精神、中国国

---

① 李忠斌：《论民族文化之经济价值及其实现方式》，《民族研究》2018年第2期，第24–29、123–124页。

家形象。在正确的政治导向下，丰富内涵、体现意蕴、凝聚智慧。[1]尊重、保护、传承各民族的优秀传统文化，做好"五个认同"教育，牢固树立社会主义核心价值观，铸牢中华民族共同体意识，增进民族文化认同。

（三）打造开放共享的经济环境，推动各民族经济互助

最早"嵌入"的提出是指经济行为嵌入在社会和文化结构中。美国学者马克·格兰诺维特曾指出，"大多数的（经济）行为都紧密地嵌入在社会网络之中"[2]。经济上的嵌入，要求各民族以合作互利的方式，参与彼此的经济（产业）运行发展。民族间的经济联系也是民族关系的真实反映[3]，经济交往是各民族相互嵌入式社会结构生成的基础，但因民族地区原有的生产力水平及社会发育程度的差异，导致民族经济互嵌出现一些问题，主要表现为民族人口在职业结构中分布不均、各民族劳动力人口的产业转移缓慢。经济交往中也存在嵌入失衡的现象，因此要厘清各民族经济互嵌的运行机制和要素差异。

实现各民族经济上的嵌入，首先要将改善民生、凝聚民心作为民族地区经济社会发展的出发点和落脚点[4]，坚持正确的政治导向，为各民族群众融入新发展格局提供有利条件。其次是要充分发挥政府的主导作用，注重惠

---

[1] 中共中央统一战线工作部、国家民族事务委员会：《中央民族工作会议精神学习辅导读本》，民族出版社2022年版，第96–100页。

[2] Granovetter M: *Econmic Action and Social Structure*: *The Prolem of Embeddedness*. American Journal of Sociology Vol.91, No.31, 1985, p486–487.

[3] 僧格、李柏桐：《移民与杜尔伯特蒙汉民族的互相依存型经济》，《黑龙江民族丛刊》2021年第3期，第94–98页。

[4] 中共中央统一战线工作部、国家民族事务委员会：《中央民族工作会议精神学习辅导读本》，民族出版社2022年版，第80页。

及更广泛的在地化经济基础^①的夯实，完善支持各民族融入统一市场的相关政策；鼓励支持其他地区群众和企业到边疆、西部地区共同建设。再次是要推进供给侧结构性改革，依托民族地区资源优势，挖掘和转化空间生态资源价值；鼓励各族群众联合创业，支持各民族利用优势互补创新形式、提供差异化经营和产品，推动各民族互利互惠的合作交流。最后在注重民族地区经济发展的同时，还要注重国家认同的建构，把握好经济发展的出发点和落脚点，在各民族的经济嵌入过程中铸牢中华民族共同体意识。

（四）构建互嵌式社会结构，增强各民族社会互联

民族交往作为社会交往的一部分，是各民族在生产生活实践中相互借鉴、吸纳、融合的必然过程，是具有科学规律和内在联系的。各民族实现社会方面的嵌入要在彼此尊重的基础上实现深入持久紧密的社会互动互联。近年来，我国各族人口大流动大融居趋势不断增强[②]，但新形势下，互嵌式社会结构的构建依然需要不断探索，以促进各民族在社会结构层面的嵌入。

构建互嵌式社会结构，只有系紧扎牢各民族间的互动纽带，增进各民族之间的有效互动，改善交往环境，才能铸牢中华民族共同体意识。而作为统一的多民族国家，我国各民族呈现出多种多样的劳作方式、风俗习惯、经济形态、交往方式，因此要实现各民族社会嵌入，首先要在坚持公正公平原则、民族平等原则下，提供有利于构建互嵌式社会结构的相关政策和体制机制支撑，只有营造出有利的社会环境氛围，才能防止群体的自我封闭和社会结构固化。其次是要逐步整合各民族社会资源，防止出现民族社会结构分

---

① 温铁军：《共同富裕的在地化经济基础与微观发展主体》，《浙江日报》2021年8月16日，第6版。
② 中共中央统一战线工作部、国家民族事务委员会：《中央民族工作会议精神学习辅导读本》，民族出版社2022年版，第4页。

层,打造"互嵌+沁入"的格局。①各民族相互嵌入式社会结构的生成与稳固,依赖于广泛、多层、深入的社会交往。因此,要加强政策引导,对少数民族流动人口就业、住房、子女入学、社会福利等进行政策保障,使其能顺利融入流入地生活。鼓励企业单位赴民族地区宣传推广,以创业就业促进各民族跨区域流动。最后是要注重双向推进,既要不断推进"固边兴边富民"工作,保障改善边疆民族地区人民的生活环境和居住生活及就业条件等,又要在城市持续开展民族团结进步事业教育,促进各民族人口的双向流动融居。中西部地区通过创业就业、求学招生、迁入定居、旅游交流等举措鼓励各族群众广泛全面深入地交往交流交融,逐步实现由"互嵌式社区"向"互嵌式社会"的转变。

(五)深化各民族心理认同,实现各民族心理互通

各民族的全方位嵌入不能只强调表象的物质的互嵌,而应该上升到一种彼此依存、具有心理接纳与包容精神的深层次互嵌。心理方面的嵌入是指不同民族成员在彼此之间的心理接纳和心理认同的基础上,达到一种鱼水情深、血肉相连的共生共存。以钱民辉教授提出的"意识三态观"来看,"民族教育一定要让全体受教育者学习领会与贯彻国家的意识形态,建立与维护多民族一体的意识生态,形成正确反映和表达意识形态、意识生态的意识心态。"②因此,各民族实现全方位嵌入也需要维护"意识三态"的稳定,从而达到心理互嵌。然而,社会心理疏离的消除并不是单纯依靠社会融合,更

---

① 张慧:《马克思主义民族理论视阈下边疆地区民族团结进步的逻辑理路》,《云南民族大学学报》(哲学社会科学版)2021年第1期,第14–19页。
② 钱民辉:《从"意识三态观"看国家知识、民族教育与文化身份的关系——兼评阿普尔与伯恩斯坦的教育知识社会学思想》,《民族教育研究》2018年第29卷第1期,第5–11页。

好的方式是在社会结构中参与社会活动,从而形成社会认同,消解社会心理疏离。[1]因此,居住空间的嵌入并不能直接促进各民族间的交往,更不会顺理成章地形成心理空间的嵌入。

那么,如何促进各民族在空间互嵌的基础上进一步扩大加深交往空间,最终达到心理嵌入呢?根据多亚尔和高夫的需要理论,需要是人类行为和互动的前提,是行为的动机力量。民族互嵌要在满足各民族共同需要的动机下,使接纳和尊重成为一种广泛而深入的共识,实现"中华民族共同体意识"由内而外、从观念到行为的转变。首先要在提升物质经济的同时注重精神力量的培养,加强对中华民族共同体的集体认同。其次,要从社区建设入手,继续深入开展示范社区创建活动,充分发挥多民族互嵌式社区生活生产联系密切的优势,加强各民族成员的情感往来和行为互动,使互嵌社区成为各民族美好的生活家园与精神家园。再次,要将铸牢中华民族共同体意识纳入干部、党员、国民教育体系,通过各类学校等教育教学机构进行教育宣传,同时发挥党建引领,将支部设在民族互嵌的社区中。通过嵌入式社区平台的搭建,民族间积极的社会情感交流,促进各民族理性精神的相互嵌入,形成对社会发展、国家政策与战略、族际关系产生基本的认同,这样才能确保不同民族在社会发展过程中目标一致,最终以积极的心态秩序构建和谐互嵌的民族关系。最后,要广泛开展对中华民族共同体意识的社会宣传教育,通过媒体平台,利用文学、影视歌曲、旅游展览、节庆活动等多种载体,特别是网络阵地建设,将中华民族共同体意识发于声、现于形、铸于心。

---

[1] 郝亚明:《民族互嵌式社会结构:现实背景、理论内涵及实践路径分析》,《西南民族大学学报》(人文社会科学版),2015年第36卷第3期,第22–28页。

五、结语

民族互嵌是我国多民族地区民族关系的真实写照,实现各民族全方位嵌入对我国的民族团结、长治久安,对促进中华民族共同体构建与发展,具有不可估量的重要意义。当前,我国正处于实现中华民族伟大复兴的关键时期,又要应对世界百年未有之大变局。在这样特殊的战略机遇期,用聚焦"铸牢中华民族共同体意识"这个"纲"来持续推进新时代民族工作,具有重要的战略和历史意义。纲举目张,构建各民族互嵌式社会结构,促进各民族在空间、文化、经济、社会、心理等方面的全方位嵌入,是贯彻铸牢中华民族共同体意识之纲的应时之举,同时也指明了促进民族交往交流交融的实践要求,有助于实现铸牢中华民族共同体意识的目标。实现各民族全方位嵌入是一个复杂的系统工程,除了必备的制度、地域、历史、经济、文化等条件外,也涉及城市空间布局、国家发展格局的调整和优化。本文基于空间互嵌、文化共兴、经济互助、社会互联、心理互通等维度提出促进各民族全方位嵌入的实践路向,虽梳理了实践方向,但具体的路径及其优化是需要结合不同地区、不同条件、不同环境,不断进行探索和研究的重要议题。

参考文献

[1]《中国马克思主义与当代》编写组. 中国马克思主义与当代(2021年版)[M]. 北京: 高等教育出版社.

[2] 郝亚明: 民族互嵌与民族交往交流交融的内在逻辑[J]. 中南民族大学学报(人文社会科学版), 2019, 39(3): 8–12.

[3] 张慧: 马克思主义民族理论视阈下边疆地区民族团结进步的逻辑理路[J].

云南民族大学学报(哲学社会科学版),2021(1):14-19.

[4] 董强,宋艳贺.试论民族地区内涵式公共空间之美丽乡村构建[J].大理学院学报,2015(9):12-16.

[5] 龙金菊,高鹏怀.共同体视域下民族互嵌式社会结构建设:理论、语境与路径分析[J].北方民族大学学报(哲学社会科学版),2021(3):42-49.

[6] 高文勇,尹奎杰.民族互嵌社区精准治理的理论向度与实践路径——以贵州省兴义市S街道社区为例[J].北方民族大学学报,2021(2):47-56.

[7] 李伟,李资源.社会治理共同体视域下民族互嵌式社区的内在机理与实现路径[J].西北民族大学学报(哲学社会科学版),2021(2):80-87.

[8] 沈桂萍.构建城市民族工作的"嵌入式治理"模式[J].湖南省社会主义学院学报,2015(1):58-60.

[9] 卢德生,王垚芝."民族互嵌"视域下城市多民族社区学习共同体建设[J].职教论坛,2020(4):88-93.

[10] 赵哲.再造认同:党建统合视阈下的互嵌式社区实践路径——以新疆伊吾县合村并居后的多民族社区为例[J].西南民族大学学报(人文社会科学版),2021,42(2):197-205.

[11] 国家民族事务委员会.中央民族工作会议精神学习辅导读本[M].北京:民族出版社,2015.

[12] 毛泽东.论十大关系[M]//中共中央文献研究室,国家民族事务委员会.毛泽东民族工作文选.北京:中央文献出版社,2014:242.

[13] 张等文,郭雨佳.乡村振兴进程中协商民主嵌入乡村治理的内在机理与路径选择[J].政治学研究,2020(2):104-115,128.

[14] 沈权平,沈万根.东北边疆民族地区乡村振兴重点破解问题及路径设

计——以朝鲜族聚居区为例[J].北方民族大学学报,2019(5):28-34.

[15] 徐俊六.族际整合、经济转型、文化交融与协同共治:边疆多民族地区乡村振兴的实践路径[J].新疆社会科学,2019(3):76-85,149.

[16] 曹爱军.民族互嵌型社区的功能目标和行动逻辑[J].新疆师范大学学报(哲学社会科学版),2015,36(6):79-85.

[17] 齐美尔.社会学——关于社会化形式的研究[M].北京:华夏出版社,2002:58.

[18] 郝亚明.民族互嵌与民族交往交流交融的内在逻辑[J].中南民族大学学报(人文社会科学版),2019,39(3):8-12.

[19] 隋青,李钟协,孙沐沂,李世强,陈丹洪.我国民族团结进步创建的实践[J].民族研究,2018(6):15-27,123.

[20] 张帆.现代性语境中的贫困与反贫困[M].北京:人民出版社,2009:111,244.

[21] 李忠斌.论民族文化之经济价值及其实现方式[J].民族研究,2018(2):24-39,123-124.

[22] GRANOVETTER M. Econmic action and social structure: the prolem of embeddedness[J]. American Journal of Sociology, 1985, Vol.91, No.31, 486-487.

[23] 钱民辉.从"意识三态观"看国家知识、民族教育与文化身份的关系——兼评阿普尔与伯恩斯坦的教育知识社会学思想[J].民族教育研究,2018,29(1):5-11.

[24] 郝亚明.民族互嵌式社会结构:现实背景、理论内涵及实践路径分析[J].西南民族大学学报(人文社会科学版),2015,36(3):22-28.

[25] 孔亭, 毛大龙. 论中华民族共同体的基本内涵[J]. 社会主义研究, 2019 (6): 51-57.

[26] 陈纪, 蒋子越. 各民族互嵌式社区建设: 铸牢中华民族共同体意识的社会条件探析[J]. 贵州民族研究, 2021, 42(4): 18-24.

[27] 马忠才. 中华民族共同体的多维互嵌结构及其整合逻辑[J]. 西北民族研究, 2021(4): 23-29.

新疆喀什脱贫攻坚与乡村振兴有效衔接及现代乡村产业体系构建路径探析

郭景福，夏米斯亚·艾尼瓦尔

（大连民族大学 经济管理学院，辽宁 大连 116600）

摘　要：2020年底，我国实现"两不愁三保障""县摘帽、人脱贫"的脱贫攻坚目标，在中华民族数千年发展史上首次整体消除绝对贫困。然而这并不意味着减贫事业的终结，我国广大民族地区，特别是曾经深度贫困的"三区三州"仍然是欠发达地区，脱贫攻坚成果需要进一步巩固提升。"后小康时代"民族地区如何转型减贫战略，巩固脱贫成果、防止返贫，如何激发低收入群众发展的内生动力，以及如何维持小康社会的稳定性和进一步构建现代乡村产业体系，推进乡村振兴等问题十分值得关注和探索。

新疆喀什曾经是深度、普遍贫困的"三区三州"之一，喀什巩固脱贫攻坚与乡村振兴有效衔接关键路径如下：一是教育衔接，从"育人"到"赋能"；二是"东西部协作"衔接，提高喀什特色产业竞争力；三是"产业衔接"，由"产业扶贫"到"产业兴旺"。乡村振兴视域下，新疆喀什构建现代产业体系对策有：培育新型农业主体，提升农业规模效益；多维度提升乡村特色产业竞争力；因地制宜，发展特色乡村旅游；构建喀什乡村"一二三产业综合体"等。

关键词：脱贫攻坚；乡村振兴；东西部协作；特色产业

脱贫攻坚以缩小贫富差距为目标，乡村振兴以缩小城乡差距为目标，脱贫攻坚与乡村振兴的有效衔接，实际上是社会主义共同富裕内在要求的体现。对于曾经属于深度贫困的"三区三州"之一的喀什来说，乡村产业"有没有"瓶颈制约的问题在脱贫攻坚期间得到解决，喀什各地基本建起了稳定的特色产业体系，乡村发展有了依托，改善了村民生活条件，提高了乡村经济水平。产业既是脱贫攻坚的重要推动力，又是实现乡村振兴的关键。因此，现阶段，应总结脱贫攻坚减贫经验，并通过产业帮扶、东西部协作等路径，稳固脱贫成果，促进脱贫攻坚与乡村振兴有效衔接。

一、喀什脱贫攻坚回顾

"喀什"古时称"喀什噶尔"，位于新疆维吾尔自治区的西南部，面积约16.2万平方千米，截至2021年12月人口约为450万人。喀什位于亚欧大陆中心地带，毗邻塔吉克斯坦、吉尔吉斯斯坦、巴基斯坦、阿富汗四国，不仅是丝绸之路经济带的重要枢纽，还是中巴经济走廊的一个重要起点，拥有"五口通八国、一路连欧亚"的地理优势。同时，喀什地区是新疆南疆地区的政治、经济、文化、交通中心，是全国最大的农业和畜牧业的集散中心。喀什有维吾尔、塔吉克、柯尔克孜等少数民族，是西部多民族聚居地，各民族世代相聚、守望相助，喀什地形、地貌条件独特，自然资源富饶，少数民族特色浓厚，人文社会多元化。

2013年提出精准脱贫以来，新疆喀什地区贫困治理工作取得了丰硕的成果。按国家农村贫困标准计算，2020年底喀什地区共有119.57万贫困人口摆脱贫困。如表1所示，2014年有12.32万人脱贫，2015年有16.23万人脱贫，2017年有29.12万人脱贫，2018年有23.77万人脱贫，2019年有27.33万人脱贫。截至2020年底，喀什地区累计实现29.48万户119.57万人脱贫，贫困发生率由2014年的20.81%降至0。在喀什的12个贫困县、市中，泽普县在2018年率先脱贫，然后岳普湖县、疏勒县、疏附县、巴楚县、喀什市、麦盖提县、塔什库尔干塔吉克自治县等7个县在2019年脱贫摘帽。2020年底，喀什最后4个贫困县，即莎车县、叶城县、伽师县、英吉沙县全部实现脱贫摘帽。通过7年的艰苦奋斗，喀什地区全面落实"两不愁、三保障"，教育资源与质量得到全面提升，人民生产、居住环境显著改善，脱贫攻坚取得显著成果。

表1 2014-2020喀什地区贫困率与贫困人口

年份	总人口数（万人）	年末贫困人口数（万人）	年末脱贫人口数（万人）	贫困发生率（%）
2014年	448.20	93.65	12.32	20.81
2015年	449.93	77.04	16.23	17.12
2016年	451.38	53.07	23.08	11.95
2017年	496.97	50.24	29.12	10.81
2018年	463.38	34.98	23.77	9.80
2019年	462.40	7.72	27.33	2.20
2020年	449.64	0	7.72	0

数据来源：喀什统计局编《喀什统计年鉴》2015—2021年资料。

二、喀什巩固脱贫攻坚与乡村振兴有效衔接路径

2020年底，我国的"脱贫攻坚战"取得了全面胜利，实现"两不愁、三保障""县摘帽、人脱贫"的脱贫攻坚目标。然而并不意味着相对贫困的彻底消失，更不意味着减贫事业的终结。"后小康时代"民族地区如何转型减贫战略，进一步巩固脱贫成果、防止返贫，如何激发低收入群众发展的内生动力实现持续减贫与发展，如何建立缓解相对贫困标本兼治的长效机制，以

及如何维持小康社会的稳定性和进一步推进乡村振兴等问题十分值得关注和探索。

(一)教育衔接,从"育人"到"赋能"

"赋能"是授人以渔。相关研究表明,"赋能"有助于提升个体及组织发展的内生性、主动性,使其最大限度地发挥潜能,大大提高生产效率。对"三农"多种形式的赋能将压缩乡村的"时空距离",改变村民的休闲娱乐、消费、交往和精神生活的方式,有助于建设乡风文明和提升农民的生活质量。"教育赋能"正是通过"教育"这一外源性要素为"三农"赋能,从而转化为内源性要素的"自身能力",赋予了乡村可持续的发展能力。因此是一种新内源性发展模式[①]。

1. 采取倾斜帮扶政策,助力喀什"教育减贫"

素质与技能是劳动者在某行业生存与发展所需的专业能力,需要通过不断的学习和培训来获得,而持续学习和培训的先决条件是良好的基础教育。因此,强化"教育减贫"是实现喀什青少年儿童接受可持续发展教育的关键,是培育人的"可行能力"的基础,也是群众与社会进行沟通、交流,参予社会生活的基础。

有关部门应积极推动喀什地区发展基础教育与职业教育减贫工作。首先,要加大教育减贫力度,切实实行"全免、全补"的倾斜政策。在义务教育阶段免除住宿费、学杂费等各种费用,给予学生生活补贴;提升九年义务教育巩固率,彻底消除"因贫失学"现象。针对初、高中毕业生未继续学习人员,提供免费职业教育,提升贫困群众的受教育机会。其次,加强学前

---

① 王丹,刘祖云.乡村"技术赋能":内涵、动力及边界[J].华中农业大学学报(社会科学版),2020(03):138-148.

教育，实施"一村一幼"和"一乡一园"规划，使学前教育资源得到全面覆盖；改善义务教育各个阶段的办学条件，加大义务教育投资，加强教育设施建设，确保每个青少年都能接受到优质的教育。最后，教育投入、扶持资金、政策应向喀什乡村地区倾斜，实现基本公共教育服务的均等化，促进农牧民素质能力提升，实现教育推动减贫与发展目标[①]。

2. 实施免费职业技术培训计划，助力特色产业转型升级

技术进步是接受过良好教育的高素质劳动者，在努力追求创新的过程中形成的，而优良的人力资本能够有效促进现代产业革新与实现经济增长。从世界经济发展过程中可以发现，物质资本的投入对经济增长贡献率下降，而技术革新、人力资本的投入在促进经济增长方面作用日益明显。经济落后、产业低端是难以跨越贫困陷阱的主要原因。喀什乡村主要以种植业、林果业、畜牧业、养殖业为主，但是生产零散化、不成规模，多为粗放管理，产量低，经济效益低。传统种植、养殖模式是农民主要的劳作方式，农民受教育程度不高，缺乏科学的种植和养殖技术，导致农业产量低，经济效益低，农民积极性也随之下降，不利于乡村农业的发展。

产业是农村经济的主要支撑力量，发展乡村产业的重点在于发挥产业的特色。在资源禀赋、历史文化内涵和产品市场等领域，特色产业具有特殊的发展优势，有利于推动区域经济的特色发展，形成强大的市场竞争力、辐射带动力。培养一批有文化、懂技术、敢创新、善经营的新型职业农民是实现特色产业高质量发展的先决条件。有关部门应根据喀什自然资源特点、市场需求，突出教育减贫的实效性，认真落实岗位技能培训、专业技术援助、市

[①] 彭妮娅. 教育扶贫成效如何？——基于全国省级面板数据的实证研究[J]. 清华大学教育研究，2019，40（04）：90-97.

场拓展指导等工作，满足产业转型升级对专业技术人才的需求。

巴旦木产业是喀什莎车县的特色产业，莎车县气候、土壤条件适宜巴旦木生长。但是，由于品种、花期授粉等种植技术落后，每年每亩地仅产生几千克巴旦木干果，产量低，农民收入低下。近年来，莎车县相关职能部门先后引进巴旦木新品种与新种植技术，通过疏密改造、嫁接优化、补植补造、保花保果、水肥管理、有害生物防治，如今已种有40多个巴旦木品种，建成212个示范园，通过招纳3800名了解巴旦木种植的专业技术人才，组建了30支农村林果技术服务队。莎车县农业部门根据巴旦木生长时间节点，每年都会定期派遣林业技术服务组对各村提供服务指导，对农户展开种植技术培训，指导农户修剪、施肥等工作。自农民接受技术培训以来，种巴旦木的收入逐年增加，充分提高了果农参与种植的积极性。

（二）"东西部协作"衔接，提高喀什特色产业竞争力

面对新发展格局，推进"东西部协作与定点帮扶"应采取创新的制度安排，把"输血式扶贫"对口帮扶转移到"造血式"合作发展上来，通过"帮产业、帮技术、帮岗位、帮育人"助力西部民族地区实现"造血式"的内生发展与乡村振兴。产品同质化与市场渠道不畅是制约民族地区特色产业发展的关键因素。在"双循环"大格局下，农产品消费是拉动乡村经济增长的有效动力，也是巩固脱贫攻坚成果，助力乡村振兴的关键支撑。

全面建成小康社会，一个民族都不能少，共同富裕路上，一个也不能掉队。2012年，习近平总书记在中央民族工作会议上指出："要根据不同地区、不同民族实际，以公平公正为原则，突出区域化和精准性，更多针对特定地区、特殊问题、特别事项制定实施差别化区域支持政策。"

"东西部协作"是以更广泛的公共利益最大化为目标，解决东西部区

域非均衡发展的宏观政策。经济高质量发展的过程是产业不断更迭、结构优化升级的过程，是产业结构的合理化和高度化同步推进的过程，只有特色、高品质的供给才会满足需求侧不断升级的消费行为，推动经济增长、百姓增收。通过技术帮扶培育起富有市场竞争力的"特、新、专、精"产业，是对西部民族地区最有力的帮扶。因此，要鼓励和支持东部地区有核心技术的企业发挥自身的专业优势，帮助扶持西部地区企业提升技术竞争优势、产业市场竞争力。

上海在对口帮扶喀什的协作过程中积极发挥人才、技术优势，帮助喀什解决产业发展技术难题，推动当地内生式产业竞争力的提升。喀什地区应积极借助"东西部协作"机制将"通道经济"转化为口岸经济，将边境口岸地区打造成外向型产业和进出口商品生产加工基地，即向"落地经济"转型。东部地区可协调、鼓励有技术的企业通过技术帮扶、技术优惠转让、股份合作等多种模式，助力定点帮扶地区将口岸"通道经济"转化为"落地经济"。上海对口支援喀什地区4个县，分别是莎车县、泽普县、叶城县、巴楚县。自2010年以来，上海先后派遣了一千多名"援喀"干部，累计安排195亿元援助资金、1180多个援建工程，支持引进1144个投资项目，带动对口四县4.5万人就业。2019年，上海帮助喀什对口四县实现1.4万户、4.9万人脱贫。①

（三）"产业衔接"，由"产业扶贫"到"产业兴旺"

产业发展不仅是实现脱贫攻坚与乡村振兴有效衔接的重要手段，也是实现减贫和防止脱贫人口返贫的必经之路和长久之计。近年来，喀什地区大力

---

① 十年援疆路，浓浓沪喀情 上海援疆力推消费扶贫助力喀什地区决战决胜脱贫攻坚[N/OL]. 文汇网，http://wenhui.whb.cn/third/baidu/202005/28/350950.html, 2020-05-28.

扶持发展特色优势产业，补链强链，推进产业发展，坚持一产上水平，"按照稳粮、优棉、增菜、促经、兴果、强牧"和"一乡一业、一村一品"的思路发展相关产业。2020年，喀什地区拥有320万亩专用粮油基地、600万亩优质棉花基地、100万亩的蔬菜种植基地，120万亩以西甜瓜、小茴香、万寿菊等为主的特色种植基地，650万亩以伽师梅、巴旦木、开心果等为主的特色林果基地。重点培育和发展扶贫龙头企业，采取"企业+合作社+农户"模式，强化利益联结机制，推动农户增产增收，将"输血式"扶贫变为"造血式"扶贫、"开发式"扶贫变为"参与式"扶贫，增强贫困群体的内生发展动力和脱贫自觉性、主动性，带动当地脱贫致富，累计实现29.48万户119.57万人脱贫。因此，要实现脱贫攻坚和乡村振兴的有效衔接，关键在于产业衔接，要巩固产业扶贫成果，总结可复制可推广的做法和经验，转换产业发展方向和重点，实现产业扶贫到产业振兴质的飞跃，持续创新和健全利益联结机制，巩固产业扶贫到产业振兴主体的利益，进一步推动产业兴旺。

转换产业发展的方向和重心，实现产业扶贫到产业振兴质的提升。喀什扶贫产业的就业门槛低，种植业、养殖业、手工业等传统产业短期增收效果明显，并取得了较好的脱贫效果。然而，这些扶贫产业普遍具有规模小、产业链短、抗风险能力差等特点，存在贫困人口脱贫质量低、产业扶贫短期化、产业兴旺的根基不牢固等问题。要实现乡村产业振兴，就必须转变产业发展的重心和方向，提高产业长期效益和质量。第一，推进农业科技化以及多元化适度规模生产，推动农业高效化、绿色化、集约化、品牌化发展，转变农业发展导向，促进农业转型升级，提高农业现代化水平和产业化经营能力，提高农业市场竞争力。第二，充分发挥资源优势，立足产业现状和市场潜力，因地制宜拓展特色产业和优势产业，进行农业生产深加工，重视产销配套服务与产业发展对接,提高农村产业可持续发展能力。第三,推动三大产业融合发展,持续调整产业布局、优化产业结构,促进农业与旅游、电商等产业的深度融合,使农业发展模式更加多样化,加粗加长农业产业链,提高农产品附加值。第四,促进小农户和现代农业发展的有机结合,培育新型农业经营主体,提高小农生产经营组织化程度,构建现代农业经营体系。

三、乡村振兴视域下喀什现代乡村产业体系构建路径

党的十九大首次提出乡村振兴战略,并制定了"产业兴旺、生态宜居、乡村文明、治理有效、生活富裕"的20字方针,强调要加快发展现代乡村产业体系建设。加快发展现代乡村产业不仅是实现乡村产业兴旺的重点,也是实现共同富裕的基础。

(一)培育新型农业主体,提升农业规模效益

经济发展的趋势是要素的聚集与再聚集。目前,我国农业土地细碎化家庭承包制和分散化小农经营阻碍了土地规模效率的发挥,影响了产业的规模效益和市场竞争力。因此,推进农业产业规模化经营,是实现我国农业产业经济结构调整、发展现代乡村产业的必然选择。加快推进现代乡村产业体系发展,要突出带动农户发展原则,鼓励农户采取共同经营、联耕联种、合伙农场、合作社、社区工厂等形式共同生产,联合购买农机设备,组织农户统耕统收、统销统结,减少农民的生产经营成本,引导农户依法建立产业协会、合作社和联合会,扩大农村产业规模,提高市场竞争能力。

1. 合作社带动模式

合作社带动模式主要是整合某个地区的生产资源,使地区生产与外部市场之间相互对接,最终形成"合作社+基地+农户"的新型经营模式,突出示

范引领整体的作用。例如，莎车县众扶合作社，位于莎车县乌达力克镇英艾日克村，采取集养殖、销售、屠宰于一体的公司化运作模式，在英艾日克村投资建立现代化养殖厂房，散养肉鸡、土鸡等品种，负责莎车县中小学营养餐鸡肉供应以及全县贫困户脱温鸡供应。莎车县40万只脱温鸡都由众扶农业合作社提供，年产值达到8000万元。

2.示范园区带动模式

示范园区带动模式是依靠产业园区载体发展特色产业，把创建现代特色农业示范区（简称园区）与农民增收致富紧密结合起来，通过园区的创建、企业引进、土地流转、合作经营、金融支持等方式，有效解决产业发展、农民增收、就业等问题。喀什伽师县是全国最大的优质新梅生产基地，采取以点带面的模式组建了96个伽师梅示范园，其中新梅1号核心示范区平均亩产新梅1200公斤，农户每年亩均纯收入在2万元以上。规模化、高品质的伽师梅种植，有效增加了农民的收入，推动了农业农村经济发展，提高了农民的生活品质。据伽师县农业局统计，2021年全县伽师梅种植总面积达到43万亩，亩均收益可达1.2万元左右，总产量约为8.8万吨，农户人均收入2500元，占农民人均总收入的24%。

（二）多维度提升乡村特色产业竞争力

产业发展是支撑乡村振兴的基础，而特色产业是乡村振兴的核心竞争力。在2019年中央一号文件《中共中央、国务院关于坚持农业农村优先发展做好"三农"工作的若干意见》中，着重强调要通过加快发展乡村特色产业，促进乡村产业振兴。曾是深度贫困地区之一的喀什，按照"一村一品、一乡一业、一县一品牌"的产业布局，因地制宜发展特色产业，通过构建一批特色种植、特色林果和现代畜牧业养殖基地，拓宽农民增收渠道，推动喀什乡村特色产业发展，如巴楚县的羊肉、麦盖提县的灰枣、疏附县的木亚格杏、莎车县的巴旦木、伽师县的新梅、塔县的雪菊等（见表2）。但是，受水土资源、市场、人才等因素制约，特色产业发展水平较低，存在特色种植养殖产业结构不优，龙头企业少，规模化、集约化程度不高；品牌建设水平低、品牌载体规模小，核心竞争力弱；种养殖技术落后，产业科技支撑不足；林粮间作面积较大；缺乏精深加工、全产业链发展等问题。因此，喀什地区应通过"东西部协作"，提升乡村特色产业技术水平，积极打造基于喀什当地民族特色的乡村产业品牌，提升乡村特色产业竞争力。

表2 喀什各县乡村特色产业

喀什各县	特色产业	喀什各县	特色产业
巴楚县	巴楚羊肉、巴楚留香瓜	叶城县	核桃
麦盖提县	灰枣	莎车县	色买提杏
疏附县	石榴、木亚格杏	岳普湖县	无花果
莎车县	万寿菊、巴旦木	泽普县	红枣
伽师县	新梅、伽师甜瓜、馕产业	塔什库尔干塔吉克自治县	帕米尔牦牛、塔什库尔干羊、雪菊
英吉沙县	杏子、高辣辣椒		

注：资料来源于喀什人民政府网（http://www.kashi.gov.cn/）

（三）因地制宜，发展特色乡村旅游

有人说"不到喀什就不算到新疆"，喀什独特的自然风光、浓郁的民族文化，吸引了众多国内外游客。近年来，喀什围绕古丝绸之路重镇和维吾尔风情之都的定位，依托独特的自然风貌和特色民族文化大力发展旅游业。如今喀什地区旅游业已步入了"井喷式"发展阶段，成为刺激喀什经济发展的"无烟产业"。2018年，喀什地区接待游客约928万人次，比上年增长

54%；旅游收入约90亿元，增长67%。①

以独特自然风光，发展生态游。乡村生态旅游是指以田园、草原、森林等生态环境与各种乡村生产经营相结合的一种乡村旅游模式。生态旅游以乡村的田园、草原、森林、果林为特色，将自然生态与农村的生产生活相融合，将观光和休闲有机结合，形成果乡游、花乡游、森林游、水乡游等不同特色的乡村生态旅游模式。

喀什帕哈太克里乡尤喀尔克喀库拉村的水乡景色是喀什地区著名的旅游打卡景点。尤喀尔克喀库拉村内有许多泉眼，泉水汇集成两条小水系，形成了天然的水乡风光。2016年，"访惠聚"工作组和村"两委"依托该村的天然泉眼修建了"稻乡泉村"水系，并借助村里的绿道、稻田等资源，对全村的绿树、小桥、流水、民宅进行景观整治，彻底改变水污染严重，垃圾、污水随意排放的旧状，形成错落有致、移步换景和步步有景的乡村生态旅游布局。目前，"稻香全村"的环村水系总长1 600多米，总占地面积为130 000平方米，水系覆盖138个村户。该景区配备的基础设施有停车场、活动广场，能容纳6000名游客。景区内已开设12个农家乐、1家民宿、15个农家接待中心，通过乡村生态旅游推动村民收入多元化、促进村民就业增收。

（四）构建喀什乡村"一二三产业综合体"

新时代市场经济环境下，经济创新增长源泉已由单一生产要素（例如土地、矿山等）转向了要素组合，特别是新要素（文化、生态、创意等）与传统要素的结合，可以形成创新经济增长极。

随着经济发展和社会的进步，人们的消费结构逐渐改变，由简单、低

---

① 《喀什地区2018年旅游接待人次和旅游总消费均同比大幅增长》，新疆维吾尔自治区文化和旅游厅官网，2019年1月19日。

层次的衣、食、住、行等生理需求转向了精神、康养和自我价值实现的高层次需求，比如健康养生需求、休闲愉悦需求、审美体验需求等。需求拉动供给，农业农村的供给侧也应适应了需求侧的结构变化，向绿色生态、康养休闲等新型消费空间延伸。而乡村的"山、湖、林、田、河、草"等多元田园要素组合成"一二三产业综合体"能带给消费者对产业、生活、休闲、生态、康养等多元体验，是乡村旅游引导下的现代乡村产业的"增长极"。

喀什地区立足当下消费结构转型升级的变化趋势，综合运用"生态+""旅游+""文化+""互联网+"等多种方式，充分发挥自然生态资源和独特民族文化的优势，推进乡村第一、二、三产业多业并举的产业布局，发展具有"三生一体"（生产、生活、生态）多功能的休闲农牧业综合体，即"乡村+旅游+文化"的新业态，构建"宜居、宜业、宜游、宜商"的具有多元消费功能的"一二三产业综合体"。例如，莎车县米夏镇大力发展乡村休闲旅游业，实现樱桃产业由"单一采摘"向"旅游观光"转型，采取"乡村旅游+特色林果业"的发展模式，促进特色林果业产生更大的"溢出效应"，推动当地产业发展，带动村民增收致富。米夏镇樱桃园从2002年开始定植，共有八个樱桃品种，包括红灯、艳阳、拉宾斯等，种植面积已达一万多亩，其中有2800亩樱桃进入挂果期，每年采摘季都会有大量市民和游客前来体验采摘乐趣。米夏镇樱桃园，以其独特的采摘区、农家乐、民宿体验区、美食餐饮区、娱乐区，形成莎车县著名的观光胜地。截至2019年，米夏镇樱桃园已接待20万多名游客。随着游客人数不断增加，园内民宿、农家乐、餐饮等营业收入日益增加，已带动400余名村民实现就业。

（五）培育乡村电子商务，拓展喀什乡村特色产业市场空间

数字经济的本质是"用时间消灭空间"。在网络空间里没有时间和空间限制，任何区域的任何企业都可以实现"足不出户而得天下市场，不曾谋面而为客户"。我国边疆民族地区具有地缘的偏远性，远离内陆大市场。市场渠道不畅是约束特色产业高质量发展的关键因素，因此要提升特色产业市场竞争力，提升民族地区自我发展能力，积极拓展特色产业渠道空间、市场空间。在今天的网络互联时代，由于各类供求信息几乎是对称、透明的，电子商务活动将大大降低企业信息成本及交易费用，极大克服供需双方的信息成本和空间距离，推动产品在更广阔的空间里开展市场竞争。喀什有关部门应积极开展农民电子商务技能培训，针对广大农户、合作社经常举办网络培训班，进行网络推广、网络营销、直播销售等各种活动，进而拓展喀什地区特色产业大市场。

信息时代为农产品的品牌建设、宣传、销售提供了极大的便利，交易双方无须面对面交流，可直接通过互联网交易平台进行交流，进而拓展了农产品的销售渠道。而随着我国物流业的迅速发展，让顾客享受到农产品运输及配送方面的便捷服务，使其在最短的时间内获得新鲜、绿色、优惠的农产品。目前，我国各大电子商务平台已经发现了销售农产品的商机，纷纷推出农产品的销售和配送服务，没有中间商赚差价，顾客就能以较低的价格购买到优质的农产品，从而改变了以往的农产品销售模式，为商家和农民提供了新的农产品销售渠道。通过网络建立农产品品牌，向顾客展示产地、生产工艺、营养成分等方面的信息，使顾客对品牌有全面的了解和认识。对农产品的生产、加工环境进行优化与升级，并邀请广大群众参观考察，将产品的真实照片、录像上传到网店，让消费者感受品牌文化的熏陶，发自内心地认可品牌。

喀什地区岳普湖县立足于地理优势，积极推动建立农村电商服务体系，通过搭建平台、建设服务、培训专业人员、农产品上行下行、政策支持等途径，促进电子商务进入农村，打造电商发展新态势。岳普湖县拥有三大综合电商平台，即"石榴花跨境电商""阿里果果""金丝路"，还有八家农村电商平台，其中包括"依玛梦""乌苏特""阿里买热"等。岳普湖县通过这些电商平台推广水果、牛羊肉、蔬菜等美味、营养、健康的原生态农产品以及少数民族传统手工艺品，实现了以农产品为特色、多品类协同发展、城乡互动的县域电商产业。岳普湖还积极探索发展电子商务的新路子，通过走品牌化发展之路，依托本土化的综合性电商服务商，带动当地传统产业、农产品加工业发展，推进乡村电商本土化、特色化发展；采取"综合电商服务商+网商+传统产业"的方式，促进乡村电商发展，让村民享受到和城市一样的便捷网购渠道和优质生活体验，同时让外地消费者享受到岳普湖乡村生产的原生态、绿色、有机农产品。

新古典结构-功能视角下全球重要农业文化遗产助力乡村振兴发展的机遇挑战与启示

——基于敖汉旱作农业文化遗产的研究

张盛楠

摘　要：党的二十大报告指出，全面推进乡村振兴，坚持农业农村优先发展。我国农业文化遗产地众多，深入挖掘农业文化遗产的综合价值，对于推进乡村振兴建设具有重要意义。本文以敖汉旗旱作农业系统为例，在"结构——功能"论分析框架下探索近年来敖汉旗旱作农业系统在乡村振兴中的转化运用，指出其在成果转化过程中存在的问题，并提出相应对策。

关键词：农业文化遗产；乡村振兴；旱作农业系统

一、问题的提出

乡村兴则国家兴。党的二十大报告提出，全面推进乡村振兴，坚持农业农村优先发展。截至2023年9月，农业农村部共公布了七批中国重要农业文化遗产名录，我国全球重要农业文化遗产增至22项，农业文化遗产的生态文化景观、传统知识技术得到有效保护。农业文化遗产作为诸多文化遗产中的

作者简介：张盛楠，女，内蒙古大学民族学与社会学学院硕士研究生。（本文基于作者本科毕业论文改写完成）

"新生儿",还存在许多新生问题。尤其是在实施乡村振兴的大背景下,如何开发保护利用农业文化遗产,如何使"农业与文化"实现"双起飞"已成为一个重要课题。近年来,敖汉旗在这方面进行了有益的探索,取得了一些重要成果。研究敖汉旗旱作农业系统助力乡村振兴的模式和经验,具有重要的现实意义。

本文从"结构-功能"的角度出发,一方面从农业文化遗产的本体结构层面,肯定和强调其当代价值和实用价值;另一方面,关注农业文化遗产在外部结构变化下的传承困境和发展机遇。在社会各界的共同努力下,合理运用各种方法,构建协作机制,创造性地改造和发展敖汉旱作农业体系,推进乡村振兴规划。这一成功经验在一定程度上加深了对乡村振兴与农业文化遗产开发保护关系的深入认识和了解,将其成功经验升华为理论,在一定程度上弥补了国内相关文献研究的理论缺陷,也为其他地区农业文化遗产助力乡村振兴发展提供了相关的理论依据。

二、敖汉旱作农业文化遗产概述与发展历程

敖汉旗隶属于内蒙古自治区赤峰市。位于敖汉旗境内的兴隆沟遗址被誉为"旱作农业发源地",在兴隆沟发掘出的粟和黍碳化颗粒经考证距今已有8000年历史,比中欧地区发现的谷子早2700年。相关专家据此推断,西辽河上游地区是粟和黍的起源地。粟和黍作为敖汉旱作农业系统中最具代表性的农作物种质资源,在长期演化发展过程中,形成了抗旱、耐瘠薄的特点,在促进敖汉旗农业产业增收方面发挥了重要作用。敖汉旗总土地面积8300平方公里,辖16个乡、镇、苏木,两个街道办。截至2021年末,总人口448 712人。根据2021年敖汉旗政府发布的统计数据显示,从2008年到2021年敖汉旗

连续14年粮食总产量在100万吨以上，2021年农业农村部表彰敖汉旗为"全国粮食生产先进集体"，其中乡村人口占多数。由此可见，敖汉旗乡村振兴的主要产业特征是以农业为主导。

2010年，在北京召开的兴隆沟遗址考古发掘座谈会上，时任中国科学院考古研究所研究员的赵志军提及了全球重要农业文化遗产的申报工作，敖汉旗政府高度重视，积极筹备农业文化遗产申报工作。全球重要农业文化遗产（Globally Important Agriculture Heritage Systems，GIAHS）是由联合国粮食及农业组织（Food and Agriculture Organization of the United Nations，FAO）发起的全球农业类文化遗产保护项目。该项目的宗旨一是建立全球重要农业文化遗产及其有关的景观、生物多样性、知识和文化保护体系，二是在全球范围内助力可持续农业的振兴和农村的发展。2005—2023年，我国共有22个项目成功入选全球重要农业文化遗产保护名录。2012年，敖汉旱作农业系统被认定为全球重要农业文化遗产。

经过数千年的沉淀，敖汉旗的先人们在长期的农业耕作中创造的民间文化逐步形成了具有地方特色的农耕文化。传承至今极具代表性的有撒灯、祈雨、扭秧歌、呼图格沁、踩高跷、赶庙会等。这些丰富多彩的非物质文化形成了独特的民族文化圈，引领了地方民间文化的发展方向，极大程度上充实了人们的精神世界。但随着近年来人们生产生活方式的改变，这些活动的参与人数有了明显下降，个别文化形式甚至面临失传的风险，针对此处境，敖汉旗有关部门积极申遗，建立起非物质文化遗产的保护机制。

三、敖汉旱作农业文化遗产发展助推乡村振兴的机遇

（一）激活农业主体力量

自敖汉旱作农业系统成功申遗以来，敖汉旗委旗政府着力组织农业文化遗产的保护与发展工作，集结乡村振兴"主力军"，引导人才向乡村一线流动。"主力军"大致可分为原有在耕农民、返乡农民及新农业公司中农业工人三类。一要激发原有在耕农民生产动力，重视非遗传承人培养工作。非物质文化遗产的传承为活态传承，原有在耕农民作为活态主体，具有得天独厚的传承条件。政府要善于启发原有在耕农民生产生活智慧，可指定专门非遗代表性传承人，并提高"传承人"的担当意识，为其提供广阔的发展平台与机会，并展开细致的生产知识资料收集活动，将流传至今的经典农谚等编辑成册，为乡村振兴提供智力支撑。二是激发返乡农民的生产动力，加大政策支持力度，吸引乡贤回流。三是激发新农业公司中农业工人的工作热情，实施后备人才计划，培育新型职业农民、农村实用技术人才，提供技术指导，弥补原有在耕农民消息闭塞、农耕技术更新不及时的短板。从源头上改善乡村振兴一线人才的素质与结构。

（二）挖掘传统农业文化的潜在动力

1. 建立非遗保护中心

各级党委和政府十分重视和支持非物质文化遗产保护，敖汉旗建立了非物质文化遗产保护中心，致力于专门保护非物质文化遗产。截至2019年底，非遗中心已经成功申请自治区非物质文化遗产青城寺祭星、呼图格沁、敖汉民间传说3项，市级非物质文化遗产12项。与敖汉旱作农业系统有着密切关系的呼图格沁、敖汉拨面小米制作工艺、黄河灯会等已经被很好地保护起来。

2. 非遗文化产业的发展

以黄河灯会为例，民间称其为"跑黄河"，清朝康熙年间由山西传入敖汉，传承已有三百年，黄河灯会表达了人们祈求五谷丰登、平安幸福的朴素愿望。敖汉有关部门工作人员联系到黄河灯会的第四代传承人孟祥志，了解到自七八岁起孟祥志就跟在父辈后面学习黄河灯会的布置，在他的印象里每年的灯会都热闹非凡。通过每年正月举办黄河灯会，带动了相关产业的发展，乡民们交流了农耕技术，沟通了情感，对于维护邻里和谐和社会稳定起到了重要的作用。2018年9月，"跑黄河"被赤峰市人民政府列为第四批非物质文化遗产予以重点保护。

3. 开展"农耕记忆"保护工作

敖汉旗政府积极引资引技引智，与中国农业大学合作，共同主持开展农耕记忆讲述活动。遴选70岁以上农耕记忆讲述人15位，请他们对日常生产生活活动进行描述，专业人员对其描述过程做好录音、存档、入库工作。通过发放问卷的形式，调查处于义务教育阶段的儿童及青少年对农耕活动的了解程度，与教育部门建立合作机制，有针对性地为义务教育阶段学生普及本土农耕文化知识，降低农耕文化失传风险。

（三）重塑农村空间

1. 注重农业文化遗产地生态环境保护

农业文化遗产地不仅是农业空间，还是文化生态保护区。为了将农业文化遗产保护起来，我们应该高度重视与其紧密相关的生态环境的保护。建立文化生态保护区是保护农业文化遗产的新尝试，亟待利用乡村振兴战略寻找建立文化生态保护区的新路径。

另外，还应注意传承保护发展农牧区优秀传统文化，建立健全民族优秀传统文化传承机制。建设民族品牌，重点打造农牧区特色。加强敖汉地区特色地方戏的研究，建设文化生态保护区，推进农业文化遗产地典型村落利用，大力保护农耕文化遗迹。抢救优秀民族文化技艺遗产，建立民俗博物馆，振兴古老工艺。

2.加快相关基础设施建设

基础设施建设是农业文化遗产保护的重要物质条件。因此，应加快史前文化博物馆、小米博物馆、红山文化遗址公园建设步伐，突出"古色谷乡""玉根国脉"的特点，把历史文化转化为加快发展的强大生产力。推动乌兰牧骑发展，拓展乌兰牧骑功能，招募专业人才，整合文化遗产相关资源，编写民族题材影视作品剧本，组织大规模"文化下乡"活动，培育文化氛围。2014年至2021年，敖汉旗委旗政府共组织召开了八届世界小米大会，"小米粒，撬动大世界"。会议邀请世界各地诸多权威学者齐聚敖汉，商讨如何挖掘小米的当代价值，助推敖汉小米产业持续良好发展。经过世界小米大会多方专家实力论证，敖汉旗被誉为"世界小米之乡"，品牌效应反响强烈。小米产业成为敖汉旗乡村振兴战略的强大依托。

3.利用数字经济创造红利

利用"直播经济"，着力打造"网红村"。农村经济与数字经济密不可分。在经济发展的大背景下，农村经济实现飞跃式发展与农产品的销量密切相关。时下兴起的"直播经济"，利用主播的人气，使消费者与生产者直接对接，从而促成交易。2017年年末，由敖汉旗政府开设的"敖汉小米官方旗舰店"登陆网络平台。至今，敖汉旗电子商务交易额达十余亿元，代销户3000余家，为数万人提供就业机会。时任敖汉旗旗长的于宝君同志直播带货，为敖汉旗荞麦、小米代言，提高了敖汉杂粮在网络空间中的知名度，提升了品牌效应。此外,"直播经济"也为信息等相关产业提供了发展机遇,为敖汉农村经济实现跨越式发展奠定了坚实的基础。

四、乡村振兴中敖汉旱作农业文化遗产发展面临的挑战

在乡村振兴背景下,敖汉旱作农业系统逐步成为"产业兴旺、生态宜居、乡风文明、治理有效、生活富裕"等目标实现的重要依托。但乡村振兴战略若想依赖农业文化遗产实现新的突破,还存在以下几方面现实困境。

(一)遗产地农村人口流失严重

根据实地调研以及当地政府提供的相关数据情况,以A村为代表的敖汉旱作农业村落,劳动力进城务工现象普遍,劳动力流失严重,农业文化传承后继乏人。农业文化遗产地现居民多数为60岁以上老人,限于长期信息闭塞及经济落后等诸多原因,其接受教育的时间较短、文化水平较低,文化修养和文化品位亟待提升,不能迎合创新利用农业文化遗产的乡村振兴战略新需求。且遗产地现存为数不多的青壮年劳动力,对相关政策了解程度较低,生产积极性和热情度不高。同时,A村留守儿童数量庞大,教育医疗问题亟待解决;大规模土地以承包方式承租给有关合作社,开展机械化种植,农业文化遗产地的传统作物粟和黍失去有利发展机会。农业是乡村振兴之根本,若想壮大小米产业,亟须出台相关政策吸引人才回流,助力遗产地农业建设。

(二)以旱作农业系统为依托的非物质文化遗产面临失传风险

以自治区级非物质文化遗产"好德格沁"为例,蒙古族语意为"丑角"。"好德格沁"是一种集歌、舞、戏剧等多元素于一体的民间艺术形式,为内蒙古自治区敖汉旗所独有,被专家称为"蒙古族戏剧的起源"。"好德格沁"诞生于清代嘉庆年间,表演时间通常为每年的正月十三到

十六,活动范围为萨力巴乡一带蒙汉杂居的村子。由6名男性演员穿戴特制服装和面具,约15人为其伴唱配乐。演员们唱流传下来的自编歌曲,跳自编舞蹈,以其诙谐的歌词和活泼的舞蹈吸引观众的目光。

当地文化和旅游局工作人员调查研究发现,尽管被纳入"自治区非物质文化遗产保护名录",但在社会快速工业化、城市化与现代化的背景下,"好德格沁"逐渐走向式微,面临演员老化、后继无人、资金短缺、观众老化与市场萎缩、精品难见等诸多困难。许多珍贵资料和艺人的表演记忆,由于缺乏资金和有效管理难以开展。因此,适应乡村振兴战略、顺应旱作农业系统保护发展需求,加强以"好德格沁"为代表的非遗的保护已是刻不容缓。

(三)利用农业文化遗产发展旅游业受阻

旅游业是带动经济发展的强大引擎,利用农业文化遗产发展旅游成为实施乡村振兴战略的一大重要举措。其一,敖汉旱作农业系统适宜旅游的月份为6到9月,其余半年时间是旅游淡季,旅游时间短,淡季和旺季差异较大。明显的差异对设施投入及从业人员造成严重冲击,旅游业长期发展受阻,淡季旅游资源闲置浪费,不利于专门化人才队伍的建设和规模化生产。其二,农业文化遗产的发展历史较短,政策法规支持力度不够,各部分运作机制均未达到成熟。利用农业文化遗产打造"一村一品"之路亟待探索。乡村振兴依托农业文化遗产地发展旅游业,需因势利导。农业文化遗产资源作为"活态遗产",发展观光旅游需要当地农民的积极参与。农业文化遗产旅游发展逻辑是旅游者亲身前往农业文化遗产地体验当地风土人情,因此,如何有效管理旅游资源,充分发挥旅游在遗产保护、经济、文化、科技研究等方面的功能,亟待社会各界集思广益,寻找有效解决路径。

五、新古典结构-功能视角下文化遗产助力乡村振兴的启示

针对当前文化遗产研究中存在的保护与利用二元对立的观点,张继焦基于对马林诺夫斯基的"文化功能论"、拉德克利夫-布朗的"结构-功能论"、费孝通的"文化开发利用观"以及李培林教授的"另一只看不见的手"、联合国教科文组织"内源型发展"等理论的综合运用,提出我们应换一个角度看待文化遗产的现代转型问题,即新古典"结构-功能论"。[①]

根据新古典"结构-功能论"分析框架,敖汉旱作农业文化遗产作为一种"结构遗产"应做动态分析,探讨敖汉旱作农业文化遗产在经济社会转型进程中发挥的重要作用。一方面,敖汉旱作农业系统被外源力量挖掘并赋名,可视为结构遗产在其本体基础上进一步挖掘其本身价值;另一方面,对于敖汉旱作农业系统这一特殊农业文化遗产,不应将其视作静态遗产,应采取相对灵活的保护方式,迎合乡村振兴政策红利,发挥其作为内源型动力的功能。

(一)发挥政策效应

实施人才战略,焕发农业文化遗产新活力。乡村振兴要以农民为主体,农民不仅是农业文化遗产的使用者和消费者,也会参与农业文化遗产的改造与传承。应建立健全人才培育、引进机制,围绕"培育本土人才、吸引社会人才",出台相关福利政策,释放政策红利。一方面,筹建人才蓄水池,重视培养本土农业文化遗产传承人,通过组织宣讲会、培训班、参观团等活动,提升当地农牧民自身素养,激发农牧民参与农业文化遗产保护与发展的

[①] 张继焦.换一个角度看文化遗产的"传统——现代"转型:新古典"结构-功能论"[J].西北民族研究,2020(03):178-189.

热情。另一方面，大力引进专业技术型人才，引进人才以农学专业的青年大学生为主，以农业技术工人为辅，多层级、多种方法培养专业人才，支持鼓励他们运用新理念和新思路，蹚出一条农业文化遗产与乡村振兴发展的新路径。敖汉旱作农业系统具有鲜明的地方特色，需要对本土人才和外来人才进行均衡任用。

（二）发挥非物质文化遗产的动力作用

保护和发展非物质文化遗产，对实现可持续的经济、文化协调发展有着重要的意义。以黄河灯会为例，政府投入一定资金和人力帮助非遗传承人组织开展黄河灯会活动，并在地方电视台加以宣传，吸引居民参与到黄河灯会中，无形之中拉动了就业，带动了相关产业发展。具体而言，要充分发挥市场竞争机制的效用，鼓励和创造演出机会，根据2017年宣传部、文化部、财政部印发的《关于戏曲进乡村的实施方案》要求，充分发挥政府的带动作用，引资引技引智，引导社会资金支持。

以"好德格沁"为例，非遗传承面临后继无人的风险。一方面，政府有关部门应出台相关福利政策，给予下一代传承人适当的经济补贴，保障从业人群结构的稳定性。另一方面，举办"技能大比武"等竞赛活动，促进艺术的整体发展。

另外，黄河灯会和"好德格沁"为季节性活动，在其余时间缺乏展示空间。有关部门可以搭建创造更广阔的平台，如在民俗博物馆设置相应展厅，通过选拔制选出优秀演员，定期进行会演。政府和外地非物质文化遗产保护机构开展定期合作，组织交流活动，帮助非遗文化传承人精进技艺。

通过以上两种举措，保证非物质文化遗产的活力，更大程度上挖掘非物质文化遗产的潜力，争取让非物质文化遗产成为农业文化遗产地的一张鲜明的名片，发挥品牌效应，为乡村振兴提供持续动力。

（三）发挥环境优势

依托敖汉旗厚重的历史文化和丰富的旅游资源，全力打造乡村振兴旅游示范点。

一是创新体制机制，使政府引导成为主要的发展思路，吸引社会资本投资，跨行业、跨领域综合开发利用，逐步建立商业发展模式。

二是创新旅游产品，根据农业文化遗产地特征，细化旅游产品品质提升思路。例如，依托敖汉旗旱作农业遗产，打造"旱作农业体验游"。坚持"样本保护和活态生产两条腿走路"的基本原则，使农业文化遗产同时成为民众生产生活中的艺术精品和必需品。因此，要加强非遗的本真性保护，保护以敖汉旱作农业系统为依托的"黄河灯会"等非遗文化的本真性；要坚持走生产性保护道路，可考虑将具有地方特色的农业生产工具以文化产品的样式制作呈现出来，形成具有地方代表性特色的文化招牌产品。围绕环境优势，"一村一品"建设打造生态观光游、乡村田园游；聚焦地下热水资源，形成旅游链条，打造民俗休闲康养游。

三是创新发展模式，重点把握农牧民致富，充分发挥当地农牧民主体性，激发农牧民生产热情，引导农牧民顺应时代发展趋势。构建政府、企业、农民多方共赢的良性发展模式。

参考文献

[1] 马小斐. 农业文化遗产在乡村振兴中的价值研究[J]. 现代农业研究, 2022, 28(02): 9-11.

[2] 林继富. "空间赋能"：融入乡村振兴的文化生态保护区建设[J]. 西北民族

研究, 2021(04): 97-109.

[3] 陈茜, 罗康隆. 农业文化遗产复兴的当代生态价值研究——以湖南花垣子腊贡米复合种养系统为例[J]. 贵州社会科学, 2021, 381(09): 63-68.

[4] 李海萌. 农业"非遗"对乡村振兴的促进作用分析——评《乡村振兴与农业文化遗产——中国全球重要农业文化遗产保护发展报告》[J]. 中国农业资源与区划, 2021, 42(08): 172, 192.

[5] 李晋, 燕海鸣. 中国西南民族文化遗产走向世界的表述和意义[J]. 民族研究, 2021(04): 85-95, 141.

[6] 林继富. 文化生态保护区建设的动力机制——基于"空间生产"视角的讨论[J]. 中央民族大学学报(哲学社会科学版), 2021, 48(04): 114-122.

[7] 张继焦. 换一个角度看文化遗产的"传统——现代"转型: 新古典"结构-功能论"[J]. 西北民族研究, 2020(03): 178-189.

[8] 王瑞光. 乡村文化振兴与非物质文化遗产的价值呈现[J]. 济南大学学报(社会科学版), 2021, 31(02): 37-43, 158.

[9] 李少惠, 张玉强. 乡村公共文化振兴的基本样态与实践路径[J]. 图书馆论坛, 2021, 41(03): 78-86.

[10] 夏红梅, 陈通, 许凯渤. "非遗"传承中的多元合作何以形成?——以热贡唐卡为例[J]. 青海民族研究, 2020, 31(02): 108-113.

[11] 敖汉旗农业遗产保护中心. 全球重要农业文化遗产: 内蒙古敖汉旱作农业系统[J]. 中国农业大学学报(社会科学版), 2017, 34(02): 2.

[12] 杨波, 张继焦. 商业文化遗产价值及其保护研究——以晋商会馆碑刻为中心[J]. 贵州民族研究, 2020, 41(12): 156-162.

[13] 张永勋, 何璐璐, 闵庆文. 基于文献统计的国内农业文化遗产研究进展[J].

资源科学, 2017, 39(02): 175-187.

[14] 孙超. 安徽农业文化遗产资源的创新利用[J]. 学术界, 2019(06): 171-177.

[15] 孙超. 农业文化遗产资源融入乡村振兴的机遇与对策[J]. 江淮论坛, 2019(03): 16-19, 53.

[16] 麻国庆. 乡村振兴中文化主体性的多重面向[J]. 求索, 2019(02): 4-12.

[17] 庞涛. 阿拉善地毯织造传统变迁研究[J]. 中央民族大学学报(哲学社会科学版), 2018, 45(02): 106-112.

[18] 张多. 从哈尼梯田到伊富高梯田——多重遗产化进程中的稻作社区[J]. 西北民族研究, 2018(01): 35-44.

"生计选择面"的生成与生态移民可持续发展

完德吉

（中央民族大学，民族学与社会学学院 民族学博士研究生）

摘 要：政策性移民与其他移民相区别的首要本质特征是非自发性迁移，正是在这一基础上，对于生态移民的可持续发展问题需要将政府与移民双主体纳入讨论的维度。在生态移民工程势在必行的趋势下，有必要研究政府与移民群体间复杂波动的互动关系过程，重新审视移民生计适应过程中政府与移民的角色及作用。本文以三江源生态移民群体的生计适应过程作为研究对象，提出政府和移民共同作用生成的"生计选择面"，探讨生态移民背景下实现移民群体可持续发展的路径和机制。

关键词：生态移民；生计选择面；生计适应；可持续发展

一、研究背景与主要问题

政策性移民的可持续发展问题是学界关注的重要议题，对此学界主要集中于讨论移民的生产生活及文化适应等问题[①]，尤其强调了生计适应是影响移民可持续发展的重要因素，认为在诸多影响移民可持续发展的因素中，最

---

① 黄海燕、王永平：《城镇安置生态移民可持续发展能力评价研究——基于贵州生态移民家庭的调研》，《农业现代化研究》2018年第39卷第4期，第643-653页。祁进玉：《草原生态移民与文化适应——以黄河源头流域为个案》，《青海民族研究》2011年第1期，第50-60页。

根本的是就业与收入。[1]关于移民群体生计适应问题的原因研究分析中，部分学者将移民的生计适应困境归咎于移民群体"文化素质普遍不高""传统观念落后"等原因[2]，国外部分学者反对这种将牧业文化视为"落后"且对环境有害的观点[3]，从政策规定等方面具体分析了困境产生的原因，认为在生态移民工程的具体实施过程中，存在不够重视移民在城市移民点的生活适应问题，例举了其中存在的问题。[4]荀丽丽、包智明从政府视角分析了环保政策为何会出现诸如生计生活及可持续等问题的原因，认为生态移民等生态保护政策的实施在既有的制度结构下，面临结构性的困境，因此环保政策或可持续发展战略有赖于更为深入的制度性改革。[5]同时有学者认为，对于生态移民的可持续发展，需要牧民、政府、社会多方力量参与，应当倡导移民广泛参与的生态治理模式，完善生态移民补偿方案，建立移民非农生计扶持的长效机制以促进生态移民可持续发展。[6]总体上，学者们对于移民生计适

---

[1] 束锡红、聂君、樊晔：《三江源藏族生态移民社会融入实证研究——以青海省泽库县和日村为个案》，《中南民族大学学报》（人文社会科学版）2017年第37卷第4期，第38-43页。

[2] 张娟：《对三江源区藏族生态移民适应困境的思考——以果洛州扎陵湖乡生态移民为例》，《西北民族大学学报》（哲学社会科学版）2007年第3期，第38-41页。

[3] Bessho Yusuke, "Migration for Ecological Preservation? Tibetan Herders' Decision Making Process in the Eco-migration Policy of Golok Tibetan Autonomous Prefecture（Qinghai Province. PRC），" *Nomadic Peoples*, vol.19,（2015）：pp.189-208.

[4] Jarmila Ptackova, "Sedentarisation of Tibetan nomads in China: Implementation of the Nomadic Settlement Project in the Tibetan Amdo area, Qinghai and Sichuan Provinces," *Pastoralism: Research, Policy and Practice*, Vol.1, no.4（2011）：pp.1-11.

[5] 荀丽丽、包智明，《政府动员型环境政策及其地方实践——关于内蒙古S旗生态移民的社会学分析》，《中国社会科学》2007年第5期，第114-128页。

[6] 刘红、马博、王润球：《基于可持续生计视角的阿拉善生态移民研究》，《中央民族大学学报》（哲学社会科学版）2014年第41卷第5期，第31-40页。

应问题研究的出发点和落脚点集中在移民自身、政府政策以及二者结合的范畴上，以解释移民生计适应困境产生的原因，并作出相应的对策分析。

政策性移民与其他移民类型区别的首要本质特征是非自发性迁移，正是在这一基础上，对于生态移民的可持续发展问题就必然需要将政府与移民二者均纳入讨论。当前，在生态移民工程势在必行的趋势下，有必要研究政府政策与移民群体间复杂波动的互动关系过程，重新审视移民生计适应过程中政府与移民的角色，如何引领生态移民走向一个可持续发展的未来？如何发挥政府和移民群体在生计适应中的作用？本文以三江源生态移民群体的生计适应过程作为研究对象，提出政府和移民共同作用生成"生计选择面"，探讨生态移民背景下实现移民群体可持续发展的路径和机制。

二、移民生计适应与"生计选择面"

移民生计适应问题中政府与移民的互动关系讨论，一般从功能主义视角出发，分析二者在生计适应实践中的角色与作用，以期实现生态移民可持续发展。束锡红等人从生计资本的角度分析生计适应过程中移民和政府所能发挥的作用[1]，李培林和王晓毅通过分析宁夏移民生产方式的变化情况，发现移民面临非农就业机会少，生态环境和水资源问题制约移民可持续发展，标准的安置方式难以满足移民的差异化需求，缺乏发展资金等问题[2]。东梅以宁夏红寺堡移民开发区为研究背景，用计量分析方法对比移民在搬迁前后生

---

[1] 束锡红、聂君、樊晔：《精准扶贫视域下宁夏生态移民生计方式变迁与多元发展》，《宁夏社会科学》2017年第5期，第147-154页。

[2] 李培林、王晓毅：《生态移民与发展转型———宁夏移民与扶贫研究》，社会科学文献出版社2013年版，第4-9页。

产和生活水平的变化，认为生态移民能够明显提高农户的收入水平，但单纯依靠农业收入不可能大幅度提高其生活水平，需要通过外出务工等活动来提高其总体收入水平。[1]刘学敏提出，生态移民使得移民收入增加，移民产业结构得到调整，但同时存在法律介入不足、科技扶持不足、政府部门协调成本较高等问题。[2]包智明在对内蒙古正蓝旗敖力克嘎查移民群体生产生活的研究中，提出移民群体搬迁后衣食住行方面的变化较为明显，同时出现产业结构单一、市场风险增加、社会贫富分化明显、劳动力剩余、社会治安风险等问题。[3][4]张建军在关于新疆塔里木河流域的生态移民研究中发现，移民群体需要学习现代生产技术，且农业生产投入费用也明显增加，同时面临变革生产技术、调整经营模式等各种问题。[5]迈丽莎以位于河西走廊中部的肃南裕固族自治县生态移民为例，认为生态移民虽以摆脱贫困、改善牧民生活为宗旨，但在实际搬迁后，移民群体在生计方式的转换和适应方面陷入了困境，他们为适应新生计方式而奔波，甚至造成新的环境破坏问题。[6]

---

[1] 东梅：《生态移民与农民收入——基于宁夏红寺堡移民开发区的实证分析》，《中国农村经济》2006年第3期，第48页。

[2] 刘学敏，《西北地区生态移民的效果与问题探讨》，《中国农村经济》2002年第4期，第47-65页。

[3] 包智明、孟琳琳：《生态移民对牧民生产生活方式的影响——以内蒙古正蓝旗敖力克嘎查为例》，《西北民族研究》2005年第2期，第147-164页。

[4] 包智明：《生态移民的几个问题》，中央民族大学中国少数民族研究中心：《共识》，2009年春刊第1期，第38-39页。

[5] 张建军：《生态移民与环境治理——基于塔里木河流域的经验考察》，《西南民族大学学报》（人文社科版）2015年第36卷第9期，第56-62页。

[6] 迈丽莎：《"生态移民"的贫困机制——甘肃省肃南裕固族自治县明花区个案》，载新吉乐图主编《中国环境政策报告——生态移民：来自中、日两国学者对中国生态环境的考察》，内蒙古大学出版社2005年版，第91-104页。

纵观学界对全国各地生态移民生计适应的研究，可以发现，移民在新的安置区生产方式急剧变化，新的生产方式似乎在短期内使移民群体的收入水平得到了提高，但同时也带来了难以满足差异化需求、生产方式变革、产业结构调整、生产成本增加等问题。对本就位于资源贫乏环境中的移民主体而言，这些问题无法单方面通过发挥其主体能动性加以克服，因此，政府必然被纳入如何实现移民生计适应的讨论维度，与此同时，移民主体能动性的发挥也是实现生态移民可持续发展所不可缺少的。以往的研究注意到了政府与移民二者形成合力是实现移民可持续发展的途径，但对于二者如何互动实现可持续发展目标尚未作出充分解释。

为更有效地阐释实现生态移民可持续发展的可能性路径，本文提出"生计选择面"概念。这一概念强调政府力量和移民群体主体能动性的结合，移民通过发挥主体能动性利用不同的地方性知识摸索不同的生计适应模式，在这一过程中，政府则出台有针对性且具体的制度或资金支持等创造就业机会，供移民有更多的生计方式选择，以此适应生计变化，选择最佳的生计方式，从而实现生态移民可持续发展。"生计选择面"研究，意在强调政府与移民共同实现移民生计适应，解释移民主体能动的实践性及其实现生计适应的可能性。本文认为，如果能把移民主体能动性的实践因素与政府政策等支持结合起来，即生成生计选择面，或许能够形成一种真正意义上的生态移民可持续发展的制度安排。

本文通过对三江源地区生态移民A社区[①]的实地研究，探讨生计选择面的生成过程中政府与移民之间的互动关系，在此基础上，探索生态移民可持

---

① 本文对地名、人名进行了匿名化处理。

续发展的新思路。2003年三江源生态移民工程开始启动，A社区自2004年从果洛藏族自治州玛多县扎陵湖和鄂陵湖乡搬迁至州所在地玛沁县大武镇，搬迁户数为150户，到2022年户数已增至320户，新增户数在村民原有房屋内新建彩钢房或搭帐篷居住；搬迁时总人口为612人，现已增至813人，从2004年到2022年增长了32.84%。笔者进行了累计五个月的实地调查，本文所用实证资料即源自对这一社区的调查。

三、移民的生计摸索与变化

为了分析移民搬迁后的生计摸索与试错过程，本文将大部分受访群体的年龄集中在40～60岁之间，以了解搬迁时大部分青壮年群体的生计适应状况。受访者平均年龄为45岁，其中0～15周岁的少年儿童人口占4.1%，16～59周岁的青壮年人口占72.7%，60周岁以上的老年人口占23.2%。其中，占多数的青壮年人群的生命历程经历了两个时期，即过去在牧区的游牧生活和正在经历的城镇定居生活，他们因生产和生活系统的变化面临适应生计方式转变的问题。移民的生计转变过程是本文重点展示和分析的实证资料，通过对他们的生计摸索历程进行深度访谈，获悉移民主体能动性的实践及政府政策扶助的作用与影响。笔者将生计适应过程分为初期和近期，分别指自2004—2014年和2015年至今两个阶段。这一划分依据是移民生计转变过程及相应的政府政策特点。

（一）初期的"外向"摸索与试错

1. 寻虫草

冬虫夏草是三江源高海拔地区的支柱产业之一，A社区所在的城镇附近也是虫草盛产区。移民在原来的世居地并无采挖虫草的经验，采挖虫草的季节一般在五月初到六月中旬。在与移民聊起过往是否有采挖虫草的经历时，他们讲到几乎每个家庭都曾尝试过，有些家庭坚持的时间比较久，一直到近期才停止，有些家庭则是只干了三四年。采挖虫草是一件比较费精力的事，并不是一个人拿着锄头去就可以，因为采挖地距离玛沁县城最近的也有四五个小时的车程，所以一旦决定去采挖虫草就要收拾行李，在虫草区"安营扎寨"度过采挖期。"我们家是搬迁后第二年开始去挖虫草的，当时的'萨查'（藏语字面意思为地税，实际意思为租金）是一人一两千元左右，每个地方的价格不一样，收入在两三千元左右，但是慢慢挖着挖着还是能找到窍门的。后来租金变贵，孩子也到了上学的年龄，就不去挖虫草了。"（女性，59岁，20220507）

大量的访谈资料显示，搬迁初期村里几乎所有家庭都会去采挖虫草，届时，只能看到三三两两的年老者、年幼儿童及无劳动能力的村民在村口巷尾寂寥地打发着时间。在搬迁之初，村里大部分家庭是主干家庭或联合家庭，劳动力充足。如有一户家中有五个孩子的家庭，家长带着孩子们去采挖虫草。"我当时和丈夫就带着三个分别是十一岁、十岁、八岁的孩子去挖虫草。挖虫草时小孩儿比大人机灵，小孩儿不需要交'萨查'，有虫草假，收入还可以。后来孩子们的虫草假取消了，租金也变得越来越贵，就不去了。"（女性，49岁，20220629）家中成员除去无劳动能力的老人及尚不能走路的孩子外，都在找寻一切可能获得收入的机会。但就这一机会而言，也是因为当时的环境、人力等各方面条件的支持，才得以使村民在短期的劳动付出中获得较为可观的一笔收入，目前村中仅有少数中青年男性会去采挖虫草。

总体而言，采挖虫草是移民初期大部分家庭尝试并获得成功的生计方式之一，这一生计方式随后之所以被弃置，深受其背后环境因素限制。首先，搬迁初期采挖虫草的成本在移民能接受的范围内。此时正值虫草市场的新兴时期，即使是对于没有多少积蓄的移民而言，租金也还在可承受的能力范围内。其次，学校有放虫草假的规定和成本存在不成文"优惠"。在移民初期，青海所有处于虫草区的学校均有虫草假或者准许请假，未成年人也能在少交或不交租金的情况，增加一个为家庭增收的机会。最后，移民的家庭结构处在劳动力最富余和可支配的阶段。所有家庭成员都能为采挖虫草这一经济活动提供支持，年长者能在家照顾年幼者，其他可支配劳动力充足。当支持条件逐渐被削弱，直至这些条件消失时，于移民而言采挖虫草就变成有诸多条件限制且风险较高的谋生途径。因虫草市场的兴起使得加入虫草市场的人数越来越多，随之而来的是租金的翻番上升，大部分家庭无力承担上万元的地租，地租上升的经济压力与因采挖人数众多带来的竞争的双重压力，使得采挖虫草可能导致的损失风险越来越大。在随后的几年里，各地学校逐渐取消了虫草假，加之各家庭成员对于风险的看法不同，并不能如初期般合力合作，在种种条件的变化下，移民因较弱的风险抵御能力无奈只能退出市场，转而尝试其他成本和风险都比较可控的生计方式。

2. 当"看护"

与采挖虫草同期间，一部分年纪大的移民在采挖虫草季节寻得了另一份类似"看护"的工作。在玛沁县县城及附近草山上居住的牧民也大多在虫草季节去采挖虫草，这部分家庭在虫草季节有看管庭院、孩童和家畜的"职业"需求。据移民讲述，在虫草期，周边的牧民就会寻找能看家护院的"看护"，社区里六七十岁的女性老者会去"应聘"。"别人知道我们是移民都闲着，就来找人，只找女性。第一年我去了甘德县岗龙乡，这家有三个小孩，照看一个小孩给2500元，这一年挣得比较多；第二年去了久治县，照看三个孩子一共才给2500元；第三年又去了岗龙照看房子，这家没有小孩，之后这家人回草场放牧，我就去城里照看他们的房子。在那里看管小孩需要按手印答应不挖虫草才行。"（女性，76岁，20220801）

到附近草山上做这份工作还有一些规定，被雇用的移民需要签订一份合同，合同主要规定不允许在雇主家周围采挖虫草，这份合同由雇主负责，与移民签订好后上交至雇主管委会。这份工作并不稳定，付出的劳动也没有明确规定的价格，时高时低。"挣钱就是很难的事，人家需要我们，我们就去，结束的时候会看你的表现给你相应的回报，有些给得多，有些给得少，也就差不多了。"（女性，76岁，20220801）年长的女性在新的环境中能够获得收入的机会少之又少，即使工资并不稳定，她们也很乐意去接受这份工作。除了女性外，也有少部分年长男性去做这份工作。

3. 打零工

移民在初到玛沁县时，大部分人还尝试过在建筑工地打零工，做技术要求较低，负责挖坑、搬运水泥和砖等力气活儿。据移民回忆，移民搬迁到玛沁县时，正值2004年前后果洛藏族自治州城镇建设发展的初期，劳动力需求比较大，于是移民们便又寻得了另一份可以获得收入的工作。

移民作为世代放牧人的后代，在牧区高原的日常生活劳作中，几乎没有需要用到类似铁锹等工具进行劳动，因此绝大多数移民在打工时是第一次使用这些建筑工地上的工具。"打工最难的是用那些工具，我们在工地上挖地洞要用铁锹。每个人每天分好要挖多深多长的沟或是洞，刚开始因为不会用铁锹，就会使出全身的力气把铁锹顶在地面，手扶着铁锹杆，顶在肚子上，这样使劲的方法不对，所以我们不仅做得慢，还很累，'加荣洼'（牧民相对于自身对汉族人和农区藏族人的统称）没有我们这么吃力，后来慢慢学

他们，才知道要用手和脚发力，但还是比较难，干完一天的活儿，回来就很累。"（男性，61岁，20220507）

对于移民而言不仅是工具的使用问题，还有语言交流的障碍。由于此前移民在日常生活中不需要使用汉语，极少部分人能运用汉语交流，而在工地干活，诸如搬运水泥、砖等材料到大工（建筑工地上按照图纸设计，负责实际操作砌墙、涂抹水泥等工作工人的统称）前，需要和大工进行交流，而这些大工一般来自外省或其他县域，使用的是各地的方言，很多移民都表示，在打工时，听不懂大工在说什么。"我们却听不懂大工在说什么，大工说搬砖过来，我们却把别的什么东西拿过去，大工就会生气，嘴里说些什么，我们也听不懂。后来慢慢注意听，记住'砖''水泥'这些东西的发音，也就慢慢能听懂他们在说什么了。"（男性，61岁，20220507）移民在遇到因语言交流不畅而发生争吵的情况时，那些相对身强体壮的年轻移民，则会选择"撂挑子"。"我那时候年轻，当过小工，也遇到过听不懂汉语的情况，他们骂骂咧咧，我就生气不干了，再去找别的工地，当时工地比较多，不愁没打工的地方。"（男性，40岁，20220621）年龄稍大的移民在工作中不占优势。因为大部分移民每年五月初都会去采挖虫草补贴家用，这时本身就没有竞争优势的年长移民就通过暂时不领工资的方式保证挖完虫草后能够继续被雇用。

随着时间的推移，一方面，移民与外来务工者相比本就处于竞争劣势，"加荣洼"是移民打工时的竞争对手，而在挖虫草时他们也是竞争者之一；另一方面，建筑工地引进大量的现代化建筑机器设备，劳动力市场需求大幅萎缩。目前，只有少数二十七八岁左右的男性移民偶尔去工地打零工，劳动力市场几近饱和，这些仍在工地上寻求打工机会的群体，并没有太多的就业机会。

4. 跑车服务

在搬迁初期，很多男性移民几乎都开过二手车。大部分搬迁户在移民在初期都变卖了牛羊，因此除了国家每年发的总共一万元左右的补助外，移民手中还有一些盈余。大概在2007、2008年，很多人便开始购买价格在两三万之间的二手车，在玛沁县载人跑短途，类似于出租车。"2006年，用一万两三千元做了本钱，买了一辆二手车，跑了四年的车，当时跑车是一人一元钱，油价也不高，能赚到一些钱。"（男性，50岁，20220730）当时社区中跑车的人比较多，成年男性都在努力尝试跑车拉客。

2015年，果洛州开始发展正规出租车公共交通服务，出租车行业的准入门槛提高，需要办理相关的准入手续，办理齐全的出租车手续需要花费五万到六万元。于是就有很多人退出跑短途的行业或转为跑长途，其中大部分人选择了其他行业，因为油价在不断上升，很多人认为跑长途和短途都是没有太多利润的。"油价变高了，办手续要花费不少钱，我觉得挣不了钱，就不开了。"（男性，50岁，20220730）另外，在2020年前后，新的交通管制法规定出台，私家车跑长途不再合规，跑长途的人数自此锐减。实行正规出租车公共交通服务后，村中仅剩五家继续跑车的家庭。跑车的利润并不是部分村民所想象的那样，即使是在实行正规出租车服务后，花费五六万元的手续费，仍然"有利可图"。"我家只有我一人开，早上七八点发车，晚上十一点收车，中午十二点左右休息一会儿。一天能挣两百多，现在油价变贵了，赚的没有那么多，但是一天两百是差不多没问题的。"（男性，50岁，20220805）碍于成本及对前景预期的偏差，大多数移民错失了这一就业机会。

目前在果洛州玛沁县城共有288辆出租车，其中六十多辆是本地牧民所有，其余均是外来人口所有。这些外地人大多来自热贡、尖扎、循化、化隆或拉卜楞等周围县城，他们或是自己开，或是将车出租给本地人或其他外来人口。在这一行业中，移民大多数人除了因成本和预判失误而放弃跑车外，来自外部的竞争力也使得移民无力再加入这一行业。

（二）近期的"求稳"与"内向"就业

近期指2015年至今，田野访谈资料显示，由于补助政策的变化，移民的生计选择有了明显的变化。相比于在初期移民向外拓展寻求生计机会的发展方向，近期由于扶助政策的变化，移民开始寻求或安于"内向"的发展方向。"内向"发展指移民选择依靠扶持政策带来的稳定岗位或社区内部"行政"岗位就业。

1. 管护员

管护员是自2014年开始，所有生态移民群体都可以享受的一项政策性扶持就业安排。管护员主要的职责是定期到迁出区巡视环境状况，保护生态安全。在本文的田野点中，几乎每一户移民家庭均有一个管护员的名额，这一名额需要满足的条件是65岁以下的非残疾成年人。管护员的工作地点是移民的迁出区，移民以自己原来所在的"日科"[①]为单位，五六人为一小组结伴轮流到草场做管护工作。笔者在田野调查时有两次看到移民正在做准备工作。由于工作地点距离移民居住区五六百公里开外的牧区，因此不仅需要自行解决出行问题，衣食起居等问题均由移民自己负责。每次去做管护工作一般要在草场待十天左右，需要准备足够的口粮，保证出行工具的正常使用，对出行使用的车辆进行维修和检查，进行一系列的准备工作也要花费一些时

---

① 移民未搬迁前在牧区类似村庄的单位。

间、精力和金钱。具体的管护工作则是捡拾垃圾、检查围栏、巡视是否有捕鱼采矿等破坏环境的行为等等,看到野生动物时还需要摄制视频影像。工资是每月1800元,一年总计收入21 600元。

每户家庭几乎都享有这一政策性的就业安排,因工作地点路途遥远,且有时需要进行体力劳动,所以大部分家庭由青壮年男性担任这一职务。这一职务的特殊性在于工作时间的无周期性,每组管护队轮流在自己"日科"的草场上做管护工作,每位管护员轮岗的时间没有固定的周期,因此需要每位管护员做好随时开始工作的准备,移民家庭就需要有一人专为进行管护工作而在家等待轮岗。自2014年有了管护员的岗位后,大部分从打零工、采挖虫草、跑车服务等行业中退出来的移民,转而选择管护员的岗位。

2. 编织厂

2015年,玛多县河源新村克里姆编织厂在社区内建厂,这是一项政府扶持就业的项目。编织厂的工人都来自移民村内部,除了三个负责人外,员工都是30~65岁之间的女性,共有20名员工。在建厂初期,每人每月仅有300元的工资,到了2019年升为每人900元/月,编织厂的工期一般是每年的三月中旬至十月底,周六日双休,节假日有假期,工资按月发放。编织厂解决了一部分女性移民的就业问题,因为工厂离家近,所以她们既能获得一些收入,同时又能够兼顾家人起居。

在编织厂工作的女性大多有过去在牧区生活的经历,熟悉编织手艺,因此无须学习陌生的技能或是语言,只需要在原来的编织手艺基础上熟悉工厂里的编织设备操作便能胜任这份工作。编织厂的主营产品是藏毯,厂里有九架编织机,每架编织机可供两人同时进行编织工作。藏毯编织的技艺要求不是很高,学会穿线的步骤即可,而这对本就有编织手艺基础的移民女性来说容易掌握。这一工作能够让移民女性充分发挥本土知识的作用，成功将过去掌握的技能运用到现有的就业环境中，实现本土知识的生计适应。

3."安置"工作

2022年社区的公共事务主要由党员带头负责，党组织设有支部书记、支部副书记，组织委员、宣传委员和支部委员。调查发现，村中大小公共事务主要的负责人是支部书记、副书记和宣传委员，他们负责政策文件的上传下达与实施。村中事务主要包括例行会议，经常需要开会传达县级及以上单位的会议精神，处理公共事务等。社区内类似"行政岗"的需求比较大，社区设有一个会计岗位，由一位大专毕业生任职，负责账务工作，就业培训项目的登记、实施等。社区还设有一个联防队，由四人组成，一人为负责人，其余三人由高中学历的年轻人，他们担任村警，负责社区内安全事务。为了解决年轻人的就业问题，目前社区内有三个"日科"设置了公益性岗位，负责处理移民与各"日科"相关的公共事务，如上级单位来考察移民的生活起居问题，就由这些负责"日科"事务的工作人员引导并介绍。

2022年村中有26名大专毕业生，他们是移民搬迁至这里后，拥有大专学历、第一批接受高等教育的青年。田野调查发现这部分待业群体中，72%的人没有信心通过公务员考试，他们坦言在考试中没有竞争力，没有办法超过外县或本地考生；58%的人倾向于在村中获得就业机会，如从事公益性岗位或是在社区任职；42%的人想通过做生意等其他路径就业。

四、政府政策与移民生计选择的互动变化

（一）政府扶持政策及变化

三江源生态移民属于政策性移民，移民享有一定的补助政策，而补助政策

在移民搬迁后经历了初期（2004—2014年）和近期（2015年至今）两个阶段的变化。其中在初期，2004—2011年移民能享受玛多县政府每年年底发放的8000元的生活补助费，冬季发放2000元的燃料补助费；自2009年开始，依据家庭收入水平发放不同级别的最低生活保障补助（低保），2010年开始依据年龄标准发放儿童和老年补助，该补助金额在随后几年内逐年上升，目前儿童和老年补助均是每人每年5600元；2011年，国务院发布《关于促进牧区又好又快发展的若干意见》[①]，开始实施"草原生态保护补助奖励机制"，2012年起发放草原生态保护补助（以下简称"草补"）。本文田野点的草补以"日科"为单位，每个"日科"通过测算草场亩数大小获得草补，"日科"按人均分，平均每人每年获得的草补在12 000元左右。2014年起，落实了一项就业扶持政策，每户移民安排一个管护员岗位，每人每月可获得1800元。

（二）生计选择的变化趋势

伴随政府政策的变化，移民的生计选择和适应也有了相应的变化。移民在搬迁初期补助金额较少，大量的访谈资料显示，搬迁后由于移民所需的所有生活保障用品均需通过市场购买获得，移民仅靠补助收支几乎处于入不敷出的状态。"刚来这里的时候，给我们的补助只有8000多，不管干什么都需要钱，钱不太够花。"（男性，71岁，20220112）此时移民通过采挖虫草、在牧区做"看护"、打零工、跑车服务等方式获得补助之外的收入。通过前文移民生计摸索的过程可知，在初期移民不同年龄层群体在新的生产生活环境中，各自利用不同的地方性知识竭力摸索不同的生计方式。如在牧区高原多变的气候环境中培养了敏锐的观察能力，使他们在采挖虫草及打工时能够

[①] 《国务院关于促进牧区又好又快发展的若干意见》国发〔2011〕17号，2011年8月9日，http://www.gov.cn/zhengce/content/2011-08/09/content_2821.htm。

利用这一能力，逐渐适应新的谋生劳动；在给附近的牧户当"看护"时，更是直接利用过去的放牧和生活经验，游刃有余地适应了这一生计方式；在跑车拉客时，移民展示了其在新环境中所具有的应变能力。

自政府提高补助金额、出台就业扶持等政策，移民的生活压力得到了一定的缓解，移民逐渐退出了上述生计方式。"2012年开始发草补，之后又安排了管护员，因为要去做管护工作，不能再去挖虫草，而且那时候租金很高，虫草的出售价格时高时低。"（男性，57岁，20220627）由于补助金额的提高、就业扶持政策的出台以及行业竞争压力的增大，使得移民退出部分自发摸索的生计行业。

近期移民社区出现了"向内""求稳"的生计选择倾向。移民在城镇环境中的生计摸索体现了其主体能动的实践性，他们的主体能动性在遇到其他外部限制时，因其较弱的风险抵御能力，移民不得不退出竞争。同时，在目前政府扶持政策的帮助下，一方面，该社区移民的收入呈现了渐趋稳定的状态；另一方面，青年移民群体的就业选择逐渐趋向多元化。

五、总结与讨论

20世纪80年代以来，国家承担了生态环境治理的主要责任。[1]生态移民是一项政策性移民工程，政府在移民的生计适应和实现生态移民的可持续发展的过程中扮演着重要的角色。在政府的扶助下，与移民初期相比，目前生态移民社区的生计适应水平整体呈上升趋势，并且就业渠道及类型不断实现多样化。在近些年来的政策实践中，政府开始通过相应的制度设计让移民成

---

[1] 参见王晓毅：《生态移民：一个复杂的故事——读谢元媛〈生态移民政策与地方政府实践〉》，《开放时代》2011年第2期，第154–158页。

功实现生计转换。

A社区给我们的启示是：首先，要肯定移民自身的主体能动性，他们在新的环境中尽管没有太大的就业竞争优势，但也在找寻一切可以获得经济收入的机会，以往将移民生计适应问题归因于移民自身能力的研究有待商榷；其次，移民即使发挥主体能动性，最终还是会由于各种环境因素及外界的压力退出某些行业，可见移民的经济风险抵御能力弱，为此，政府应当采取其他措施，保障移民的基本生活，以此增强移民的生计适应能力；最后，移民就业扶助政策应当根据移民社区的具体情况进行合理安排，如调整管护员的轮岗时间，使移民无须碍于工作时间安排不当而放弃其他的生计探索机会。

综上，移民的生计适应不仅取决于移民自身的主体能动性，更有赖于政府政策的扶助力度。在政策扶助过程中，需要考虑到移民的生计探索问题，了解移民在生计适应探索过程中遇到的问题，有针对性地提供相应的政策支持，通过这种方式才有可能生成可供移民选择的"生计选择面"，使移民逐渐增强生计适应能力，在生计选择变化中找到最佳的方式，从而实现生态移民的可持续发展。

西南土司的中华文化认同表达及实践逻辑

李 然，严 冬

摘 要：西南土司的中华文化认同是其国家认同的根基。播州土司通过追溯华夏族源、积极慕义向化、认同中央王朝、贴合华夏墓葬习俗等多种方式表达了对中华文化的认同。身处"中间圈"的播州土司在边缘地带积极传播中华文化，在整合当地"文化复合性"与社会秩序的同时，完成了从"陌生人-王"向地区"宇宙王"的转变，这是土司中华文化认同的实践逻辑。正是基于对中华文化的认同，西南土司得以与问鼎中原的各民族组建的中原王朝结成文化共同体和政治共同体。

关键词：西南；播州土司；中华文化认同；实践逻辑

一、前言

元明清时期，处于王朝天下体系"中间圈"的土司的国家认同对于王朝边疆稳固与社会稳定具有重要作用。近年来，关于土司国家认同方面的研究取得了丰硕的成果，如贺卫光等人、陈季君、赵秀丽分别以甘青连城鲁土司[①]、

基金项目：国家社科基金后期资助项目"土司文化遗产比较研究"（20FMZB005）

作者简介：李然，中南民族大学民族学与社会学学院教授，博士生导师，民族学博士；严冬，新疆农业大学马克思主义学院讲师，民族史博士。

① 贺卫光、陶鸿宇：《明清时期连城鲁土司家国认同研究——兼与播州杨土司央地关系之比较》，《西北民族大学学报》（哲学社会科学版）2021年第3期，第51-60页。

西南诸土司[①]、鄂西容美土司[②]为例，探讨了土司国家认同的表现形式及影响因素；也有学者进一步指出，土司国家认同的实质是对华夏——汉民族的认同亲附、历代王朝制度文明的传承实践、国家权威的臣服顺附以及中原文化的传播共享[③]，而"国家权力则以文化的形式在土司内渗透和沉淀，从根基上夯实了土司国家认同的基础"[④]。土司对中华文化的认同是其国家认同最深层次的体现，它既是国家认同的内在动力和表达形式，同时也形塑着土司的国家认同观念。处于王朝国家内"中间圈"的土司，在与中央王朝、相邻土司和治下民众的互动中，"都有一个须要面对的共同问题，即，既要跟远方强有力的帝国形成关系，又要跟更远的那些相对软弱的比他们还要'蛮夷'的'蛮夷'形成关系"[⑤]。习得并践行中华文化既是土司群体对王朝向心力的表达，也是面对"蛮夷"彰显自身优越性的文化策略。但土司仍会小心地保留"半夷半夏"的身份，使得在古代王朝国家边疆或华夏文明边缘出现一种中原文化与地方文化的并接结构，通过这种中间性文化身份来维系王朝与边缘社会的权力秩序。

播州杨氏土司及其先祖，自唐末至明末统领播州长达700余年。谭其骧先生曾有评价："西南夷族之大，盖自汉之夜郎，唐宋之南诏、大理而外无出其右者。元明之世有'思播田杨，两广岑黄'之谚，言土司之最巨者，实

---

① 陈季君：《论土司地区的国家认同》，《中国史研究》2017年第1期，第23—34页。

② 赵秀丽：《明清之际鄂西容美土司的政治抉择与政治认同》，《中南民族大学学报》（人文社会科学版）2020年第40卷第1期，第64—69页。

③ 彭福荣：《试论中国土司国家认同的实质》，《青海民族研究》2016年第27卷第4期，第19—24页。

④ 葛政委：《多维视野下的容美土司国家认同内涵研究》，《中南民族大学学报》（人文社会科学版）2017年第37卷第5期，第63—67页。

⑤ 王铭铭、舒瑜：《文化复合性：西南地区的仪式、人物与交换》，北京联合出版公司2015年版，第410页。

则田、岑、黄三姓，亦非杨氏之比也。"[1]学界关于播州土司历史、国家认同等研究已取得丰硕成果。[2]

纵观杨氏统领播州的历史，除末代土司杨应龙外，杨氏历代家主都自觉融入王朝的天下体系，不仅在与中央王朝交流互动中积极吸收和传播中华文化，还创下了"播州盛世"的文明景象，这与斯科特所说的"逃避统治的艺术"以及"文明不上山"的观念正好相反。按照斯科特的观点，播州地处山区，杨氏应有一套"逃避统治的艺术"，其"谋生手段、社会组织、意识形态，甚至颇有争议的口头传承文化，都可以被认为是精心设计来远离国家的控制"[3]，逃避被统合至早已成体系的中央王朝；同时根据"文明不上山"[4]的观点，彼时中原文化也很难抵达云贵高原上的山地社会。深入剖析和阐释杨氏土司中华文化认同不仅有助于进一步认识西南土司中华文化认同的表达方式及其背后的行为逻辑，也是以铸牢中华民族共同体意识为"纲"，从新时代中国民族学话语体系出发，对呈现"认同的力量"在王朝核心与边缘关系稳固、土司家园与王朝天下互构中的运行机制具有重要意义。

---

[1] 谭其骧：《播州杨保考》，《贵州民族学院学报》（社会科学版）1982年，第1-24页。

[2] 陈季君、党会先、陈旭：《播州土司史》，中央民族大学出版社2015年版。李良品、李思睿、余仙桥：《播州杨氏土司研究》，华中科技大学出版社2015年版。彭福荣：《播州土司的国家认同研究》，《湖北民族学院学报》（哲学社会科学版）2018年第36卷第5期，第81-85、144页。裴一璞、张文：《拒绝边缘：宋代播州杨氏的华夏认同》，《中国边疆史地研究》2014年第1期，第123-129页。

[3] ［美］詹姆斯·斯科特著，王晓毅译：《逃避统治的艺术》，生活·读书·新知三联书店2019年版，第2页。

[4] ［美］詹姆斯·斯科特：《文明缘何难上山？》，载王晓毅、渠敬东编：《斯科特与中国乡村：研究与对话》，民族出版社2009年版，第295页。

二、播州土司中华文化的认同表达

(一)以华夏祖源叙事完成"夷夏"身份转换

关于杨氏的族属,学者们各有见解,但有一个基本意见是统一的,即杨氏非汉人族属,而是唐朝末年从四川泸州一带迁徙过去的其他族群。①播州杨氏通过一系列文化策略进行身份再造,完成自身的"华夏化"。这种"找寻失落祖先的后裔"及"寻得或假借一个祖源"的双向或单向认同活动,是华夏改变本身族群边界及华夏边缘族群华夏化的一种基本模式。②

杨氏追溯杨端作为家族的祖先,以证明自己是华夏的后裔。《宋中亮大夫抚使御使杨文神道碑》载,"宣宗末年,大理举兵,播州鼻祖端奉命平定,其功始著。五季乱,天日离隔,杨氏世守其土……本系出唐虞/之后,伯侨食采于杨,子孙因氏焉。汉以来聚族会稽,至鼻祖端,始入于……巴蜀之南郡"。③在杨文后裔杨汉英请人撰写的《忠烈庙碑》中,其对祖先来源于太原的故事进行了详尽说明:"杨氏系本太原,唐乾符初赠太师讳端者,宦游会稽,后客长安。适南诏陷播州,大为边患。有旨募能安疆场者,太师慨然自效,遂命为将,以复播州。"④明代大学士宋濂所作《杨氏家传》

---

① 谭其骧:《播州杨保考》,《贵州民族学院学报》(社会科学版)1982年,第1—24页。章光恺:《播州杨氏族属初探》,《贵州文史丛刊》1982年第4期,第91—96页。
② 王明珂:《华夏边缘:历史记忆与族群认同》,上海人民出版社2020年版,第280—281页。
③ 《宋中亮大夫抚使御使杨文神道碑文》,载钱大勇编:《遵义地区文物志》,遵义地区文物管理委员会1984年版,第77—78页。
④ [元]程钜夫:《雪楼集》卷一六《忠烈庙碑》,文渊阁《四库全书》本,第1202册,(台北)台湾商务印书馆1986年版,第221—222页。

采用了"华夏化"的叙事模式[①]，并被其后的正史和地方志所认可。道光版《遵义府志》载："杨端者，其先太原人，仕越之会稽，遂为其郡望族。后寓家京兆。"[②]可以看出，杨氏最迟从杨文开始已经形成模式化的祖先族源叙事结构，将祖先属于华夏族群的来源追溯到唐虞时期，并与历史人物进行勾连，从而构建出家族来源于中原地区的故事。杨氏祖先的故事承载着杨氏家族重构家族历史的记忆，这种记忆通过碑刻、口口相传的故事被不断合理化，进而被中原王朝官方和史家所接受。

（二）慕义向化：接纳中华文化元素

第一，杨氏在播州广交中原文人，学习儒家经典。杨氏家族自宋代以来十分钦慕汉文化，对知识分子礼遇有加。两宋期间，西南地区相对安定，很多汉人知识分子进入播州地区，杨氏家族请这些人讲经论道，还时常给予他们财物。南宋初年，杨选"性嗜读书，择名师授《子》《经》；闻四方有贤者，则厚币罗致之，每岁以十百计"，杨轼"留意艺文，蜀士来依者愈众，建庐割田，使安食之。由是蛮荒子弟，多读书攻文，土俗为之大变"。[③]明朝初年，杨氏作为一个归顺新朝不久的地方土司，能让朝廷重臣宋濂为其撰写家传，足见其与中央王朝官员来往密切，其行为表现也符合宋濂这类士大夫心中的价值取向。

第二，请求朝廷在播州设科取士，开播州科举之先河。与汉人知识分子

[①] [明]宋濂：《翰苑别集》卷一《杨氏家传》，载罗月霞主编：《宋濂全集》第2册，浙江古籍出版社1999年版，第959页。

[②] [清]郑珍、莫友芝：(道光)《遵义府志》卷三十一《土官》，遵义市志编纂委员会办公室整理1986年版，第951–952页。

[③] [清]郑珍、莫友芝：(道光)《遵义府志》卷三十一《土官》，遵义市志编纂委员会办公室整理1986年版，第954页。

的大规模交往，让播州大姓子弟有机会深入学习汉家文化经典，从而更加钦慕华夏文化，为南宋后期播州子弟参加科举考试奠定了人才队伍基础。南宋嘉熙二年（公元1238年），杨价向宋廷请求在播州地区开科取士，播州"始有进士"，冉从周成为播州乃至贵州境内历史上第一位进士。至南宋覆灭前，当地共有八人考中进士。①嘉熙三年（公元1239年），杨文在播州"建孔子庙以励国民，民从其化"②。这是播州历史上最早的孔庙。

第三，践行儒家"修身齐家"的理念，制定相应的伦理规范。家主杨粲以儒家思想制定《家训》，"尽臣节，隆孝道，守箕裘，保疆土，从俭约，辨贤佞，务平恕，公好恶，去奢华，谨刑罚"③，告诫子孙"勉继吾志，勿堕家声，世世子孙，不离忠孝二字"④。后世家主杨汉英天资聪颖，"究心濂洛之学，为诗文，典雅有则。著有《明哲要览》九十卷、《桃溪内外集》六十卷"⑤，有较高的个人修养。杨氏家族对"修身齐家"伦理的践行正是其效仿华夏礼仪的表现。

第四，主动接纳中原佛教和道教文化。唐宋之际，佛教和道教先后传入播州。历代杨氏家主效仿中央王朝最高统治者，非常重视佛教和道教在播州的发展。杨氏主政播州期间，在境内修建了大量的道观、寺庙，如：万寿

---

① [清]郑珍、莫友芝：（道光）《遵义府志》卷三十二《选举》，遵义市志编纂委员会办公室整理1986年版，第992页。

② [清]郑珍、莫友芝：（道光）《遵义府志》卷四十《年纪二》，遵义市志编纂委员会办公室整理1986年版，第1230页。

③ [明]宋濂：《翰苑别集》卷一《杨氏家传》，载罗月霞主编：《宋濂全集》第2册，浙江古籍出版社1999年版，第963页。

④ 《宋中亮大夫抚使御使杨文神道碑文》，载钱大勇编：《遵义地区文物志》，遵义地区文物管理委员会1984年版，第78页。

⑤ 何绍态：《新元史》卷二百二十一《杨汉英传》，中国书店1988年版，第863页。

寺、普明寺、宝相寺、延寿寺、玄妙观、集真观、冲虚观。[1]杨氏第二十六世家主杨斌自称神宵散吏，拜道士白飞霞为师学道并建造"先天观"方便自身修炼，"晚年乃欲借神仙隐名以欺世"[2]。

第五，播州子民渐染华风。宋时，播州百姓"敦庞淳固，以耕植为业，鲜相侵犯，天资忠顺，爱慕华风……会聚以汉服为贵"[3]；到了明代，当地百姓"其婚姻死葬颇同汉人，死丧亦有挽思哀悼之礼"[4]，播州"人知向学，深山穷谷，犹闻弦诵声。虽夜郎旧地，当与中土同称"，"以元宵为年，礼天神，享岁饭"。[5]播州土司对中华文化的认同也影响了治下百姓，当地"华风盛行"，这为明廷在播州"改土归流"的顺利推行奠定了坚实的文化基础。

（三）王朝鼎革之际的家国情怀

尽管杨氏家族在唐朝末年便世据播州之地，但每逢朝代更迭，杨氏家主都能审时度势，及时主动向新的中央王朝内附称臣，贡献方物并受命世守其土。宋灭元兴之时，杨氏家族权衡再三，选择向新的中央王朝纳土请降："本族自唐至宋，世守此土，将五百年。昨奉旨许令仍旧，乞降玺书"[6]。《杨氏家传》载，"至元十二年，宋亡，元世祖遣使者诏邦宪内附，邦宪

---

[1] [明]李贤纂：《大明一统志》卷七十二《播州宣慰使司》，三秦出版社1990年版，第1130页。

[2] [清]郑珍、莫友芝：(道光)《遵义府志》卷十一《金石》，遵义市志编纂委员会办公室整理1986年版，第344—347页。

[3] [明]李贤纂：《大明一统志》卷七十二《播州宣慰使司》，三秦出版社1990年版，第1129页。

[4] [明]郭子章、赵平略校注：《黔记》卷五十九《诸夷》，西南交通大学出版社2016年版，第1167页。

[5] [清]郑珍、莫友芝：(道光)《遵义府志》卷二十《风俗》，遵义市志编纂委员会办公室整理1986年版，第554页。

[6] [明]宋濂：《元史》卷九《本纪第九·世祖六》，中华书局1976年版，第192—193页。

捧诏，三日哭，奉表以播州、珍州、南平军三州之地降"①。文本以"三日哭"这个细节表明杨邦宪对宋朝的忠义之心，以示自己是在南宋灭亡后不得已才做出归附元朝的抉择。同样的情节也曾出现在杨氏先祖杨端身上，杨端在得知唐朝被后梁灭亡后"感愤发疾而卒"②。

历史上，岭南部落首领冼夫人在得知陈朝灭亡后也曾在痛哭后向隋朝称臣，历代王朝没有因冼夫人向隋称臣而对其苛责，反而对其有颇高的历史评价。《家传》中杨端"感愤发疾而卒"和杨邦宪"三日哭"这些细节是在表达杨氏家族对前一王朝的忠心，而他们主动向新朝称臣归附也能够被中原的士大夫所接受。

明朝建立后，杨氏家主杨铿和周边小土司"相率来归，贡方物，纳元所授金牌、银印、铜章"，洪武八年（公元1375年），杨铿派遣其弟杨骑入朝贡献方物，其后按照明朝定制每三年入贡一次。③

（四）墓葬文化中的华夷杂糅

考古发掘的杨氏家族墓葬带有明显的西南少数族群特点。其一是腰坑葬习俗的延续。目前已确定的播州杨氏墓，自南宋中期开始至明晚期均有腰坑。腰坑葬的习俗曾于汉代流行于我国南部大部分地区，至唐宋时期已基本绝迹，只在四川、贵州的少部分民族地区存在。

其二，杨粲墓腰坑中出土的两面铜鼓是西南地区特有的文化元素。铜鼓

---

① [明]宋濂：《翰苑别集》卷一《杨氏家传》，载罗月霞主编：《宋濂全集》第2册，浙江古籍出版社1999年版，第965页。

② [明]宋濂：《翰苑别集》卷一《杨氏家传》，载罗月霞主编：《宋濂全集》第2册，浙江古籍出版社1999年版，第959页。

③ [清]张廷玉：《明史》卷三百十二《列传第二百·四川土司二·播州宣慰司》，中华书局1974版，第8039-8040页。

在西南少数民族中有重要意义。"诸獠皆然,并铸铜为大鼓,初成,悬于庭中,置酒以招同类,来者有豪富子女,则以金银为大钗,执以叩鼓,竟乃留遗主人,名为铜鼓钗"①。铜鼓在西南少数民族中象征着权力与地位,杨粲夫妇将铜鼓置于腰坑之中,足见其对铜鼓的珍视。

虽然杨氏家族墓葬带有西南少数族群的文化特点,但华夏文化特点更为明显。墓葬的昭穆排序、享堂、墓志等礼仪性建筑的出现都是明显受中原文化影响的结果;所有墓葬体现了浓厚的道教信仰习俗,主要体现在墓葬中的各类雕饰——包括墓主人像、文官武士、题刻、八卦,以及镇墓石、买地券等多个方面。②另外,"《家礼》在明代被奉为礼仪圭臬,杨氏为一方之长,镇守播州,又与夷人杂处,但至迟从南宋中期开始,杨氏土司墓似乎有意恪守朱子《家礼》中的墓志规定,对儒家礼仪的追求,亦是杨氏自身对'中原'身份的认同和与播州苗夷区别的表达"③。在凸显华夏文化的同时,杨氏极力弱化原有的文化风俗,表现出"华"远多于"夷"的特点。杨氏在墓葬习俗上不断与中原地区的特点相贴合,以求更加贴近华夏文化,从而向当地"土民"彰显文化上的优势地位。作为"华"与"夷"的连接点,墓葬习俗表现出的文化多元性和复杂性特点是中原文化与本土文化融合后所体现的"他者"与"我者"的结构化形式。"没有一种文化是自生、自成的孤立单体,而总是处在与其他文化的不断接触与互动之中,即使有些文化相对于其他文化'封闭',但其现实存在避免不了'外面的世界'的'内部

---

① [唐]魏徵:《隋书》卷三十一《志第二十六·地理下》,中华书局1973年版,第888页。
② 周必素:《播州杨氏土司墓葬研究》,《贵州民族研究》2008年第28卷第5期,第199–207页。
③ 周必素、韦松恒、彭万:《贵州遵义市播州杨氏土司墓葬形制研究》,《华夏考古》2020年第1期,第107–115页。

化'"①。墓葬文化展现出的华夷杂糅特点，是杨氏在"华夏化"过程中的真实场景再现，同时也是播州地区"文化复合性"的生动体现。

三、播州土司中华文化认同的实践逻辑

（一）国家权力延伸与土司权威的法理化需求

土司对中华文化的认同，是古代王朝国家与土司的共谋。从宋代的羁縻制到元明时期的土司制，中央王朝对播州地区的管控能力不断加强，国家权力借助制度体系进入华夏边缘地区。作为国家认可的正式官吏，土司可世袭，同中央王朝的政治隶属关系趋于制度化，行政上具有明确的品级，升降、奖惩、贡赋等皆有定制，与国家的联系更为紧密和牢固。②明廷制定了土司子弟不入太学不准承袭的制度，"播州宣慰司并所属宣抚司官各遣其子来朝，请入太学，帝敕国子监官善训导之"③。杨氏土司承袭者多有在京城读书受中原文化熏陶的经历。杨氏敬畏臣服于中央王朝的权威，遵从王朝制定的土司制度，体现了国家权力向播州地区的延伸。

杨氏主动"华夏化"是作为"他者"确立权威法理性的现实需求。根据学者考证，杨氏入播州的经历大致如下：唐代宗大历五年（公元770年），生活于播州的僚人反叛，四川泸州境内的僚人首领罗荣奉唐王朝的命令进军播州平定了当地叛乱，并被授予播州封地，世代守护播州。随后，南诏向东扩张并攻陷黔中地区，生活于水西地区的罗闽人（即彝人）趁机将罗氏第四

---

① 王铭铭、舒瑜：《文化复合性：西南地区的仪式、人物与交换》，北京联合出版公司2015年版，第9页。
② 陈文元：《论土司制度内涵演变及若干问题反思——以长时段理论为逻辑起点评析》，《社会科学论坛》2021年第1期，第165–172页。
③ ［清］张廷玉：《明史》卷三百十二《列传第二百·四川土司二·播州宣慰司》，中华书局1974版，第8040页。

代家主罗太汪赶出播州。罗太汪返回四川泸州后，联合杨端企图收复播州。唐乾符三年（公元876年），经过周密的军事部署，杨端一举打败了占据播州的罗闽人，成为播州新的主人并世袭此地。①

杨氏并非播州土民，其身份类似萨林斯提出的"陌生人-王"，为巩固在播州的统治，需要转变为地区的"宇宙王"。②杨氏统治初期，其地位并不稳固。五代时期，二代家主牧南"痛父业未成，九溪十洞犹未服，日夜忧愤"，三代家主部射更是战死沙场，"蛮夷"反抗杨氏统治一直持续到杨文广时期，之后此类反抗行为才销声匿迹。③杨氏以军事手段巩固和完善其在播州地区的统治地位，"当文广之时，杨氏先世所不能縻结者，至是叛讨服怀，无复携贰，封疆辟而户口增矣"④。更为重要的是，杨氏不断吸收中原文化，完成在当地的文化资本积累，进而确立其权力来源的正统性。这一文化实践过程在下述材料中体现得尤为明显：

"唐末，南诏叛，陷播州，久弗能平。僖宗乾符三年，下诏募骁勇士，将兵讨之。端梦神告曰：'尔亟往，此功名机也。'端与舅谢将军诣长安，上疏请行……蛮出寇，端出奇兵击之，大败。寻纳款结盟而退。唐祚移于后梁，端感愤发疾，卒。子孙遂家于播。"⑤

---

① 陈季君、党会先、陈旭：《播州土司史》，中央民族大学出版社2015年版，第4页。
② ［美］马歇尔·萨林斯著，蓝达居等译：《历史之岛》，上海人民出版社2003年版，第110页。
③ ［清］郑珍、莫友芝：（道光）《遵义府志》卷三十一《土官》，遵义市志编纂委员会办公室整理1986年版，第951-954页。
④ ［清］郑珍、莫友芝：（道光）《遵义府志》卷三十一《土官》，遵义市志编纂委员会办公室整理1986年版，第954页。
⑤ ［清］郑珍、莫友芝：（道光）《遵义府志》卷三十一《土官》，遵义市志编纂委员会办公室整理1986年版，第951-952页。

杨端收复播州前神仙托梦的故事为杨氏成为地区"宇宙王"奠定了超社会基础。对祖先进行神秘化叙述是正史中的常见表述形式，杨氏向外界描述祖先时套用此种模式，本质上就是长期受中华文化影响后所体现出的"华夏化"倾向。《明史》对朱元璋的记载就是此种叙事模式，将朱元璋的出生、病愈经历进行神秘化，营造出他的所作所为是天命所归的神秘氛围。[①]但仅靠神秘性不足以使其成为"宇宙王"。时局混乱、民不聊生的社会现实为朱元璋推翻元朝建立新王朝提供了法理性依据。以儒家思想为代表的中华传统文化对统治的法理性自有一套解释逻辑——"皇天无亲，惟德是辅；民心无常，惟惠之怀。为善不同，同归于治；为恶不同，同归于乱"[②]。统治者需要以德施政才能获得民心，进而使政治稳固，而当出现动乱之时，就会有新的统治者产生。

杨氏很清楚自己的身份只是西南地区的"土酋"，虽然比照正史记载，将祖先占据播州时行为神秘化和法理化，但却依然在为臣叙事的范围之内：其行为神秘化仅限于神仙托梦，而不似开国君主那般夸张；其行为法理化则是在"蛮夷"攻占播州导致当地动乱后的主动请缨平定。为此，杨氏构建族群记忆，使自身的华夏祖源融入平定播州的叙事结构当中。这种叙事结构对杨氏家族有三个层次的描述。其一，杨氏祖先是忠于唐王朝的汉人，在国家边疆陷入危机之时能够挺身而出，组织兵力收复播州；其二，杨氏占据播州是中央王朝予以册封的结果，这不仅是中央王朝对杨氏收复播州的奖励，也是中央王朝需要杨氏家族的表现；其三，杨氏通过这一叙事将家族命运与国家大势联系在一起，构建出互为里表的"家国同构"叙述方式。杨端主动

[①] ［清］张廷玉：《明史》卷一《本纪第一·太祖一》，中华书局1974版，第1–2页。
[②] 王世舜、王翠叶译注：《尚书》，《周书·蔡仲之命》，中华书局2012年版，第462页。

进军播州不仅是解救国家危难的忠义之举，与周边"蛮夷"作战并收复播州更是符合儒家"夷夏之辨"的道德典范。唐王朝因此命其世守播州，为杨氏世代成为播州之主奠定了法理基础，也为其平定播州内部"蛮夷"反叛提供了法理依据。这正是王明珂提出的"英雄徙边记"的典型叙事方式，杨氏将祖先追溯为一个拥有特殊功绩的"英雄祖先"，并因受封而获得播州地区的世袭统治权，突出了其统治者地位。此种文本叙述并不能概括当时的历史全貌，而只反映了当地统治者的家族史，这种模式反映的是人群、资源与权力集中化且阶序化的社会特点。①

杨氏通过华夏化的"英雄祖先"故事界定了自身对播州统治的合法性，并自形成这一故事后就不断向世人宣示着这种带有明显华夏痕迹的家族故事，从而将杨氏对播州的统治合理化。杨氏按照华夏文化模式强调历代家主的道德修养，得到中原知识分子的普遍认可，明代宋濂就曾评价杨氏："盖谋诗书之泽，涵濡惟深，颇知忠荩报君之道，或天有与相之欤……以此观之，其功在国家，泽被生命，可谓后矣。"②来自华夏强势文化的认可为杨氏从"陌生人-王"向地区"宇宙王"的转变奠定权力和道德基础。此时的地区"宇宙王"虽然也是外来的，带有明显的"他性"，但这种"他性"脱离了"蛮夷"，是超越性、道德的、教育性的，显示了杨氏土司在当地的高位阶性和优越性。

（二）中间圈：中华文明流动的中继站

播州地接四川、贵州和湖南三省，是中原进入西南的重要门户，也是

---

① 王明珂：《反思史学与史学反思》，上海人民出版社2020年版，第200-201页。
② [明]宋濂：《翰苑别集》卷一《杨氏家传》，载罗月霞主编：《宋濂全集》第2册，浙江古籍出版社1999年版，第967页。

西南地区吸收华夏文化并向纵深扩散的中继站。明代诸葛元声在《两朝平攘录》中对播州的地理位置和环境进行了详细描述：

"其封域，南极牂牁，西连僰道，东西一千四十里，周围远近三千里，盖西南奥区也……凡联三省，此地势，西北堑山为关，东南俯江为池，中皆山谷盘亘。巉崖峻壁，跨接溪峒，人马不得并行。"[①]

尽管播州距离巴蜀平原的王朝核心区域不远，但其山地特点造成了极大的交通障碍，从而使播州孕育出适合当地的生活方式和风俗习惯，但这是明显不同于中原文化的"夷"性本土文化。五代时期，杨氏家主三公在渡江作战时曾被"夷僚"威胁"当免我科赋，否则吾不以舟济"[②]。杨氏前几代家主大多遭遇过当地"蛮夷"各种形式的反叛。作为地方统治层的播州土司却被中原文化如磁石一般深深吸引，没有如斯科特所描述的那样逃避来自中央王朝的统治，反而积极"迎合统治"，主动慕义向化。身处华夏边缘地带的土司，不仅了解华夏文化，同时也向当地传播华夏文化。

按照王铭铭教授提出的"三圈"理论，"三圈"分别代表有效控制的地方行政建制范围、有实际"识别"和"间接统治"的属国、土司、蛮夷长官、藩属范围及"外国"这一观念上"统治范围"。[③]从中央王朝的视角来看，实行流官制的地区处在核心圈的位置，推行土司制度的播州处于"中间圈"的位置。播州土司如同一个纽带，连接着分处两端的"夷"与"夏"。这个"中间圈"连接着中央王朝和地方土民，是二者彼此之间权力和文化的

[①] [明]诸葛元声：《两朝平攘录》卷五《播上》，载《续修四库全书》编纂委员会：《续修四库全书》第434册，上海古籍出版社1995年版，第187页。

[②] [清]郑珍，莫友芝：（道光）《遵义府志》卷三十一《土官》，遵义市志编纂委员会办公室整理1986年版，第952页。

[③] 王铭铭：《超社会体系：文明与中国》，生活·读书·新知三联书店2015年版，第331页。

纽带,而身处"中间圈"的播州土司则长期处在非夷非汉、亦夷亦汉的历史状态。

"以往的土司研究都是在谈帝国与边疆的关系,但是假如我们以所谓的边疆为中心,来像利奇那样思考这个地方的政治权威人物之所以有着如此复杂的心态,是因为他们要面对的是各种各样的意识形态类型,而不是单一的。"[1]站在"中心圈"的视角,杨氏与中央王朝、地方小土司、境内土民等多个群体交往时,所面临的多元文化错综复杂,需要在不同角色之间来回切换,导致其产生一种复杂的中间心态。比如,杨氏家主汉英就曾被元廷赐名"赛因不花",并多次为元廷出征平定播州附近的叛乱——"赛因不花奋击先进,大军继之,贼遂溃,乘胜逐北,杀获不可胜计。遂降阿苴,下笮笼,望尘送款者相继……折节惧,乞降,斩之,又擒斩隆济等,西南夷悉平"[2]。"杨"作为播州土司的华夏姓氏,"赛因不花"是元廷赐予的蒙古名,"折节""阿苴"等名称则是当地对"土著首领"的称呼。单从上述史料中出现的人名称呼就能体现播州当地的对"文化复合性",各种文化在播州这一地处华夏边缘的"中间圈"地带相互交织。在面对中央王朝时,身处西南山地的杨氏依然有"蛮夷"色彩。李化龙在《平播全书》中称杨氏"本以夷种,世厕汉官,被我冠裳,守彼爵土"[3]。在与多方势力博弈、合作中,杨氏积极表现出"华夏化"倾向,表明其对中华文化的认同。这不仅是为了消除自身的"蛮夷性",也是以中华文化统合当地"文化复合性"的一

---

[1] 王铭铭、舒瑜:《文化复合性:西南地区的仪式、人物与交换》,北京联合出版公司2015年版,第410页。

[2] [明]宋濂:《元史》卷一百六十五《列传第五十二·杨赛因不花传》,中华书局1976年版,第3884页。

[3] [明]李化龙著,遵义市地方志编纂委员会编:《平播全书(点校本)》卷三《报进兵日期疏》,大众文艺出版社2008年版,第70页。

种文化实践。

对以"天下观"为核心的中央王朝来说，播州土司只是一个处于"中间圈"的区域，只要播州土司的行为符合华夏天下秩序下的礼仪要求，谁成为当地的直接管理者于中央王朝而言没有差别。但作为"陌生人-王"的杨氏，在面对播州土民时，必须防止他们"蛮化"。出于对当地土民治理的需求，杨氏以"华夏化"方式主动被统合进入中央王朝的管理体系当中。播州虽拥有"逃避统治"的生态条件，但"中间圈"的"文化复合性"之现实基础不允许杨氏选择"逃避统治"这条道路。杨氏将"中间圈"作为向四周"蛮夷"传播华夏文化的前沿阵地，通过校仿中央王朝皇帝作为天下"宇宙王"的身份对子民进行治理，彰显华夏符号和礼仪制度的文化力量，对区域"文化复合性"进行有效整合，从而完成从"陌生人-王"转变成地区"宇宙王"的过程。

但同时也要看到，杨氏十分珍视自己的领地。杨氏入主播州的叙述结构在凸显"大一统"原则之下，还在不经意间提醒世人播州地区的特殊性。播州虽然世代听命于中央王朝，但毕竟不同于实行流官制的地区。杨氏入主播州之前，这里曾被"蛮夷"侵占，只有在杨氏的管理之下，播州才不会沦为"化外之地"。播州是介于中原与"化外之地"之间的"中间圈"地带，虽然也已"华夏化"，但依然与中原有所不同。杨氏通过不断强调这种区分，造成播州与中原有明显差异的认知，进而让大众接受差异的合理性，从而达到防止中央政权过度干涉其统治的目的。

有学者认为，末代土司杨应龙叛乱后退守海龙屯，妄图凭借山地优势

281

阻挡官军的进攻，其本质正是斯科特笔下的"逃避统治的艺术"。①但换一个角度审视，杨应龙叛乱的原因也可视为其对华夏的不良校仿。史载杨应龙"益奢淫无度，日事游猎宴饮，服御僭用龙凤纹，宫室违制，黄金饰户，象牙为床。及将净身男子擅充内官，选土民美女，擅充宫眷……令州人称己为千岁，自朝栋为后主"②。史料记述的种种行径堪比帝王。这是杨应龙自恃强盛，不满足于长期处于华夏边缘的表现，但同时也是在长期与中原文化互动过程中不断模仿王朝礼仪制度的结果，只是这种模仿已经超越了为臣的"底线"，其僭越行为为中央王朝所不容，并最终被明廷剿灭。

四、结语

在国家权力向下延伸以及土司权威法理化需求的双重作用下，播州土司"利用一系列得自继承或是新发明的故事、仪典、勋章、礼节和陪衬之物来合理化他们的存在，并安排他们的行动"③。通过"华夏化"过程完成了从"陌生人-王"向地区"宇宙王"的转变，利用华夏符号、礼仪制度等内容，彰显土司在当地统治中的合法性、教化性和道德性。

在确立社会结构阶序化的同时，杨氏还通过对中华文化的认同维持"中间圈"的社会秩序。正如帕森斯所言："某些涉及文化一致性的必要条件可以意味着那些发生在某个社会系统相关价值系统以外（例如信仰体系）的变化，它可能会成为一种要求改变这个系统内部的重要价值观念的压力。一个

---

① 李飞：《夷夏之间：宋元明时期的播州社会》，《贵州民族研究》2018年第39卷第10期，第158-164页。
② ［明］诸葛元声：《两朝平攘录》卷五《播上》，《续修四库全书》编纂委员会：《续修四库全书》第434册，上海古籍出版社1995年版，第188页。
③ ［美］克利福德·格尔茨著，杨德睿译：《地方知识：阐释人类学论文集》，商务印书馆2014年版，第144页。

系统，在面临要求改变其制度化的价值系统的压力时，所表现的那种愿通过文化渠道来寻求稳定的倾向可叫作'模式维持'功能。"[1]身处"中间圈"地带的播州杨氏，面对来自不同区位、不同族群且相互杂糅的多元文化，在认同华夏的基础上，在边缘地带积极传播中华文化，无形中完成了当地文化的结构化过程。杨氏以华夏文化为引领统合周边"蛮夷"文化，推动不同社会群体之间"你中有我，我中有你"的多元交往互动，发挥了文化系统的"模式维持"功能，有效防止了当地土民"逃避统治"，维护了播州地区的稳定，促进了区域范围内"文化复合性"的整合。

从播州土司"华夏化"的过程来看，地方土司虽然有其各自的地域文化特点，但在归顺中央王朝并受其管辖的过程中会与中原地区产生交集，这一过程看似是社会结构化与文化结构化的悖逆，但实质却是中央王朝、土司、土民之间长期交往交流交融的积极结果。杨氏家族在土司制度框架下对播州拥有极高的自主权，这是他们保留自身文化特点的主要手段，但他们所表现出的对中央王朝的认可、对华夏祖源的追溯以及对华夏文化的认同是在保留自身特色的前提下对中华文化求同存异的表现。"华夏化"不能简单理解为杨氏对族群身份的认同，而应该被理解为其对中华文化的认同。

纵观历史，身处"中间圈"的西南各民族都有着自身独特的历史文化，都为今天所呈现的丰富多彩的中华文化贡献了民族特色。西南地区所形成的"文化复合性"本质上就是不同民族在求同存异基础上对中华文化认同的实践过程，也是彼此共同开拓辽阔疆域、书写悠久历史、创造灿烂文化、培育伟大精神的历史过程。

---

[1] [美]塔尔科特·帕森斯、尼尔·斯梅尔瑟著，刘进、林午等译：《经济与社会：对经济与社会的理论统一的研究》，华夏出版社1989年版，第16页。

民族事务治理研究评述

吴 钧

摘 要：中国特色社会主义进入新时代，民族事务治理相应进入新发展阶段。新时代党的民族工作以铸牢中华民族共同体意识为主线，体现了我国民族事务治理的组织力迈向更高水平。自从治理理念引入民族工作领域，学术研究作为一种理性力量持续推动着我国民族事务治理体系和治理能力现代化。经过综述，文章总结出新时代十年民族事务治理研究的理论共识，认为民族事务治理研究当前处于学术关注度高、研究成熟度较低的快速成长期，在理论与实践层次都有较大研究空间。今后，应重点关注铸牢中华民族共同体意识在民族事务治理体系中的定位、功能和价值，思考民族事务治理体系和治理能力现代化如何赋能中华民族共同体意识。

关键词：新时代；民族事务治理；理论共识；研究进路

世易时移，时移事易。中国特色社会主义进入新时代，民族事务治理相应进入新发展阶段。人民日益增长的美好生活需要和不平衡不充分的发展之间的矛盾规定了新时代民族问题的表现形式。党的十八大以来，以习近平同

基金项目：本文系贵州省2022年铸牢中华民族共同体意识研究基地课题"贵州省民族事务治理现代化典范创建研究"阶段性成果。

作者简介：吴钧，男，1993年生，贵州遵义人，中央民族大学博士，中共黔南州委党校讲师。

志为核心的党中央精准把握时代特点和民族事务重点，提出了一系列新思想新观点新理念，形成了习近平总书记关于加强和改进民族工作的重要思想。可以认为，铸牢中华民族共同体意识、推进中华民族共同体建设是新时代十年民族事务治理的最大特色和重要创新。从研究者的视角看，只有准确理解和把握中华民族伟大复兴历史方位下各民族荣辱与共、休戚与共、生死与共、命运与共的时代要求，才能更好地阐释新时代民族事务治理的主线选择与政策意蕴。本文以综述新时代以来民族事务治理研究文献为方法，总结评价中国特色的民族事务治理体系在新时代取得的理论进展，思索现阶段民族事务治理研究的进路。

一、民族事务治理研究综述

民族事务作为社会事务的重要组成部分，它包括民族发展事务、民族关系事务等内容，主要表现在民族地区和少数民族流动人口聚居的城市。民族事务治理研究是指以民族事务治理为主要研究对象和内容的学术工作。中国的民族事务治理体系奠基于古代中国悠久历史中的政治文明，起色于中国共产党早期的制度探索，在实践中熔铸于中国特色社会主义制度，其核心规旨是《中华人民共和国宪法》和民族区域自治制度，并辅之以法律、政策、实践而构成。2013年12月，时任国家民委主任的王正伟在学习贯彻习近平总书记系列讲话精神成果交流会上，将十八届三中全会提出的"国家治理体系和治理能力现代化"引入民族工作领域，指出"要以推进民族事务治理体系和治理能力现代化为目标，依靠并服务各族人民，加快民族地区全面建成小康社会进程"[1]。由此，民族事务治理开始成为学界广泛关注的问题。在此之前，学界已有学者对相关问题进行了初探。赵野春对民族事务管理的原则、内涵和原因进行了探讨。他认为，"坚持维护国家统一和国家安全、坚持民族区域自治、坚持民族平等团结与共同繁荣"是新中国民族事务管理的原则。[2]陈心林研究了汉代的民族治理政策。[3]雍海宾探讨了民族治理中国家的职责和权力以及民族法治建设的方向，他认为"民族的法治性和法治的民族性是相辅相成的"[4]，法治建设应反映和体现中华民族的民族性特征。王跃对西藏民族自治地方政府的治理能力进行了分析。[5]杨龙认为中国在处理民族事务时通常政策手段多于法律手段，不利于对民族事务的妥善处理。[6]郭鹏将多中心治理理论应用于"城市民族混居社区治理"，认为"应在界分民族事务与一般社区事务基础上，促使参与主体由一元走向多元、权力结构由垂直走向扁平、互动模式由指令走向协商"[7]。言轻、司忠华发出"民族工作亟须引入现代治理理论"的呼声，他们认为引入治理理论符合民族事务管理重心日益下沉的趋

---

[1] 王正伟：《推进民族事务治理体系和治理能力现代化》，http://www.gov.cn/jrzg/2013-12/30/content_2557350.htm。

[2] 赵野春：《新中国民族事务管理原则性问题初探》，《民族问题研究》2000年第10期，第8-16页。

[3] 陈心林：《汉代民族治理政策述论》，《内蒙古社会科学》2005年第2期，第7-11页。

[4] 雍海宾：《民族法治研究——基本理论探索》，兰州大学博士学位论文，2006年，第119页。

[5] 王跃：《西藏民族自治地方政府在社会治理中的作用分析》，《西藏民族学院学报》（哲学社会科学版），2007年第28卷第5期，第23-26页。

[6] 杨龙：《多民族国家治理的复杂性》，《社会科学研究》2010年第2期，第8-10页。

[7] 郭鹏：《城市民族混居社区中公共事务的界分与治理——多中心治理理论的应用》，《延安大学学报》（社会科学版）2012年第1期，第48-51页。

势。建议借鉴现代治理理论，激活民族工作的多元主体。[1]

（一）关于民族事务治理的理论研究

民族事务是关系到党和国家全局的重大事务。在中国这样的统一的多民族国家，民族事务治理是公共事务与政治管理的一种，它具有较强的政策性、政治敏感性和广泛的社会涉及面。治理是社会权利运行理念演进的结果，它代替了"统治"和"管理"，成为当前世界各国普遍采纳的执政理念，其与管理的最大不同在于，管理是权威性的表述，治理是共识性的表述；管理是单向的，而治理是多向度的。因此，中国56个民族既是民族事务治理的主体，又同为民族事务治理的对象。关于民族事务治理的理论研究，主要有以下几方面。

1. 坚持中国特色社会主义制度体系是民族事务治理的根本遵循

中国特色社会主义道路、制度、理论、文化是解决中国问题，创造中国奇迹的根本，对我们所坚持的道路、奉行的制度、开创的理论、创造的文化足够自信是题中应有之义。但在民族事务治理领域中，也有不少质疑和批评的声音。"一些研究者在认识中国民族事务治理体系与民族问题关系上出现的理论偏差与现实误判，很大程度上源于其理论观点陷入了机械的'制度决定论'窠臼，混淆了现阶段中国民族问题演变过程的转型性与体制性特征"[2]。其中视民族交往互动中的矛盾为体制性问题者有之，质疑我国民族政策成就者有之，放大治理实践与经济社会转型之间滞后性者有之。但事实上，发展过程中地区之间、城乡之间、群体之间的不平衡与不充分正是现阶

---

[1] 言轻、司忠华：《提升民族工作亟须引入现代治理理论》，《中国民族报》，2013年1月25日。

[2] 朱军：《中国经济社会转型中的民族问题与民族事务治理——以国家治理能力为分析视角》，《民族研究》2015年第1期，第1-12页。

段我国面临的主要矛盾。以此否定成就、质疑制度、鼓吹他国模式是不正确的。因此，坚持中国特色社会主义制度体系是民族事务治理的原则和根本遵循。杨圣敏教授通过与西方政府处理民族事务的政策和结果对比，提出"中国的民族事务治理现代化必须继续坚持走中国化道路，必须坚持中国特色社会主义，继承中华民族优秀历史传统"①。朱军教授从社会转型的视角研究，认为当前中国面临的许多民族问题是由经济社会转型过程中的社会问题在特定的时空场景与民族社会生态共同作用下生成的。经济社会转型改变了中国的国家与社会关系，影响到民族事务治理体系解决民族问题的绩效与水平。如果因转型时期表现的突出问题而质疑我国解决民族问题的基本理论和制度，在理论上会走入误区，在实践上具有危害性。②高永久等认为，"在中国特色解决民族问题正确道路的指引下，中国的民族问题治理能力和治理水平不断提高，经受住了历史检验，凝聚了中国各族人民铸牢中华民族命运共同体的共识和意志"③。可见，推进民族事务治理体系与治理能力现代化，推进中国民族事务治理的话语、理论与实践创新，必须坚持中国特色社会主义制度体系。

2. 推进民族事务治理法治化是治理能力现代化的必然要求

民族事务治理法治化是推进"法治国家、法治政府、法治社会一体建设"的必然要求。我国以宪法为依托、以民族区域自治法为核心的民族事务治理法律体系为民族事务治理法治化提供了坚实的立法基础。党的十八大以

---

① 杨圣敏：《民族事务治理现代化要坚持走中国化道路》，《广西民族研究》2020年第6期，第1-5页。

② 朱军：《中国经济社会转型中的民族问题与民族事务治理——以国家治理能力为分析视角》，《民族研究》2015年第1期，第2页。

③ 高永久、崔晨涛：《中国特色民族事务治理的道路创新与道路自信》，《中南民族大学学报》（人文社会科学版）2020年第1期，第6页。

来，党中央坚持以法治思维和法治方式推进民族事务治理法治化，建立起了完备的法律体系和有效的法律实施机制。

第一，关于民族事务治理法治化的概念。侯万锋认为，民族事务治理法治化是指要"全面运用法治思维和法治方式治理民族事务，实现法律对民族事务治理从具体事项到治理过程的全覆盖，保障民族事务治理在法律范围内开展、在法治轨道上运行，形成办事依法、遇事找法、解决问题用法、化解矛盾靠法的民族事务治理新理念"[1]。王允武认为，民族事务法治化是指，民族事务管理者按照法律化的方法、手段、步骤与程序依法管理民族事务。[2]虎有泽等人认为，依法治理民族事务是指依照宪法和法律的规定解决民族关系公共事务问题，逐步实现民族事务治理的制度化、法律化的活动。[3]其根本是用法治思维来做好民族工作，用法律来保障民族团结。杨鹏认为，民族事务治理法治化是指"民族区域自治地方的行政机关、司法机关及其成员在遵守法治国家的总体要求下将民族地方一切活动纳入法治轨道，形成一种制度化、科学化、合法化、有序化的长效法治管理机制"[4]。

第二，关于民族事务治理法治化的意义。张文显认为，推进民族事务治理的法治化，不仅能够将诸多现代理念注入治理过程中，更能够有效地加强治理的规范性、程序性，对提高治理能力和维护社会公平正义有着不可或

---

[1] 侯万锋：《进一步提高民族事务治理法治化水平》，《中国民族报》2016年2月5日第7版。
[2] 王允武：《民族事务法治化：民族自治地方改进社会治理方式的可行路径》，《西南民族大学学报》（人文社会科学版）2014年第35卷第5期，第82–85页。
[3] 虎有泽、程荣：《在新发展理念下依法治理民族事务》，《贵州民族研究》2017年第38卷第8期，第1–8页。
[4] 杨鹏：《我国民族事务治理法治化研究——以广西壮族自治区为例》，《法制与经济》2015年第7期，第15-19页。

缺的重要意义。①陈宇从治理法治化与现代化互构的角度探讨了二者互构的逻辑。他认为传统社会向现代社会转型，社会关系、社会结构发生变迁，民族事务治理的性质相应从文化性治理转变为关系性治理。通过法律程序将治理精细化、制度化和法律化，使得民族事务治理具有权威性、长效性和稳定性，可以有效避免因法律缺位而引起治理过程和结果的特殊性、临时性和波动性。②

第三，关于新时代民族事务治理法治化的经验。周少青认为，"两个结合"论断的提出，标志着习近平总书记关于民族事务治理法治化重要论述在立法层面逐步走向成熟。③习近平总书记关于依法治理民族事务的重要论述包括"建立完备的民族事务治理法律体系、严格执行宪法和民族区域自治法、依法妥善处理涉民事件、提高各族干部群众法律素质、以法律来保障民族团结、坚持党对民族事务治理的全面领导"等方面，其时代价值在于丰富了社会主义法治建设实践、为铸牢中华民族共同体意识提供了法治保障。④朱俊将"坚持中国共产党对民族事务治理的全面领导、坚持维护民族平等团结互助和谐的社会主义民族关系、铸牢中华民族共同体意识、以民族区域自治制度为核心完善民族事务治理法治化体系"⑤总结为新时代民族事务治理

---

① 张文显：《法治与国家治理现代化》，《中国法学》2014年第4期，第5–27页。

② 陈宇：《民族工作事务治理法治化与治理现代化的互构逻辑》，《云南民族大学学报》（哲学社会科学版）2020年第37卷第6期，第107–117页。

③ 周少青：《习近平总书记关于民族事务治理法治化重要论述的几个维度》，《中国司法》2022年第6期，第11–13页。

④ 雷振扬、张顺林：《习近平关于依法治理民族事务重要论述的时代价值》，《中南民族大学学报》（人文社会科学版）2022年第42卷第2期，第45–54、183页。

⑤ 朱俊：《新时代民族事务治理法治化的成就与经验》，《民族研究》2022年第2期，第48–67页。

法治化的经验。杨文帅、郝亚明认为，准确把握民族事务治理的法治内涵、坚定民族事务治理的法治目标和遵循民族事务治理的法治要求，是新时代民族事务治理体系和治理能力现代化的题中之义。①

3. 铸牢中华民族共同体意识是新时代民族事务治理的主线

民族事务治理是实现国家长治久安和中华民族伟大复兴的基础性工程。周光俊、郭永园探讨了新时代民族事务治理中中华民族命运共同体概念是如何演化推进的，提出了"中华民族组织化"的观点。他们指出，"新时代的中国民族事务治理要解决的不仅是民族本身的问题，更重要的是在已有的基础上形成一种政治共同体的意识"②。马俊毅也认为"建设政治上的共同体是解决民族问题最基础性的前提"③，她从国家建构与治理的复合性视角总结出"以综合性、协同性全面治理的路径建设中华民族共同体是中国当下的治理特征"④。朱碧波认为，地缘政治格局和社会转型的深刻变迁，给中华民族共同体带来了一些解构性压力。为了更好地巩固中华民族共同体，当前民族事务治理迫切需要提升中华民族共同体的形塑能力，培育中华民族共同体意识，强化各民族互惠意识。⑤以上研究表明，新时代民族事务治理的重点任务是铸牢中华民族共同体意识。

---

① 杨文帅、郝亚明：《新时代民族事务治理现代化的法治意蕴》，《北方民族大学学报》2022年第4期，第122-130页。

② 周光俊、郭永园：《中华民族命运共同体与新时代的中国民族事务治理：历史方位、理论方法与概念议题》，《社会主义研究》2020年第1期，第68-75页。

③ 马俊毅：《民族事务复合性治理战略及其现代化——以铸牢中华民族共同体意识为主线》，《中南民族大学学报》（人文社会科学版）2021年第4卷第11期，第72-80页。

④ 马俊毅：《民族事务治理的中国道路》，《中央社会主义学院学报》2021年第6期，第20-28页。

⑤ 朱碧波：《论中国民族事务治理能力的当代建构》，《北方民族大学学报》（哲学社会科学版）2016年第1期，第102-106页。

（二）关于民族事务治理的实践研究

李赟、龙晔生以香港2016年两起公共事件为个案，总结了新时期民族事务治理的启示。他们认为，正确解决民族问题首先要站在维护国家统一的高度依法治理具体的民族事务，同时也要继承民族团结的光荣传统，做到言行一致。[1]杨志文基于宁夏民族事务治理实践，总结了民族地区事务治理的启示，提出建设各民族共有精神家园是民族地区事务治理的思想基础，促进各民族群众全面协调可持续发展是推进民族地区事务治理的物质基础，提升法治化水平是推进民族地区社会治理的基本手段，培养高素质民族工作队伍是推进民族地区事务治理的关键环节。[2]汪茂铸认为，广州市在民族事务治理领域有"四对矛盾"相对突出：一是民族团结意识与部分干部群众认识淡薄的矛盾；二是民族事务治理法治化与城市管理"碎片化"的矛盾；三是城市公共服务资源紧缺与少数民族流动人口需求剧增的矛盾；四是民族工作任务逐年加重与民族工作部门人力不足的矛盾。[3]明亮等人以成都市民族事务治理为对象，认为该市民族事务治理的调解机制和突发事件应对机制不健全，提出完善体制机制、促进社会融入的建议。[4]吴利霞以阿克塞哈萨克族自治县民族事务治理为研究对象，提出民族事务治理制度化、法治化、民主化、

---

[1] 李赟、龙晔生：《民族事务治理法治化的实践探索》，《民族论坛》2017年第2期，第4—12页。

[2] 杨志文：《坚持探索民族事务治理区域特色发展之路——基于宁夏民族事务治理实践的思考》，《天津市社会主义学院学报》2017年第4期，第48—52页。

[3] 汪茂铸：《以十九大精神为指引，提升广州市民族事务治理社会化水平》，《中国民族报》，2018年1月26日。

[4] 参见明亮、王苹：《加快推进成都民族事务治理体系和治理能力现代化建设》，《中共四川省委党校学报》2015年第3期，第73—75页。

人文化的思路。①韩阳以海南省保亭黎族苗族自治县为研究对象，探讨了该地民族事务治理法治化发展历程、民族事务法律法规的执行效果和民族事务法治化的问题。②高其才对锦屏边沙侗寨的村民自治进行了研究，深度描述了该村规范立治、民众主治、宣教助治、协同共治、重'脸'促治的治理实践③，反映了民族地区农村利用村规民约开展基层自治的特色。杨莹慧通过"居住空间、社会空间、文化空间"互嵌的视角考察成都市武侯区打造幸福美好多民族社区的民族事务治理实践，提出以铸牢中华民族共同体意识为主线和导引，坚持法治、德治、自治相结合，坚持培育居民共同体意识，通过整合社会资源塑造"居住—社会—文化"空间的互嵌式治理方案。④通过以上实践研究可以看出，民族事务治理的地区实践具有鲜明的地域特殊性和措施针对性，但"依法治理民族事务"和"构建各民族共有精神家园"是对各地民族事务治理实践的共性要求。

（三）关于民族事务治理模式的研究

探索民族事务治理的合理模式是政府实务部门和学术研究共同的任务。在中国历史上的王权国家时期，各朝统治阶级采用中央政权与家族地方政权共治的方式作为安抚少数民族的权宜之计。中央王朝一方面承认少数民族首

---

① 吴利霞：《民族自治地方民族事务治理体系现代化研究——以阿克塞哈萨克族自治县为例》，西北民族大学硕士学位论文，2016年。

② 韩阳：《民族事务治理法治化研究——以海南省保亭黎族苗族自治县为例》，大理大学硕士学位论文，2018年。

③ 高其才：《通过村规民约的乡村治理——以贵州省锦屏县启蒙镇边沙村环境卫生管理为对象》，《广西民族研究》2018年第4期，第56-64页。

④ 杨莹慧：《城市民族事务治理空间研究——以成都市武侯区为样本》，西南民族大学博士学位论文，2021年，第3页。

领对地方事务的直接统治权，另一方面随王朝国力增强而将国家权力渐次渗入地方，大体经历了传统权威不断解魅、国家权力渐次提升的历程。譬如唐以降，民族地区的管理模式经历"土著统领—土流并治—改土归流"的变迁历程。中国共产党成立以来，在民族平等、民族团结、各民族共同繁荣的原则下开创了民族事务治理的新纪元，表现出"从管理到治理""从一元到多元""从情感到法治""从自治到共治"的模式转变。关心民族事务治理模式的研究者们基于民族历史和百年来中国共产党的实践，试图总结出民族事务治理的中国模式。在这些研究中，"政治吸纳""一元化""情感型民族事务治理""法治""共治"成为高频词。例如：朱碧波提出社会多方参与的多元共治模式[①]；汪薇薇等人倡导民族事务多元协同治理模式；[②] 马俊毅归纳出"党领导下的'复合性'治理"[③]；李晓婉提出"政府购买公共服务"的城市民族事务治理模式[④]；商爱玲总结的属地管理与合作治理模式[⑤]；王茂美、彭振提出的自治、法治、德治相结合[⑥]等，展示了一条民族事务治理模式转变的基本线。

[①] 朱碧波：《论我国民族事务治理的若干基本问题》，《云南师范大学学报（哲学社会科学版）》2016年第3期，第40页。

[②] 参见汪薇薇、于春洋：《民族事务协同治理：以公共权力运行为中心的讨论》，《内蒙古师范大学学报》（哲学社会科学版）2021年第50卷第5期，第22-30页。

[③] 马俊毅：《民族事务治理的中国道路》，《中央社会主义学院学报》2021年第6期，第20-28页。

[④] 李晓婉：《城市民族事务治理的政府购买公共服务模式——基于广州市专业社会工作服务站的调查与思考》，《中南民族大学学报》（人文社会科学版）2022年第42卷第5期，第64-69、183-184页。

[⑤] 商爱玲：《各级政府事权规范化：民族事务治理体系现代化的着力点》，《当代世界与社会主义》2015年第4期，第166-171页。

[⑥] 王茂美：《"三治"社区治理体系建构的民族制度伦理基础——基于云南少数民族村落社区的实证调查》，《西北民族大学学报》（哲学社会科学版）2018年第5期，第95-103页。

首先，从"一元治理"到"多元共治"。治理是各种公共的或私人的机构管理其共同事务的诸多方式的总和。"我国民族事务治理体系和治理能力现代化是一个涉及模式转型、体系重构、能力提升、制度优化和话语重构等一系列重大问题的复杂系统。"[1]从王朝国家向多民族国家的转型过程中，民族事务治理能力更多地体现为传统权威的祛魅和现代国家认同的建构。[2]古代王朝统治者采取"民族精英内部绥靖"的事务治理方式，通过羁縻、怀柔、和亲、册封等举措，笼络安抚少数民族头领和精英，并将其作为王朝国家民族事务治理的代理人。然而，社会的转型不断挑战和冲击着这种"一元化"的民族事务治理模式，使得在封建社会行之有效的治理方式趋于衰微。中国共产党将这种传统的治理模式进行现代性重铸，通过政治吸纳，即把各族人民中的精英分子吸纳到主流政治生活之中，让各个民族的优秀代表参与到民族事务的治理中来。[3]另外，现代文明的发展不断冲击着民族传统的权威，民众参与事务的需求和表达欲望不断攀升，一元化的精英主义民族事务治理模式走向社会多方参与的多元共治。民族事务治理体系在社会变迁中重构与转型。

其次，从"情感型"治理到"法治化"治理。中华人民共和国成立之后，为了真正贯彻民族平等和民族团结政策，实现各民族共同繁荣发展，党和政府采取了一系列制度安排，以"团结一家人"的心态来处理少数民族问

---

[1] 朱碧波：《论我国民族事务治理的若干基本问题》，《云南师范大学学报》（哲学社会科学版）2016年第48卷第2期，第38-45页。

[2] 参见朱碧波：《论中国民族事务治理能力的当代建构》，《北方民族大学学报》（哲学社会科学版）2016年第1期，第102-106页。

[3] 袁明旭：《从精英吸纳到公民政治参与——云南边疆治理中政治吸纳模式的转型》，《思想战线》2014年第3期，第31-34页。

题，在一段时期内形成了"情感型的民族事务治理模式"。情感型的治理模式体现了党和国家在民族事务治理中的底层立场、弱势关怀和人本取向，极大地促进了少数民族和民族地区经济社会发展、民族关系巩固。然而，朱碧波认为，"情感型民族事务治理模式在贯彻运行过程中，由于分寸失当，在某种程度上陷入了治理误区，出现了'民族身份过敏症'，甚至一度出现软化法治精神的现象。"[①]趋于繁复的民族问题要求政府主导民族事务，防止"社会问题民族化"和"民族问题政治化"。因此，"矫正偏差"便成为政府的首要任务，民族事务法治化成为事务治理的必然选择和根本遵循。用法治保障民族平等、用法治维护民族团结、用法律打击民族分裂。

（四）关于民族事务治理体系与治理能力现代化的研究

理论萌生于理念，理念可化生为理论。学者们普遍认为，西方治理理论传入方才改变中国政府传统的管理模式。然而严庆教授指出，治理理念本身就是中国本土政治行为中的精髓之一。[②]他认为"相比于西方的治理理论，中国本土化的治理理念主要体现为对治理绩效和治理合理性的追求，而西方的治理理论凭借着诸多现代性的软硬件，表现为系统、成熟、可操作性的技术与路线"[③]。在从"管理"到"治理"的民族事务转型过程中，我国民族事务治理的主体从"一元化"向"多元化"发展，方式从"科层式"向"社会化"变革，治理体系、治理能力现代化水平不断提高。关于实现民族事务治理体系和治理能力现代化的路径，主要有以下观点。第一，宏观层面。刘

[①] 朱碧波：《论我国民族事务治理的若干基本问题》，《云南师范大学学报（哲学社会科学版）》2016年第3期，第38页。

[②] 《荀子·君道》载"明分职，序事业，材技官能，莫不治理，则公道达而私门塞矣，公义明而私事息矣"。

[③] 严庆：《治理与当前中国民族事务管理的治理化转型》，《黑龙江民族丛刊》2014年第5期，第44–49页。

宝明提出三个转向：一是从照顾少数民族转向基于国家整体利益的治理；二是主体从民族工作部门转向全社会；三是从管理为主转向服务为主。[①]马俊毅认为，"城市化转型下民族事务治理现代化，应汲取族际政治文明和治理的先进经验"，同时"继续发挥我国社会主义民主制度的优势，实现民族事务治理的现代化"[②]。朱军基于经济社会转型所带来的"多元价值观念消解文化渗透能力、市场竞争效益弱化资源再分配能力、一元化治理格局制约多元治理能力"等影响因素，提出坚定中国特色解决民族问题的道路、制度、理论和文化自信，建设各民族共有精神家园增强文化感召力，推动政府治理和社会治理创新，提高资源再分配能力等对策。[③]杨力源认为，民族区域自治为民族事务治理提供制度基础，推进民族事务治理体系现代化的关键是坚持与完善民族区域自治制度。[④]第二，微观层面。汪薇薇等人认为，协同水平影响民族事务治理绩效，而公权部门之间的整合性、外部治理主体参与度决定了协同治理水平，因此他们提出构建多元参与机制、主体协调机制、资源整合机制促进民族事务协同治理。[⑤]李赞提出"树立共治共享理念，在领导体制上突出党政主责、治理格局上突出多元参与、工作机制上突出协同治

[①] 刘宝明：《更新民族事务理念：全面深化改革的新要求》，《中国民族报》2014年1月3日第5版。

[②] 马俊毅：《论城市少数民族的权利保障与社会融入——基于治理现代化的视角》，《中南民族大学学报（人文社会科学版）》2017年第37卷第3期，第31—37页。

[③] 朱军：《中国经济社会转型中的民族问题与民族事务治理——以国家治理能力为分析视角》，《民族研究》2015年第1期，第1—12页。

[④] 杨力源：《民族区域自治与民族事务治理的内在逻辑统一性探析》，《四川民族学院学报》2014年第23卷第12期，第59—62、67页。

[⑤] 参见汪薇薇、于春洋：《民族事务协同治理：以公共权力运行为中心的讨论》，《内蒙古师范大学学报》（哲学社会科学版）2021年第50卷第5期，第22—30页。

理、平台整合上突出委员制度"①的路径，推动民族事务治理能力的全面提升。唐立军等人主张开发民族文化的社会秩序规范功能，服务于民族地区社会治理。②第三，认同层面。民族事务治理是实现国家长治久安和中华民族伟大复兴的基础性工程，增进族际信任是民族事务治理的目标与方向。王伟从信任的角度出发，提出加强族际信任建设、在中华民族认同下增强族际互信等建议。③马俊毅提出，多民族国家的建构，除了具象的共同体建构外，还要构建以社会主义核心价值观作为核心理念和连接纽带的抽象的精神共同体。④朱碧波认为，在少数民族向发达地区流动过程中产生的他者认同困境和异域认同危机，容易导致少数民族对整个社会的疏离感和责任匮乏心态。因此，当前我国民族事务治理必须不断消除民族互嵌格局纵深建构的阻滞因素，具体要经过文化融合、社会融合和心理融合三个阶段，不断铸牢中华民族共同体意识。⑤蔡诗敏等人建议构建包括基本国情认知、中华民族共同体整体认知和党的民族理论政策整体认知在内的多维认知体系，从而提升我国

---

① 李赞：《论城市民族事务治理现代化对民族关系发展的促进》，《中南民族大学学报》（人文社会科学版）2018年第38卷第3期，第26-30页。

② 唐立军、陈义平：《民族地区社会治理中的民族文化社会功能开发——基于马克思主义社会管理理论》，《贵州民族研究》2017年第38卷第11期，第55-58页。

③ 王伟：《增强族际信任：当前我国民族事务治理的重要任务》，《中央民族大学学报》（哲学社会科学版）2017年第44卷第6期，第86-93页。

④ 马俊毅：《第三届中国民族理论与政治论坛：民族政治与民族事务治理现代化学术研讨会综述》，《民族研究》2016年第1期，第117-119页。

⑤ 参见朱碧波：《论我国民族事务治理的若干基本问题》，《云南师范大学学报》（哲学社会科学版）2016年第48卷第2期，第38-45页。

民族事务治理的科学化水平。[①]

二、民族事务治理研究评价

党的十八大以来，尤其是十八届三中全会提出国家治理体系与治理能力现代化目标至今，民族学、政治学、社会学、法学、管理学的研究者们用数以百计的学术成果表达了对民族事务治理体系和治理能力现代化的关注。总体来看，这些学术文献呈现出以下特点。第一，对中国本土治理思想和历史资料的挖掘翔实，反映了我国民族学善于历时性研究（史学与民族学相结合）的学科特点。第二，紧密结合历史方位与时代任务进行学术创新，反映了中国民族事务治理研究所坚守的历史唯物主义立场，同时反映出研究者对学术与社会的双重关切。第三，铸牢中华民族共同体意识、推进中华民族共同体建设成为新时代民族事务治理研究的最新热点和最大亮点。

（一）民族事务治理研究的理论共识

当前文献对民族事务治理的概念、内涵、原则、重点，民族事务的地区实践、治理模式，民族事务治理能力和治理体系现代化等内容进行了探讨，形成了从理论到实践、从能力到体系的整体认识，初步明确了民族事务治理能力的向度，建构了民族事务治理体系的模型，并总结出民族事务治理能力和治理体系的法治化、现代化路径，达成了以下理论共识。

一是在基础概念方面厘清了：民族事务治理能力是指治理主体在共识、目标的引领下将意志转化为现实的能力，是国家治理能力在民族工作中的集中表现；民族事务治理法治化是指运用法治思维和法治方式依法做好民族工

[①] 蔡诗敏、张胥：《新时代我国民族事务治理现代化水平的提升》，《贵州民族研究》2020年第41卷第4期，第1-8页。

作；协同性是民族事务治理的本质特性；城市是民族事务治理的重要场域，城市民族事务治理的重点在于公共服务均等化，重心在社区。

二是在民族事务治理体系方面明确了：我国的民族事务治理体系是以《中华人民共和国宪法》《中华人民共和国民族区域自治法》为法律基础、以民族平等团结为政策基础、以中华民族一家亲为价值导向、全社会各部门通力协作为工作格局所构成的结构体系，其中包括了规则程序系统、组织协调机制以及文化价值追求；中国民族事务治理体系的制度内容与价值追求在世界范围内具有特殊性；完善的制度设计、有效的治理能力输出、高效的组织协调机制是民族事务治理体系现代化的重要特征；中国民族事务治理的重要优势是中国共产党充分发挥其社会组织力，对自在自觉的中华民族进行重新组织化，不断推进"政治和领土""历史与文化"的多维合一，由此铸牢各民族命运与共的共同体意识。

三是在治理能力方面标刻了：民族事务治理能力的十个向度，其中，形塑中华民族共同体的能力是民族事务治理能力中的首要关键；新时代民族事务治理的重点任务是铸牢中华民族共同体意识。

四是在民族事务治理模式方面形成了：民族事务治理主体多元化、治理手段法治化、治理模式社会化的观点。

五是在治理现代化方面指明了：法治是民族事务治理体系和治理能力现代化的根本路径；民族事务治理的现代化不是改弦更张，而是对我国民族理论与政策的深化、发展与完善；治理当前社会转型中的各项民族事务必须坚持马克思主义民族理论中国化、时代化；推进民族事务治理体系与治理能力现代化，推进中国民族事务治理的话语、理论与实践创新，必须坚持中国特色社会主义制度；民族事务治理事业关键在党，治理基础在民族区域自治制度，进一步坚持和完善民族区域自治制度是国家推进民族事务治理体系和治理能力现代化的题中之义；最后，习近平总书记关于加强和改进民族工作的重要思想为推进民族事务治理体系和治理能力现代化提供了科学指引。

（二）民族事务治理的研究进路

第一，着重从理论层面具象化民族事务治理体系。当前我国学界对民族事务治理体系的理论研究深度不足。在对治理体系的研究中：李肃提出"治理主体、客体、协同机制和手段构成了民族事务现代治理体系"[1]不够具象化；杨须爱提出的"规则群"概念仅是针对治理民族事务的法律法规的概括[2]；高永久提出的"制度、结构与价值"集合由规则程序、协调框架和资源价值构成[3]，既有治理规则的具体化，又有治理体系的抽象化，但由于所涉内容丰富且疏于具体化，尚未得到学界的广泛理解。在治理体系运行机制方面，对于推动治理体系有效运转的程序、动力、路径的研究较少。机制好比动力系统的"润滑剂"，民族事务治理体系庞杂，其主体的多样性、事务的复杂性、治理的协同性要求有良序机制辅助运行。"推进民族事务治理体系现代化"的呼声多于实操层面的对策研究。

第二，着重细化民族事务治理能力及其评估体系。关于民族事务治理能力的研究不足。仅有朱碧波（提出民族事务治理的四种能力）、严庆（总结了民族事务治理的九种能力）两位学者细分出民族事务治理能力的构成要素。但在能力评估方面，尚缺研究成果。当前，在国家治理能力研

---

[1] 参见李肃、李兆友：《地方民族事务现代治理体系研究》，《广西社会科学》2017年第7期，第157页。

[2] 杨须爱：《民族事务治理现代化与民族区域自治制度的完善》，《兰州学刊》2016年第5期，第175页。

[3] 高永久、郝龙：《系统论视角下民族事务治理现代化的逻辑》，《广西民族大学学报（哲学社会科学版）》2018年第1期，第63-64页。

究方面，已有国家统计局提出的"社会和谐指数"、俞可平提出的治理评估"十二框架"、包国宪提出的"中国公共治理绩效评价指标体系"、胡税根提出的"治理评估通用指标体系"、天则研究所提出的"中国省市公共治理指数"等。[1]民族事务治理能力及其评估指标体系的构建或是今后研究的重点方向。

第三，着重从实践层面针对治理个案提出可操作化对策。当前关于民族事务治理实践的研究，提出的对策建议较空洞，理论性强但实操性不足，如"继承民族团结的光荣传统""提升法治化社会化水平""强化民族团结意识""完善体制机制"等。可选取特点区域、特定社区或特定案例进行民族事务治理实践研究，针对性地提出符合当地特点的对策建议，为基层政府提升民族事务治理能力提供决策参考。

第四，聚焦铸牢中华民族共同体意识主线和推进中华民族共同体建设的研究任务，探讨铸牢中华民族共同体意识在民族事务治理体系结构中的定位、功能和价值。研究民族事务治理体系和治理能力现代化如何赋能中华民族共同体的意识。

三、结语

综上所述，党的十八大以来，中国民族事务治理研究取得了丰硕的理论研究成果。民族事务治理体系的框架更完善，治理能力的指标向度更清晰，治理资源更丰富，推进民族事务治理现代化的路径和方向更明确。学术研究为推进民族事务治理体系和能力现代化贡献了智慧和力量。基于新时代民

---

[1] 何增：《国内治理评估体系评述》，载俞可平：《国家治理评估》中央编译出版社2009年版。

族工作的主线和任务，结合当前民族事务治理研究的整体情况，本文认为民族事务治理研究仍处于学术关注度高、研究成熟度低的快速成长期，还有较大的研究空间。研究者可从理论层面加强基础概念研究的系统性和深入性，研究民族事务治理体系的内容、结构与运行机理，可在实践研究、个案研究中，总结提炼治理经验、归纳民族事务治理能力、建构能力评估体系，重点研究民族事务治理体系和治理能力现代化如何赋能中华民族共同体意识。